科学史与科学文化

吕增建 著

南開大學出版社

图书在版编目（CIP）数据

科学史与科学文化 / 吕增建著. -- 天津：
南开大学出版社, 2012.10
ISBN 978-7-310-04040-7

Ⅰ.①科… Ⅱ.①吕… Ⅲ.①自然科学史 – 研究 – 世界
Ⅳ.①N091

中国版本图书馆CIP数据核字(2012)第217308号

版权所有　　侵权必究

南开大学出版社发行
出版人：孙克强
地址：天津市南开区卫津路94号 邮政编码：300071
营销部电话：（022）23508339 23500755
营销部传真：（022）23508542 邮购部电话：（022）23502200
*
河南省教育书刊印刷有限公司印刷
全国各地新华书店经销
*
2012年9月第1版　　2012年9月第2次印刷
230×170毫米 16开本 14印张 260千字
定价:27.00元
如遇图书印装问题，请与本社营销部联系调换，电话：（022）23507125

内容简介

    本书是一部融汇有科学史、科学思想史、科学哲学、科学文化和技术发展史内容的著作。具体内容涉及到从科学的起源到宇宙的创生与演化；从近代科学革命到量子力学与相对论；从电磁理论的发展到进化论与分子生物学；从技术革命到国际物理年与爱因斯坦奇迹年；从科学史案例研究到科学史与科学教育；从飞机的诞生到航空与航天科学的发展等。作者力求展示从古至今，科学在各个不同文明阶段中的发展和进步；力求将科学史实、历史思辨、文化评价及文明探寻融为一体。呈现科学发展的规律和魅力，展现科学发展中不同观点和理论之间的纷争与融合，反思科学发展过程中重大事件对人类思维方式和人类文明进程的影响。

    本书史料丰富，文图并茂，有较强的可读性，可作为大学生科学人文素质教育课程的教材使用，也适合企事业单位用于提高职工素质培训的教材，同时也可供与科学史工作相关的人员参考。

前　言

科学史是研究科学发生和发展的历史,研究科学发展和演化的规律,研究科学探索过程的思想与方法,经验与教训,纷争与融合以及各个不同历史时期影响科学发展的各种内外因素,研究科学发展过程中重大事件对人类思维方式和人类文明进程的影响等等。

科学作为一种认识真理的探究活动,它是一种智慧和力量,它驱动技术、改变世界、造福人类,而且也承担着传承文明的重要责任。科学的发展不仅提高了人们利用自然、改造自然的能力,给人类的生产、生活方式带来革命性的变化,而且在这种探索自然、研究自然的过程中,它不断丰富、深化或改变着人们的思想、观念和传统,导致人们在认识论、方法论及自然观等方面发生重大变化。从历史的观点来看,科学是一种社会文化的产物,它具有文化的属性,就是一种文化。它传统厚重、博大精深、至善至美。科学文化蕴含在探求自然、研究自然的过程中,呈现在科学家的创新和研究成果中,也体现在科学精神形成和追求真、善、美的各个侧面及各个环节上。科学家探索自然所揭示的时空观、因果观、进化观,对称性、和谐性、永恒性,绝对与相对、无序与有序、对立与统一等,清楚地凸显了科学丰富的文化内涵和科学思想的神韵。科学家探索自然的情感、理智、意志以及对所追求的理想、信念、价值的努力和奋斗,这些激情在科学发展的诸多层面上都得到了彰显。具体说来:

科学理论体系如,经典力学、量子力学、达尔文的进化论等是科学文化的重要形式;

科学培育了人类社会文明精神重要组成部分的科学精神,它包括追求真理的精神、实事求是的精神、怀疑精神、创新精神等,这是科学文化的核心因素;

科学是人类最高价值追求——真、善、美的一种载体,它以求真为其使命,以臻善、达美为其成果和境界,它负有为人类功利与道德之善提供服务的责任,这是科学文化的核心内容;

而推动科学发展的大师们所包含的高尚品德、人格魅力和社会责任感是科学文化中不可或缺的重要组成部分。

科学丰富的文化内涵无处不闪耀着人文精神的光芒,科学的成果是人与自然、人与社会紧密联系的结晶,其丰富的内容、浩瀚的史料,从而决定了它蕴含着丰富的人文素质教育资源,从这个意义上讲科学史不仅是一种认识史和思想史,更是一部文化史和文明史。萨顿曾指出:"科学史并不只是对发现的描述,它的目标就是解释科学精神的发展,解释人类对真理反映的历史、真理被发现的历史以及人们的思想从黑暗和偏见中逐渐获得解放的历史。……科学史的目的是,考虑到精神的全部变化和文明进步所产生的全部影响,说明科学事实和科学思想的发生和发展。从最高的意义上来说,它实际上是人类文明的历史。"

1959 年 5 月 7 日,英国学者斯诺(P. C. Snow),在剑桥大学作了一次题为"两种文化与科学革命"的演讲。斯诺在详细地论证了科学文化和人文文化这两种对立的文化的存在之后,明确地指出了这两种文化的分裂将会给社会带来巨大的损失。如何消除这两种文化的分裂与隔阂,这个问题直接和科学史的教育功能联系在了一起。早在1948年萨顿就说过,科学史的"主要任务就是建造桥梁……,在科学和人文之间建造起桥梁。"科学具有人文性,正如萨顿指出的:"我们必须准备一种新的文化,第一个审慎地建立在科学——在人性化的科学——之上的文化,即新人文主义。"这种新人文主义即科学人文主义,它"将赞美科学所含有的人性意义,并使它重新和人生联系起来",这就是所谓自然科学的人文内涵。萨顿认为,一旦让学生理解科学的起源和发展,科学就会显示出它的人文性,而且极富人文内涵。正因为科学史极富人文内涵和具有的丰富人文教育价值,所以科学史可以起到沟通科学与人文桥梁的作用,科学史是联系科学与人文的一个纽带。

本书内容丰富,可读性强。作者在撰述中力求将科学史实、历史思辨与启迪睿智融为一体,力求将科学发展、文明探寻与启迪人生联系起来。展示科学在不同层面上的发展和进步,特别是通过科学发现具体案例的分析来再现科学创新的艰难历程,如:学术权威的压制、传统观念的束缚、经典理论的制约、错误思想的障碍、学术交流的不畅等,这些都严重影响着科学的进步。另一方面,努力呈现科学创新的魅力,如:思想解放的价值、批判精神的本质、直觉判断的定见、以美求真的深刻、理性思维的睿智等,这些都给科学创新带来了活水源头。作者关注科学发展中不同观点的纷争与融合,关注科学发展中发现机遇的把握与丢失,关注科学发展中的成功经验与失败教训的启示,关注科学发展背后的原因分析和思想精华,力求给读者以顿悟和启发,如果能达到这样的目的,作者将十分欣慰。

本书系河南省软科学研究计划资助项目(项目编号:122400450439):"通识教育之创新人才培养问题研究——以科学史学为例"的一个研究成果,也是作者在焦作大学讲授《科学史与科学文化》的基础上编著完成的。这里,要特别感谢鲁东大学的邹海林教授和首都师范大学的尹晓冬博士。那是在2006年的暑假,作者有幸参加了由中国科学技术史学会和北京大学主办的"首届全国科技史教学研讨会",也正是在这次会议上认识了邹海林教授和尹晓冬博士。会后,尹晓冬博士给我寄了邹海林教授设计制作的《科学技术史概论》多媒体教学课件光盘。这个资料对于我开设《科学史与科学文化》课程和编著这部著作起了很大的作用,当然了在著述过程中也参阅和引用了一些科学史方面的著作和研究论文,这些内容为本书的写作提供了帮助,在此作者表示衷心的感谢。

由于作者学识之所限,书中缺点错误在所难免,恳请读者批评指正。

吕增建

2012年9月1日

目　录

第一章　科学的起源与发展（Ⅰ）

原始时代的经验知识、技术和艺术创造
古埃及文明
巴比伦文明
古希腊科学的产生和发展

　　早在远古时期,人类便开始了认识自然和改造自然的活动,并逐步积累和形成了原始技术和原始自然观。虽然原始社会人类关于自然界的知识是零散、粗浅和十分有限的,而且还不可避免地夹杂着许多谬误,人类改造自然界的能力还很低,即使如此,今天人类的全部科学发展和取得的成果,无不是开始于这一遥远的时代。说到科学的起源,古希腊文明有着特殊的意义,它是科学的思想根源,是产生科学的发源地。[①]

第一节　原始时代的经验知识、技术和艺术创造

一、经验知识和技术创造

1、石器工具

　　根据考古发现,至少在 100 万乃至 200 万年以前,人类便学会了用打击的方法制造出石刀、石斧、石凿等粗糙的石器工具。这些以岩石为原料制作的工具,它是人类最初的主要生产工具,盛行于人类历史的初期阶段。从人类出现直到青铜器出现前,共经历了 200—300 万年,属于原始社会时期。根据不同的发展阶段,又可分为旧石器时代和新石器时代。旧石器时代,距今约 250—1 万多年。新石器时代,属于石器时代的后期,距今 1 万多年—5000 多年至 2000 多年不等。

　　就世界范围看,人类开始制造工具大约是在 200—300 万年前。旧石器时代使用打制石器,这种石器利用石块打击而成的石核或打下的石片,加工成一定形状的石器。种类有砍砸器、刮削器、尖状器等。新石器时代盛行磨制石器,这种石器先

---

　　①　邹海林,徐建培:科学技术史概论.北京:科学出版社。

用石材打成或琢成适当形状,然后在砺石上研磨加工而成。种类很多,常见的有斧、凿、刀、镰、犁、矛、镞等,精磨的石器有的可呈镜面状。

原始人用的石手斧

2、火的应用

大约在100多万年前,人类祖先便开始利用天然的野火。人类从怕火到发现火对自己有用处,并把它引进洞穴,保存火种,进而又发明了取火的方法,如"钻木取火"、"击石取火",经历了艰辛的历程。

钻木取火是根据摩擦生热的原理来实现的。木原料的本身较为粗糙,在摩擦时,摩擦力较大会导致摩擦物温度升高产生大量热量,加之木材本身就是易燃物,它的燃点低,所以就容易被点燃产生出火来。钻木取火的发明来源于我国古时的神话传说,燧人氏是传说中发明钻木取火的人。

钻木取火的成功,意味着人类从此可以自由地支配火来为自己服务。

钻木取火

火的使用,扩大了食物的种类和来源,增强了猿人的健康。有了火,人类才领略了熟食的美味,脱离了茹毛饮血的蛮荒时代,最终与其它动物有了质的区别,尤其是促进了人的体质和大脑的发达,使人的寿命得以延长。

火的使用,改善了居住条件,扩大了生活范围。在漫漫长夜,火给人带来光明。在严寒的冬日,火使人得到温暖。

火也是一种狩猎武器,更重要的是,火的利用和发展是人类用化学方法变革物资的开始。在发明陶器之前,火的应用一直没有多大的发展。最早的容器是用石头和木头做的,但是它们的用处无论如何也比不上陶罐,从科学上讲,烧制过程使原料朝某个方向发生了不可逆的过程,可塑的陶土变成了坚硬的容器,陶器坚实耐用,耐高温,给人们的生活提供了极大的方便。用火来烧制陶器的技术,发展的结果导致了瓷器的出现并把我们带进了金属的领域。火是人类第一次控制和利用的重要的自然力。因此,火的发现和利用是人类走向文明的开始,也为自然科学的发展创造了条件。

火是光明的使者,火是文明的象征,火是人类社会向前发展的动力。正因为有着这样特殊的贡献,所以后人就把燧人氏称为圣人、火祖,位居三皇之首。

3、文字的产生

在"甲骨文"发现之后,当时人们认为这就是最早的文字。后来"象形文字"、

"符号文字"(岩画)的发现,使中华文字起源的时间大大的提前了。"古岩画"无疑的把我们带到中华5000年文明史的源头,当时没有"文房四宝",也不曾想到和没有条件刻在龟甲、兽骨和竹简上,只有刻在不怕风吹、雨打、日晒而引人注目的岩石上,以长期保留下来满足人们记事、交流和对天文地理认识的记载。这些岩画都是一些线条、点圈、形象组合而成,既是字又是画,这就是人们常说的"书画同源"。

原始人在认识自然过程中,很早就有了用图示意的作法。随着生产的发展和人们交往的增多,原始人学会在棍子上或泥板上刻下痕迹作为记数。后来诞生的"图画文字"就是在人们生活需要的推动下逐步创造出来的,而"象形文字"又来自于"图画文字"。

文字的基本功能是把一些短暂的事物保存在永久的记录中,正因为如此,要是没有文字就不能想象会有科学。我国的汉字是世界上最早的文字之一,我们的祖先在新石器时代就已经创造了汉字。汉字至今已有6000年左右的历史,这是1972年对西安半坡村遗址进行科学测定所得出的结论。

半坡村出土的有著名的人面鱼纹彩陶盆,上面刻有人面、鱼、植物等花纹和三角形。

半坡村遗址发现的类似文字的刻划符号,与彩陶的花纹根本不同。这些刻划的记号,都是单个的独立体,有类似笔画的结构,已具备了汉字的雏型,因此断定这就是中国文字的起源。在此基础上,经2000年以后发展成为"甲骨文"。

商代刻在龟甲或牛骨上的占卜文字,被称为"甲骨文"。奴隶时代的殷王非常崇拜神灵,每逢一事总要问卜,出外打猎、祭祀、出征讨伐,乃至年

人面鱼纹彩陶盆

成、疾病等都要用龟甲(甲)和兽骨(骨)来求神问卜。占卜之后,又常常把结果刻在甲骨上,所以又称其为"卜辞"。现在对所发现的3500多个甲骨文字,已经考释出2000个左右。

"金文"是从甲骨文演化而来的,是指铸刻在铜器上的文字。古人称铜为"吉金",故称铜器上的文字为"金文"。铜器中又以钟和鼎较著名,因此金文也叫"钟鼎文"。

周代的文化比殷代繁荣,典籍文物极为丰富。周代人也不像殷人那样笃信鬼神,因此卜辞几近消失。虽然"金文"在殷代末期已经产生,但数量甚少,所以"金文"主要还是指周朝青铜铭文而言。周代不仅铭器数量多,铭器上的字数也多。比如西周第12个帝王宣王靖时的《毛公鼎》上已多达499个字。

总之,中华文字的发展有其自身逻辑性和规律性。黄帝时代的"符号文字"、

"图画文字"和"象形文字"后来发展为商代的"甲骨文",商代的"甲骨文"发展为周代的"金文"、秦代的篆书,秦代的篆书后来发展为汉代的隶书,汉代的隶书发展为晋代的行书,晋代的行书又发展为唐代的楷书。

　　4、陶器和青铜器

　　中国是世界上最早的制造陶器的国家之一,中国古陶器遗存以黄河流域和长江流域发现的较多。大约在八、九千年前,中国的原始古人就发明了制陶技术。现在我们看到的最早的陶器出土于我国河南、河北和江西等地。

　　新石器时代早、中期的陶器以泥质红陶或夹砂红陶为主,新石器时代中期的陶器制作已比较讲究,在这个时期的文化遗址中已发现有不少的精美陶器。到新石器时代晚期,先民发明了轮制法,用陶轮制作陶器,用陶轮制作陶器代表了该时期陶器制作的最高水平。在商代出现了印纹硬陶和原始瓷器,原始瓷器是用高岭土制成,烧成温度在1200度以上,它质地坚硬已具备了瓷器的特征。

　　到了原始社会末期,人们逐渐掌握了冶金技术。青铜器主要是指用铜锡合金制成的各种器具,大约4500年前,人类进入青铜器时代。

　　由于青铜器在世界各地均有出现,所以也是一种世界性文明的象征。最早的青铜器出现于约5000年到6000年间的西亚两河流域地区,苏美尔文明时期的雕有狮子形象的大型铜刀是早期青铜器的代表,青铜器在2000多年前逐渐由铁器所取代。中国青铜器制作精美,在世界各地青铜器中堪称艺术价值最高。

中国先秦时期的青铜器,代表着中国青铜器高超的技术与文化。青铜器也简称"铜器",包括有炊器、食器、酒器、水器、乐器、车马饰、铜镜、带钩、兵器、工具和度量衡器等。青铜器在中国流行于新石器时代晚期至秦汉时代,以商周器物最为精美,最初出现的是小型工具或饰物。夏代始有青铜容器和兵器。商中期,青铜器品种已很丰富,并出现了铭文和精细的花纹。商晚期至西周早期,是青铜器发展的鼎盛时期,器型多种多样,浑厚凝重,铭文逐渐加长,花纹繁缛富丽。随后,青铜器胎体开

青铜器

始变薄,纹饰逐渐简化。春秋晚期至战国,由于铁器的推广使用,铜制工具越来越少。秦汉时期,随着瓷器和漆器进入日常生活,铜制容器品种减少,装饰简单,多为素面,胎体也更为轻薄。中国古代青铜器,是我们的祖先对人类物质文明的巨大贡献,虽然从目前的考古资料来看,中国青铜器的出现,晚于世界上其他一些地方,但是就青铜器的使用规模、铸造工艺、造型艺术及品种而言,世界上没有一个地方的青铜器可以与中国古代青铜器相比拟,这也是中国古代青铜器在世界艺术史上占有独特地位并引起普遍重视的原因之一。

青铜器在刚刚做出来的时候颜色是很漂亮的，是黄金般的土黄色，因为埋在土里生锈才一点一点变成绿色的。由于青铜器完全是由手工制造所以没有任何两件是一模一样的，每一件都是独一无二、举世无双的。

二、原始社会的艺术

真正意义上的美术品产生于原始社会蓬勃发展的旧石器时代的晚期——奥瑞纳文化期。

旧石器时代指公元前 250 万年到 1 万多年之间。在欧洲地区，从文化上来看旧石器时代晚期可分为：奥瑞纳文化期（距今约 3.4 万－2.9 万年）、梭鲁特文化期（距今约 2.1 万－1.8 万年）和马格德林文化期（距今约 1.7 万－1.15 万年）。

由于当时冰雪覆盖大地，为避寒原始人类都居住在洞穴中，所以在远古的洞穴中留存下他们的绘画和雕刻创造。

发现最早的雕像是奥地利维林多夫的《母神》和法国鲁塞尔岩廊石壁浮雕《手持角杯的裸女》。

1、雕像《母神》

出土于奥地利维也纳附近维林多夫的一尊很小的女性裸体雕像，高仅 11 厘米。据考证，这是旧石器时代晚期，属于奥瑞纳文化时期的作品，距今两万年左右。从其立体造型特点来看，它由许多大小不等的球形体积所组成，这些球状体积又都服从于蛋形石块原来形态的大轮廓。各种球状体依据人体各部分的生理特征有序地组合统一的人体。给人的视觉印象是：整体、单纯、厚重、体积感很强。由此可见原始雕刻家已会使用雕刻语言，并有形象的想像力和创造力，从而开创了雕塑艺术的历史。

原始艺术家造此女像有意夸张和强调了女性的特征，是符合原始人的理想追求的。因为在原始社会部落中，只有那些最肥胖、最强壮的女性能生育，能有力量抚养后代，

母神

能避免被饿死，所以肥胖是富足、力量和称心如意的象征，它是一种特殊魅力。女像的整体近似球形的造型，也可以使人联想到一种象征原始生命的蛋形圣石。先民心目中理想的权威女性形象，并非亭亭玉立的少女，而是最具有女性生育特征的母神，于是今人戏称它为"石维纳斯"。

2、石壁浮雕《手持角杯的裸女》

这位女子右手托着一只角状器，左手搭在稍为隆起的腹上，披肩长发绕在左肩，袋状的丰乳悬挂在胸前，腹部和臀部宽厚肥硕，面部简略未作刻画，粗壮的大腿往下细小而至于虚无。从形象动作的姿态特征中,人们猜想这位女子正在主持一项巫术仪式,祈祷猎物丰收和部族昌盛、安康。

手持角杯的裸女

也有人认为手中托举的角器是人类繁殖的吉祥物,表明她那母性的潜力不再隐藏在自己的身体内,而是寄托于神秘的象征——兽角。

3、法国拉斯科洞窟壁画

拉斯科洞是保存史前绘画和雕刻较为丰富精彩的石灰岩溶洞,位于法国道尔多尼州,发现于 1940 年。因洞中各种图像种类繁多,制作方法多样,被誉为史前的卢浮宫。

公元 1940 年 9 月 12 日,在法国西南部道尔多尼州有 4 个儿童在和他们的宠物狗玩耍的过程中,突然发现追逐野兔的狗掉入了一个洞穴内。他们挖开洞顶,利用绳索进入洞内,发现了洞内庞大的壁画,年底法国政府就将其列为重点文物保护对象。这是一个原始人庞大的画廊,它由一条长长的、宽狭不等的通道组成,其中有一个外形不规则的圆厅最为壮观,洞顶画有 65 头大型动物形象,有从 2 米到 3 米长的野马、野牛、鹿,有 4 头巨大公牛,最长的约 5 米以上。

有匹大马位于洞窟主厅,又称牛厅。被画在大牛形体的内部,巨大的牛成了背景,看来画的时间牛比马早。在马的腹下又画有奔跑的小马,大马是用黑色勾形体轮廓、身体涂棕红色。马和牛都处于奔跑的运动状态,十分生动。

在拉斯科洞里一个井状坑底部一块突出的岩石上,画着举世闻名的人类最古老的"场景":一只欧洲野牛,从臀部至腹部被一根长茅刺中,肠子从腹下淌了出来,野牛转首瞪着眼睛看着在它的前面躺着一个受伤的人,旁边是一根鸟形投掷器。可见刚刚经历一场人兽搏斗,两败俱伤。

4、新石器时代的巨石结构

从地中海诸岛到大西洋沿岸地区,都有一些粗制的巨大石块的纪念物。这些巨石有的高达 70 多英尺重有百吨,有的排列长达两英里行列,极为壮观。史学家称为巨石结构、巨石建筑、巨石碑。

下页上图为位于英国索尔兹伯里北面的著名巨石阵,其巨石阵的主轴线指向夏至时日出的方位,其中有两块石头的连线指向冬至时日落的方向。人们猜测,巨石阵是远古人类为观测天象而建造的。

下页下图环状列石:以众多巨石构成环状建筑群,用作宗教祭台,亦可供天文观测。

巨石阵

众多巨石构成环状建筑群

第二节　古埃及文明

1、发明文字

大约在公元前 3500 年以前，埃及人就发明了"图形文字"，经过长期的演变形成了由字母、音符和词组组成的复合象形文字体系。"象形文字"最初使用起来不甚方便。所以，在古王国末期，由"象形文字"演变出来一种便于书写的行书体，通常称为"僧侣体"。有少数用"僧侣体"写作的纸莎草纸文书流传至今。

一个文明要是没有自己的文字，是很难生存下来的；一个文明要是有了自己的文字，便能使文明迅速传播和传承下来。古埃及文明就是这样，有了文字这个载体，古埃及文明就不再局限于在尼罗河地区的影响，开始向近东地区和非洲以及地中海沿岸传播。而在古代，中东地区有许多兴起的文明，正是因为没有文字或是文字没有抢得生存能力和适应性，这些新兴的文明也就很快的衰落了。

2、纸莎草纸

公元前 3000 年左右，古埃及人发明了纸莎草纸，它与传统材料相比具有很多优点，如质轻、便宜、易造、耐用和便于运输等。纸莎草是一种形状似芦苇的植物，盛产于尼罗河三角洲，茎呈三角形，高约五米，近根部直径六至八厘米。使用时先将纸莎草的外皮剥去,用小刀顺生长方向切割成长条,并横竖互放,用木槌击打,使草汁渗出,干燥后,这些长条就永久地粘在一起,最后用浮石擦亮,即可使用。

由于纸莎草不适宜折叠,不能做成书本,因此须将许多纸莎草片粘成长条,并于写字后卷成一卷,就成了卷轴。

古代,埃及是生产纸莎草纸的唯一国家。由于埃及气候干燥,文件不易腐烂,有的至今还能在沙漠里找到。近100年来发现的纸莎草纸中有公元前2700—公元900年用十几种文字书写的文件,其中有希腊文、阿拉伯文、埃及文、科普特文、拉丁文、阿拉米文和希伯来文等。纸莎草是古埃及文明的一个重要组成部分,古埃及人利用这种草制成的纸张,是历史上最早、最便利的书写材料,曾被希腊人、腓尼基人、罗马人、阿拉伯人使用,历3000年不衰。至8世纪,中国造纸术传到中东,才取代了纸莎草纸。

埃及是我们今天了解的记载最丰富的古代文明,这就要归功于纸莎草纸,它成为我们考察埃及历史文化的珍贵材料,它不仅承传下来了埃及文明,而且保持了其他文明。传播文明不能靠口口相传,所以作为介质的纸就成为文明传播过程中重要的媒介。现保存下来的最早记录数学知识的纸莎草纸现在珍藏在英国大英博物馆。

3、金字塔

埃及"金字塔"距今已有4500年的历史,它是古埃及文明的标志。"金字塔"是

古埃及金字塔

一种高大的角锥体建筑物,底座四方形,每个侧面是三角形,样子就像汉字的"金"字,因而被称为"金字塔"。"金字塔"是埃及古代奴隶社会的方锥形帝王陵墓,数量众多,分布广泛。这些统治者在历史上称之为"法老","法老"们不仅活着时统治人间,而且幻想死后成神,主宰阴界。因此,"法老"死后,便取出内脏,浸以防腐剂,填入香料,将尸体长久保存,称作"木乃伊"。"金字塔"便是存放"法老"木乃伊的陵寝。现在,埃及境内保存至今的"金字塔"共90多座,大部分位于尼罗河西岸可耕谷地以西的沙漠边沿。它规模宏伟,结构精密,塔内除墓室和通道外都是实心,顶部呈锥角。"金字塔"历经多次地震都岿然不动,完好无损,被誉为当今最高的古代建筑物和世界7大奇迹之一。

胡夫金字塔,兴建于公元前2760年,是历史上最大的一座金字塔,被列为世界7大奇观的首位。它高146.5米相当于40层高的摩天大厦,底边各长230米,由230万块重约2.5吨的大石块叠成,占地5.29万平方米。塔内有走廊、阶梯、厅室

及各种贵重装饰品，全部工程历时 30 余年。

在仅次于胡夫金字塔的哈夫拉金字塔的东面，伏着一尊巨大的"狮身人面像"，它面朝着东方，似乎在向初升的太阳行注目礼。狮身长 57 米，高 20 米，建于约公元前 2550 年，是古国王第四王朝法老胡夫的儿子卡夫勒的形象，通常认为其面貌即为这位法老。这种创造起源于图腾崇拜：把某种动物当成祖先或神加以崇拜，再把法老的面容雕在这种动物身上，这就意味着法老是神的化身，借以显示无上权威。这是人类第一件巨型雕像，仅人面部就有 5 米长，耳朵有 2 米，充分显示了古埃及雕刻家们的高超技艺。

狮身人面像

4、陶塑

埃及史前文化丰富，在尼罗河流域以耕织为主的农业部落很早就已形成，由实用发展起来的制陶工艺也趋发达。

现今所见最早的作品是阿姆拉提时期的彩陶塑女像。这是立像，28 厘米高，双手高举向内卷曲，头很小成蛋形，无眉目秀发，上身裸露，胸前垂挂两只娇小、对称的乳房，细腰宽臀，以起伏变化的曲线构成洗练、单纯的人体，腰际以上着棕红色，可能是赤裸的肤色，下身呈灰褐色，像是穿着简洁的裙子。从高举的双臂，随势弯曲的姿势看，好像在翩翩起舞，整个形象给人以生动活泼的动感。

从这尊陶塑女像看，远古埃及的雕塑造型自由奔放，重整体造型，艺术语言简练概括，大胆舍去一切人体细节，单纯到接近抽象，如今看来颇有现代感。

5、雕刻

彩陶塑女像　　古王国第四王朝（约公元前 2575 年—前 2465 年）时期法老王门考拉和王妃的双人立像。

国王夫妇并肩而立,都是左脚略向前迈出半步,但没有行进的动势,全身的重心仍落在两只脚上。国王两臂垂直,双手握拳,以表示力量的集中。王妃左手弯曲放在国王左胳膊上,右手臂搂抱着国王的腰,这是埃及夫妇像的标准格式。尽管立姿呆板,但人物的面部隐露微笑的表情还是生动的。

法老王门考拉和
王妃双人立像

雕刻家对男女躯体作了不同的对比处理,通过薄而紧身的长衣刻画出女性柔软起伏的曲线和优美的体形,而国王在埃及雕刻中则是永远年轻而理想化的躯体。

神殿浮雕是埃及托勒密王朝(公元前 304 年—公元前 30 年)时期的作品,浮雕表现的是女神为国王戴上两重王冠,宣扬了"王权神授"的意思。浮雕遵循传统造型方法,薄衣紧贴裹着身体,表现出女神身体曲线变化美。

神殿浮雕

6、医学、航运和几何学

古埃及医学成就比较突出,在古埃及的纸莎草书中记载有关疾病症状和治疗的方法,以及关于人体的初步看法。但当时的医学是与巫术结合在一起的,他们对疾病的治疗是药物和咒语并用,常常用妖魔侵入人体来解释疾病。

肥沃的尼罗河谷孕育了灿烂的埃及文明,这种文明是以农耕和水上劳作为基础的,古代埃及在 8000 年前就有了发达的航运。

古埃及人在几何方面的成就相当突出,尼罗河水的定期泛滥,经常需要重新界定丈量土地,使埃及成为最主要的几何学发源地。古埃及数学家提出了计算矩形、三角形、梯形面积和立方体、柱体、锥体体积的规则,并把圆周长和直径的比例定为 256/81(大约 3.16)。

圆的周长 $L=2\pi R=\pi D$,圆周率 π 是个无限不循环小数。

第三节　巴比伦文明

尼罗河三角洲以东,大约 1600 公里的地方,奔流着另外两条大河,一条叫底格

美索不达米亚

里斯河，一条叫幼发拉底河。这两条河发源于今天的土耳其境内，流经叙利亚，在伊拉克南部汇合成阿拉伯河，最后流入波斯湾。两河之间和沿岸一带叫做美索不达米亚，也是世界古老文明的发源地之一。希腊人称之为美索不达米亚。美索不达米亚一词是希腊语，意思是"两河中间的地方"。它西接阿拉伯沙漠，东邻扎格罗斯山脉。在公元前数千年的漫长岁月中，有好几个民族在此生活定居，并且创造了辉煌的美索不达米亚文明。例如，大约在 6000 年前，美索不达米亚人做出了世界上第一个轮子。这是人类史上最伟大的发明之一，即使是今天最现代化的机械，也几乎没有一样能够离得开轮子的。

远在公元前 5000—前 4000 年，在两河下游地区就有苏美尔人定居。苏美尔文化在公元前 2250 年达到顶峰，到公元前 21 世纪苏美尔人的帝国被外来民族所灭。

大约在公元前 4000 年，苏美尔人就发明了阴阳历法，以月亮的盈亏现象作为计时标准。后来，他们已将一年定为 12 个月，大小月相间，大月 30 天，小月 29 天，一共 354 天。

在公元前 3500 年左右，苏美尔人就发明了象形文字，后来发展成表意和指意符号，到公元前 2800 年左右基本成形，称之为楔形文字。苏美尔人用楔形文字泥板记载了二次方程求根公式和一些几何图形。这种文字后被巴比伦人、波斯人所采用。

公元前 2700 年苏美尔人画出了世界上最早的地图

公元前 19 世纪初至 16 世纪中叶，地处两河中部的巴比伦人在巴比伦城建立了古巴比伦王国第一王朝，这是科学技术的兴盛时期。公元前 7 世纪又建立新巴比伦王国（公元前 626—前 539 年），公元前 539 年为波斯帝国灭亡。

古巴比伦的科学成就主要表现在天文和数学方面。他们最早发现了日食和月食的周期现象，计算出夏至和冬至、春分和秋分的时间。大约在公元前 1800 年，巴比伦人就发明了 60 进制的记数系统。这种 60 进位制一直沿用到现在，我们今天计算时间，就是把 1 小时分成 60 分钟，1 分钟又分成 60 秒。对于地球经纬度的划分，也是把 1 度分成 60 分，每 1 分又分成 60 秒。他们还制定了表示平方、立方、平方根和立方根的数表,还有了简单的代数方程,能解一些一元二次、多元一次和少数三、四次方程。几何上能求一些面积和体积,并已知半圆内接三角形是直角三角形。

古巴比伦在技术上的成就主要有:在农业上使用畜耕和从事修堤筑坝等水利事业;在冶金上从冶炼铜到冶炼青铜和铁;在手工技术上,主要有制陶和制玻璃技术等。

用古老的美索不达米亚文字记录是一项非常艰巨的工作,书写的时候,得先把粘土做成方形的板砖,然后用尖木棍在上面刻字,最后把泥板放在太阳下晒干或者在火上烤干。这么复杂的过程,写起来

巴比伦泥板中的楔形文字
——其内容为数学问题

很慢,改写、保管和查看也很不方便。不过,一经写成就不容易损坏了。近年来,考古学家在两河流域发掘出成千块这种刻有楔形文字的泥板,虽然经历了几千年,上面刻写的图文仍然清晰可见,这是我们了解古代美索不达米亚文化的重要依据。

第四节　古希腊科学的产生和发展

古希腊历史概览

城邦奴隶制时期:公元前8世纪—前4世纪,在几万平方公里土地上,遍布有200多个城邦。

雅典时期:公元前5世纪,经济文化繁荣。

希腊化时期:公元前4世纪—前2世纪中叶,又称亚历山大帝国时期。

罗马时期:公元前2世纪中叶—公元395年,意大利半岛的罗马人征服了希腊,建立罗马帝国,公元395年分为东西两部分。

公元476年,蛮族和日耳曼人入侵,西罗马灭亡,东罗马则演变为拜占庭帝国。古希腊、古罗马的历史就此结束。

古希腊人在哲学思想、科学、建筑、文学、戏剧、雕塑等诸多方面有很深的造诣。这一文明遗产在古希腊灭亡后,被古罗马人破坏性的延续下去,从而成为整个西方文明的精神源泉。

一、古希腊建筑

1、神庙

古代希腊是欧洲文化的摇篮,同样也是西欧建筑的开拓者。

雅典帕提农神庙

古希腊的纪念性建筑在公元前 8 世纪大致形成,公元前 5 世纪已成熟,公元前 4 世纪进入一个形制和技术更广阔的发展时期。

神庙是古代希腊建筑的代表。雅典卫城,建于公元前 5 世纪,位于雅典西南部,是供奉雅典庇护者雅典娜的地方。由著名的帕特农神庙、埃雷赫修神庙、雅典娜胜利神庙和卫城山门等古建筑组成。由于宗教在古代社会据有重要的地位,因而古代国家的神庙往往是这一国家建筑艺术的最高成就的代表,希腊亦不例外。希腊人祀奉各种神灵建造神庙,希腊神庙不仅是宗教活动中心,也是城邦公民社会活动和商业活动的场所,还是储存公共财富的地方。

2、古代希腊建筑的特点

古希腊建筑的平面构成为 1：1.618 或 1：2 的矩形,中央是厅堂,大殿,周围是柱子,可统称为环柱式建筑。这样的造型结构,使得古希腊建筑更具艺术感。因为在阳光的照耀下,各建筑产生出丰富的光影效果和虚实变化。

建筑的柱式的定型,共有四种柱式：(1)多利克柱式；(2)爱奥尼亚柱式；(3)科林斯柱式；(4)女郎雕像柱式。这四种柱式是在人们的摸索中慢慢形成的,后面的柱式总与前面柱式之间有一定的联系,有一定的进步意义。而贯穿四种柱式的则是永远不变的人体美与数的和谐。柱式的发展对古希腊建筑的结构起了决定性的作用,并且对后来的古罗马,欧洲的建筑风格产生了重大的影响。

古希腊人崇尚人体美,无论是雕刻作品还是建筑,他们都认为人体的比例是最完美的。所以,古希腊建筑的比例与规范,其柱式的外在形体的风格完全一致,都以人为尺度,以人体美为其风格的根本依据,表现了人作为万物之灵的自豪与高贵。

建筑与装饰均雕刻化。希腊的建筑与希腊雕刻是紧紧结合在一起的。可以说,希腊建筑就是用石材雕刻出来的艺术品。从爱奥尼亚柱式柱头上的旋涡,科林斯柱式柱头上的由忍冬草叶片组成的花篮,到女郎雕像柱式上神态自如的少女,各神庙山墙檐口上的浮雕,都是精美的雕刻艺术。由此可见,雕刻是古希腊建筑的一个重要组成部分,是雕刻创造了完美的古希腊建筑艺术,也正是因为雕刻,希腊建筑显得更加神秘,高贵,完美和谐。

总之,古希腊建筑风格特点主要是和谐、单纯、庄重和布局清晰。而神庙建筑则是这些风格特点的集中体现者,同时也是古希腊,乃至整个欧洲影响最深远的建筑。其中,古希腊建筑史上产生了帕提农神殿、宙斯祭坛(帕加马)这样的艺术经典之作,给世界留下了宝贵的艺术遗产,是欧洲建筑艺术的源泉与宝库,对世界建筑艺术有着重大且深远的影响。

提图斯凯旋门

图拉真纪功柱

高架引水渠

3、古罗马建筑

由拱券和立柱结合而成是罗马时代基本的造型手段和特有的建筑风格,对后世建筑的影响很大。

万神庙是古罗马建筑史上最重要的建筑之一。室内巨大的半球型穹窿顶座在圆柱形鼓座上,其直径为42.9米,而棚顶到地面也是42.9米。

古罗马建筑由著名的提图斯凯旋门、图拉真纪功柱、高架引水渠和罗马斗兽场等组成。

凯旋门是古罗马统治者为炫耀侵略战争的胜利而创造的纪念性建筑。目前留存下来著名的有《提图斯凯旋门》,提图斯是帝国时期弗拉维王朝第二代皇帝,提图斯凯旋门是为了纪念他即位前镇压犹太人的胜利而建,始建于公元81年。

在罗马的纪念性建筑中,除凯旋门外还有纪功柱。至今在罗马城里仍保留罗马时代遗存的图拉真纪功柱和奥利略纪功柱。两柱柱身都饰满浮雕,以图拉真柱为杰出。图拉真柱,总高度为38米,柱身高27米,用大理石块构成,耸立在方形的基座上。周围缠满由22个圈组成的螺旋形浮雕带,浮雕总长为200米左右,出现在浮雕上的人物多达2500个,浮雕饰带表现图拉真率领罗马人向达奇人的进军。圆柱直径3米,以陶立安式柱头结顶,柱顶安放图拉真雕像,柱础为爱奥尼亚式,础下埋藏着图拉真夫妇的骨灰。

　　罗马最早的供水渠道是约公元前 312 年修建的阿庇水渠，长 16 千米左右。古罗马人在公元前 98 年－17 年修建的高架引水渠，采用双层拱洞结构，全部用粗花岗岩干砌而成。

古罗马建筑——罗马斗兽场

　　在古代统治者寻欢作乐方面，再没有比罗马帝国的统治者更狂热的了。从共和时期就开始兴建斗兽场，最著名的罗马大斗兽场始建于公元 72 年弗拉维王朝到公元 82 年提图斯时代才完成。

　　斗兽场呈椭圆形，长轴为 188 米，短轴 156 米，周长 527 米，高 57 米；占地 2 万平方米，可容 8 万观众。外观极其宏伟雄壮，高高的立面分为 4 层，自下而上分别采用多利克柱式、爱奥尼亚柱式和科林斯柱式。

二、对万物本原的探究

1、泰勒斯与"万物源于水"

　　泰勒斯（Thales，约公元前 624－前 547）诞生于地中海东岸爱奥尼亚地区的希腊殖民城邦米利都（今土耳其境内），他既是西方历史上第一个哲学家也是第一个科学家，是西方科学—哲学的开拓者和奠基人。

　　泰勒斯认为，世界万物的本原是"水"，万物起源于水并复归于水。

　　泰勒斯力求从自然界本身说明自然界——用水的无定形和流动性来描绘自然界的生成和变化，这种超越经验的抽象思维和综合思考开创了人类以科学分析和哲学概括认识世界的新纪元。

2、毕达哥拉斯与"万物皆数"

　　毕达哥拉斯（Pythagoras of Samos，约公元前 584－前 497）是古希腊最早的唯心主义哲学家和数学家，毕达哥拉斯学派的创立者。毕达哥拉斯学派产生于公元前 6 世纪末，公元前 5 世纪被迫解散，其成员大多是数学家、天文学家和音乐家。

数的和谐理论

毕达哥拉斯通过说明数和物理现象间的联系，来证明自己的理论。他曾证明用三条弦发出某一个乐音，以及它的第五度音和第八度音时，这三条弦的长度之比为 6∶4∶3。他从球形是最完美几何体的观点出发，认为大地是球形的，提出了太阳、月亮和行星作均匀圆运动的思想。他还认为十是最完美的数，所以天上运动的发光体必然有十个。

花朵的花瓣数：3、5、8、13、21……，这一组数字可不是任意的一组数字，它任意两个相邻的数字的和构成了后一个数字。例如，第一个数字 3 与第二个数字 5 的和构成了第三个数字 8；第三个数字 8 与第四个数字 13 的和构成了第五个数字 21。

毕达哥拉斯学派特别重视数学，在宇宙本原问题上，毕达哥拉斯学派主张"万物皆数"。数是世界的本原，因为有了数，才有几何学上的点，有了点才有线、面和立体，有了立体才有火、气、水、土这四种元素，从而构成万物，所以数在物之先。自然界的一切现象和规律都是由数决定的，都必须服从"数的和谐"，即服从数的关系。

他们认为自然界中的一切都服从于一定的比例数，天体的运动受数学关系的支配，形成天体的和谐。这种数学审美观念为近代精确科学的产生奠定了基础。

毕达哥拉斯学派将抽象的数作为万物的本源，研究数的目的不是为了实际应用，而是通过揭露数的奥秘来探索宇宙的永恒真理。

3、阿那克萨哥拉与"种子说"

阿那克萨哥拉（Anaxagoras of Clazomenae，约公元前 500－前 428），认为万物都是可以无限分割的，"在小的东西里并没有最小的，总是还有更小的。"这实际上提出了无限小的概念。被分割成无限小的东西阿那克萨哥拉称为"种子"，他认为世界万物是由许多类的种子组成的。宇宙是无限的，种子也是无限的。

4、德谟克利特与"原子论"

德谟克利特（Democritus，约公元前 460－前 370）集前人思想成果之大成，提出了著名的原子论说。其主要思想：

第一，万物的本原是原子和虚空。

第二，组成万物的原子都是最小的、不可分割、不可改变的物质粒子。原子的数目无限，它们是不生不灭的。原子之间在质上都是相同的，它们的区别在于形状、次序和位置。它们的这些差异，形成了千差万别的各种事物。

第三，原子在虚空中因必然性向四面八方互相冲击和碰撞，形成旋涡运动，使原子之间相互结合或分离。它们结合，万物生成；它们分离，万物消失。

5、关于对立统一和运动的观点

（1）赫拉克利特与辩证法

赫拉克利特（约公元前 540－前 480）认为相反的东西结合在一起，不同的音调造成最美的和谐，一切都是通过斗争而产生的。他还第一次明确提出了运动、变化、发展的思想："一切皆流，无物常住"，"我们不能两次踏进同一条河流"。列宁称赫拉克利特为辩证法的奠基人。

（2）爱利亚学派：世界的本原是不变的

爱利亚学派是早期希腊哲学中最重要的哲学流派，产生于公元前 6 世纪意大利南部爱利亚城邦，这一派别的中心思想是：世界的本原是不变的。学派反对赫拉克利特的万物流动的观点，爱利亚学派有四位代表人物，芝诺是其中之一。

芝诺（Zeno of Elea，约公元前 490－公元前 425）认为世界上只有不生、不灭、不变的存在，而否认物体的运动。为了论证运动的不"真实性"他提出了几个著名的悖论。

芝诺悖论："二分法"

简单说就是任何一个物体要想由 A 点到达 B 点，必须首先到达 AB 的中点 C，到了 C 点之后，又必须到达 CB 的中点 D。……这样的 AB 的距离是无限可分的，它可以被分为无限多个一半，则通过无限多个一半就需要无限多的时间. 即物体永远不能到达目的地，所以运动是不存在的。

芝诺悖论："阿基里斯追不上乌龟"

阿基里斯是希腊名将，非常善跑。若乌龟起跑领先一段距离，阿基里斯必须首先到达乌龟的出发点，而此时乌龟又向前爬行一段距离，如此至无穷，阿基里斯永远追不上乌龟。

芝诺悖论："飞矢不动"

任何一个东西老呆在一个地方那不叫运动，可是飞动着的箭在任何一个时刻也是呆在一个地方，既然飞矢在任何一个时刻都呆在一个地方，那我们就可以说飞矢不动。因为运动是地方的变化，而在任何一个时刻飞矢位置并不变化，所以任一时刻飞矢是不动的。

三、古希腊的数学

1、泰勒斯被称为第一个几何学家

在数学发展史上，泰勒斯被称为第一个几何学家，他确立和证实了为人们公认的第一批几何定理：

圆为它的任一直径所平分；

半圆的圆周角是直角；

等腰三角形两底角相等；

相似三角形的各对应边成比例；

若两三角形两角和一边对应相等则三角形全等。

2、毕达哥拉斯定理

最初纯粹从数学本身进行抽象研究的是毕达哥拉斯学派，和前人不同的是，他们把数学放在"高于商业需要的"地位，探讨的只是数的性质，而不是实际的计算，在数论、几何等方面作出了许多贡献。欧几里得几何学中关于平行线、三角形、多边形、圆、球和正多面体的许多定理，实际上都是毕达哥拉斯学派的成果。

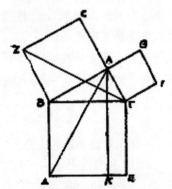

很早以前，人们就知道了边长为3、4、5和5、12、13的三角形为直角三角形。毕达哥拉斯发现了这两套数字的共同之处：最大数的平方等于另外两个数的平方和，即 $3^2+4^2=5^2$；$5^2+12^2=13^2$。这就是说，以直角三角形最长边为边长的正方形面积，等于两个短边为边长的两个正方形面积的和。

接着，毕达哥拉斯又研究了这样两个问题：一、这个规律是否对所有的直角三角形都成立？二、符合这一规律的任何三角形是否一定是直角三角形？

毕达哥拉斯搜集了许许多多的例子，都肯定回答了这两个问题。据说，他为了庆祝自己的这个发现，曾宰杀了100多头牛，举行了一次大宴会，这就是几何学中的勾股定理为什么又叫做毕达哥拉斯定理的由来。

3、柏拉图对数学的贡献

柏拉图（Plato，公元前427－前347）出生于雅典一个名门望族的奴隶主家庭。青年时代追随苏格拉底（Socrates，前469－前399），公元前399年，因苏格拉底被处死，柏拉图离开雅典去麦加拉、埃及、意大利南部和西西里岛等地，结交了毕达哥拉斯学派晚期的代表人物阿尔希塔斯（Archytas）及其他成员。公元前387年，柏拉图在雅典创办了名垂千古的学园。柏拉图学园成为当时数学、科学和哲学研究中心，培养了不少数学家，学园门口树有一块牌子，上书"不懂数学者不得入内"。此后40年，柏拉图热诚地投入教学工作和哲学著述，柏拉图学园推动了哲学和数学的发展，成为希腊历史上第一位有大量著作传世的哲学家。

柏拉图在数学上是否做出了具体贡献不很清楚，但是他极力鼓励学生钻研数学，以至于公元前4世纪时的几乎所有重要的数学工作，都是柏拉图的朋友和学生完成的。

柏拉图是个唯心主义者，但也发展了辩证法。在解决概念、判断、推理等问题过程中发展了逻辑学。他的著作很多，大多是反映他的哲学观点的。也有一些自然科学著作，对后来科学发展有一定的影响。柏拉图学派研究数学不是为了实用目的，而在于寻求一种思维中的完善和美。

4、欧几里得几何学

欧几里得（Euclid，前330－前275）出生在雅典，曾从师于柏拉图，长期在亚历山大教书，并在那里创办过一所学校，建立了以他为首的数学学派。

公元前300年左右，欧几里得所著的《几何原本》，是世界上最早的公理化著作，创立了著名的欧几里得几何（简称欧氏几何）。

欧几里得《几何原本》

《几何原本》把卓越的学术水平与广泛的普及性完美的结合，集希腊古典数学之大成，构造了世界数学史上第一个宏伟的演绎体系。《几何原本》成为当时出色的教科书，流传极广，一直被使用了两千多年，对后世数学的发展起到了极大的推动作用。就是今天，初中学校里讲授几何学的主要内容也是来自欧几里得几何学。

《几何原本》共十三卷：

第一卷：几何基础。重点内容有三角形全等的条件，三角形边和角的大小关系，平行线理论，三角形和多角形等积（面积相等）的条件，第一卷最后两个命题是毕达哥拉斯定理的正逆定理。

第二卷：几何与代数。讲如何把三角形变成等积的正方形，其中12、13命题相当于余弦定理。

第三卷：阐述了圆、弦、切线、割线、圆心角和圆周角的一些定理。

第四卷：讨论圆内接和外切多边形的做法和性质。

第五卷：讨论比例理论。

第六卷：讲相似多边形理论，并以此阐述了比例的性质。

第五、第七、第八、第九、第十卷：讲述比例和算术的理论。第十卷是篇幅最大的一卷，主要讨论无理量（与给定的量不可通约的量），其中第一命题是极限思想的雏形。

第十一卷、十二、十三卷：最后讲述立体几何的内容.

几何学的建立为测量、建筑、航海、天文，甚至为城市规划、乐器设计等提供了必要的工具。

四、古希腊的物理学

1、亚里士多德及其科学成就

亚里士多德(Aristotle,前384—前322),古希腊斯吉塔拉人,世界古代史上最伟大的哲学家、科学家和教育家之一。幼年时父母双亡,他的父亲是马其顿国王的侍医,他也曾学过医学,还在雅典柏拉图学院学习多年,是柏拉图的学生,但他的哲学思想在内容和方法上都同柏拉图存在严重的分歧。他曾担任过马其顿国王的儿子亚历山大的教师,公元前335年,他在雅典办了一所叫吕克昂的学校,被称为逍遥学派。马克思曾称亚里士多德是古希腊哲学家中最博学的人物,恩格斯称他是古代的黑格尔。

亚里士多德是古代伟大的思想家,并在自然科学的发展史中做出了巨大贡献。他一生勤奋治学,从事的学术研究涉及到逻辑学、修辞学、物理学、生物学、教育学、心理学、政治学、经济学、美学、博物学等,写下了大量的著作,他的著作是古代的百科全书,据说有四百到一千部,主要有《物理学》、《论产生和消灭》、《天论》、《天象学》、《论宇宙》、《动物的历史》、《论动物的结构》、《范畴篇》、《分析篇》、《大伦理学》、《欧德谟斯伦理学》、《政治学》、《诗学》、《修辞学》等。他的思想对人类产生了深远的影响,他创立了形式逻辑学,丰富和发展了哲学的各个分支学科,对科学等作出了巨大的贡献,是最早论证地球是球形的人。

从公元前4世纪到2世纪中叶,大约300多年里,科学从自然哲学中开始分化出来。这一时期是古希腊科学发展的顶峰。它的特点是,科学脱离了直觉和思辨,沿着一条以实践为基础的专门化方向发展起来,形成了欧几里得几何学和阿基米德力学。

2、阿基米德力学

阿基米德(Archimedes,约公元前287—前212)生于南意大利西西里岛的叙拉古,他父亲是一位天文学家,这使阿基米德从小就学到了许多天文知识。青年时代,他来到古代世界的学术中心亚里山大城。在这里,他就读于欧几里得的弟子柯农(Canon)门下,学习几何学。几年之后,他又回到了故乡叙拉古。阿基米德的伟大在于他不仅在数理科学上取得辉煌的成就,而且在工程技术上也颇多建树。他做出了紧贴圆筒内壁的旋转器来抽水,解决了农田灌溉和船舱排水的困难。他制造了石弩和弩炮来打击敌人,保卫自己的国家。

阿基米德在物理学方面的贡献主要有关于平衡问题的研究和关于浮力问题的研究。在力学研究中,给出了确定许多平面形和立体形重心的方法,建立了杠杆定理,发现了浮体定律,提出了相对密度的概念,为静力学尤其是流体静力学奠定了基础,是古希腊实验定量研究的杰出代表。被誉为古代"力学之父"。阿基米德的力学著作有《论浮体》、《论平板的平衡》、《论杠杆》等。阿基米德具有很高的数学造诣,这也是他在力学研究上取得重大成果的原因,他的数学成果又得益于他的力学研究。阿基米德的数学方面的主要贡献是求面积和体积,著作有《论球和圆柱》、《论劈锥面体与球体》、《抛物线求积》、《论螺线》等。

阿基米德的名言:给我支点,我可以撬动地球。

五、古希腊的天文学和医学

1、托勒密与天文学

古希腊最杰出的天文学家托勒密(约 85-165),把前人的全部"地心"思想系统化,并巧妙地运用几何模型方法,建立了一个比较完整的地心体系,来说明天体的运动现象,使古代天文学的发展达到了高峰。他撰写的经典巨著《天文学的伟大的数学表述》,被阿拉伯人翻译为《至大论》。原书写在纸莎草制成的纸莎草纸上,全书共有 13 卷。

《至大论》被看作是古代天文学的百科全书,直到哥白尼革命之前,它一直作为西方天文理论的最高权威。

托勒密于公元 2 世纪,提出了自己的宇宙结构学说,认为地球是宇宙的中心,其他的星体都围着地球这一宇宙中心旋转。其实,早在公元前 200 多年前,亚历山大的天文学家阿利斯达克就曾提出过"日心说",这个理论在当时过于激进,没有被人们接受。

"地心说"是亚里士多德的首创,他认为宇宙的运动是由上帝推动的。他说,宇宙是一个有限的球体,分为天地两层,地球位于宇宙的中心,远离各个天球,静止不动,所以日月围绕地球运行,一切重物都被吸引到地上。地球之外有九重天,即九个旋转的同心晶莹球壳。

最低的一重天是月球天,其次是水星天和金星天;

太阳居于第四重天上,以它的光辉照亮了宇宙;

火星天、木星天、和土星天是第五到第七重天;

第八重天是恒星天,全部恒星向宝石一般镶嵌在这层天上;

在恒星天外还有一重原动天,那里是神居住的地方。

托勒密全面继承了亚里士多德的"地心说",并利用前人积累和他自己长期观测得到的天文数据,写成了《至大论》。

在书中,他把亚里士多德的 9 层天扩大为 11 层,

把原动力天改为晶莹天,

又往外添加了最高天和净火天。

托勒密设想,每个行星都沿着一个叫做"本轮"的较小的圆作匀速运动;而本轮的中心又沿着一个大的圆绕地球作匀速运动,这个大圆叫"均轮"。这样可解释行星视运动中的"顺行"、"逆行"、"合"、"留"等现象。再加上"偏心理论"来帮忙解释

四季长短的变化,即太阳仍然在本轮上匀速运动,而地球则不在大圆的中心,而是向旁边偏离了一点,太阳距离地球远近不同,地球的受热就不同,这样在地球上的观察者就感觉到了四季的变化。每一个天球的球壳都很厚,足以容纳星体的本轮。日月行星除作上述轨道运行外,还与众恒星一起,每天绕地球转动一周,于是,各种天体每天都要东升西落一次。

亚里士多德的天球层组合是同心的组合,而托勒密本轮、均轮体系的组合是异心的组合,所以后者比前者有更大的灵活性,这样经过托勒密的发展地心说具有了更大的生命力。①

托勒密这个不反映宇宙实际结构的数学图景,却较为完满的解释了当时观测到的行星运动情况,并取得了航海上的实用价值,从而被人们广为信奉,流传了1000多年。需要说明的是,由于获得知识是一个不断探索的过程,所以得出的"客观定律"并不一定就是正确的。虽然说托勒密的地心学现在看起来不正确,但是托勒密的地心学说是一个科学的理论。这是因为,"我们判断一种学说是不是科学,不是依据它的结论,而是依据它所用的方法、它所遵循的程序","正确对于科学既不充分也非必要。"②

2、盖伦医学

盖伦(Clandis Galen,129—203)是古罗马时期最著名最有影响的医学大师和解剖学家,是医学史上的一位巨人。他出生于希腊的帕加马,其一生专心致力于医疗实践解剖研究、写作和各类学术活动。

盖伦的主要贡献是把希腊的解剖知识和医学知识加以系统化,所有推理论证都基于观察和实践。他在埃拉西斯特拉托(Erasistratus,约公元前304—前250)生理学研究基础上,吸收了古希腊著名医生希波克拉底(Hippocrates of Cos,约公元前460—前375)体液说思想,把各个医学学派统一起来,又根据自己在解剖和医学实践基础上的新发现,创立了自成体系的医学理论。他写下了131部医学著作(其中有83部流传至今),在现存的希腊和罗马医学文献中几乎占了一半。与希波克拉底体系一起,二者可称得上是古代医学成就的总和。他的著作《论解剖过程》、《人体各部位的机能》两书阐述了在人体解剖生理上的许多发现,反映了他的解剖学思想,其理论来源于他对人体骨骼的研究,以及作为医生的经验和动物解剖的实践。这些著作既反映了他的学术成就,也反应映了他敏锐的观察能力和实践能力,并对以后西方近代医学的发展产生过重大影响。

但是在盖伦的论述中也有许多错误,例如他所说的心间隔上有小孔,血液能通

①　林德宏:科学思想史.南京:江苏科学技术出版社,2004.41

②　江晓原:科学史十五讲.北京:北京大学出版社,2006.14—15

过小孔，往返于心脏左右两边。这纯是他的猜测，实际根本不存在，盖伦著作中有不少解剖学和生理学内容是建立在错误的结论基础之上的。人们后来发现，盖伦的某些错误之所以产生，是由于他所进行的解剖对象是动物，主要是狗而不是人。在古罗马时期，人体解剖是被严格禁止的，盖伦屈从于宗教神学的需要，只能进行动物解剖实验，他的生理描述往往是脱离了实际。盖伦和他的理论即使有着很多错误，但在其后的 1000 多年里一直保持着高高在上的地位。后来人们为消除他在解剖学、生理学上的错误影响，曾进行了艰苦的斗争。

六、古希腊科学产生的思想根源

古希腊是西方历史的开源，持续了约 650 年（公元前 800－前 146）。古代希腊包括巴尔干半岛的南部，爱琴海和爱奥尼亚海的岛屿，还有克里特岛和小亚细亚的沿岸地区。半岛的东岸弯拐曲折，海湾很多，风平浪微，有许多优良的港口。古希腊人非常喜欢旅行和出海贸易，这使他们很早就接触了先进的东方文化。

世界上各古老文明：古巴比伦、古埃及、古希腊、古印度、中国，对自然都有过自己的关注，对科学的起源大小不同的应该说都有过贡献，但要追溯近代科学的思想根源，我们不能不把目光投注在遥远的古希腊。这是因为在古巴比伦、古埃及、古印度包括古代的中国在内，虽然他们也都有科学，而且科学也都有相当的发展，可是他们都是为实用的目的而出现的，是功利性的探索。只有在古希腊，科学是一种纯粹性的、猜测性的、理论性的、从好奇心出发的探讨，这是科学的思想根源。

亚里士多德在《形而上学》中说到，哲学和科学的发展需要三个必不可少的条件：好奇、闲暇和自由。古希腊人具备了这三种条件，希腊人的奴隶制为自由民提供了闲暇，而希腊的城邦民主制则为科学研究提供了非常宝贵的自由，社会上有相当一批人不需要为衣食担忧，从而好奇心不至于被生活的压力所压制。还有，最重要的是希腊文化中最为可贵的对知识和真理的不懈追求，这种对知识本身的渴望并不是人类历史上其他民族在具备了闲暇和自由时都能表现出来的。[①]

古希腊文化的一个非常重要的特点，是它的自然科学知识与哲学思想交织在一起。古希腊自然科学与哲学的结合既有利于自然科学形成自己的理论体系，发展成为独立的学科，也利于哲学思想的丰富和发展。从城邦奴隶制到雅典时期，产生了科学和哲学融为一体的自然哲学，它既是古希腊人对自然界的哲学思考，又是早期自然科学的一种特殊形态。到亚力山大时期，科学又从哲学中分化出来，产生了早期理论：自然科学，尤其是天文学、数学和物理学达到了古代的最高水平。

----

① 刘兵：科学技术史二十一讲. 北京：清华大学出版社，2006，42。

第二章 科学的起源与发展(Ⅱ)

古印度文明
伊斯兰文明
中国古代的科学技术

在几个著名的古代文明中,古印度文明给人印象深刻的是发明了目前世界通用的计数法,即所谓的阿拉伯数字。伊斯兰文明承担了连接东西方的伟大任务,宽容并保护了古典文化遗产,为世界文明的延续和发展做出了极为珍贵的贡献。中华文明绵延5000年,从未断裂,从而也形成了自成体系的古代文明和科技发展的独特风貌,这是人类文明史上的奇迹,探求古代科技文明我们要更加关注中华文明。

第一节 古印度文明

古印度也是世界最古老文明的发源地之一。它的历史指南亚次大陆及临近岛屿的古代历史,其区域包括今天的巴基斯坦、印度、孟加拉、尼泊尔、锡金、不丹和斯里兰卡等国。①

印度的天文学起源很早,由于农业生产的需要,印度很早就创立了自己的阴阳历。例如在《梨俱吠陀》中就有十三月的记载。《鹧鸪氏梵书》将一年分为春、热、雨、秋、寒、冬六季,还有一种分法是将一年分为冬、夏、雨三季。《爱达罗氏梵书》记载,一年为360日,十二个月,一个月为30日。但实际上,月亮运行一周不足30日,所以有的月份实际不足30日,印度人称为消失一个日期。大约一年要消失五个日期,但习惯上仍称一年360日,每隔5年要加入一个第十三个月。印度古代还有其他多种历日制度,彼此很不一致。在印度历法中还有望终月和朔终月的区别,望终月是从月圆到下一次月圆为一个月;朔终月以日月合朔到下一个合朔为一个月。两种历法并存,前者更为流行。

---

① 邹海林,徐建培:科学技术史概论.北京:科学出版社.

佛教在印度传播很广，佛经中表述的传统宇宙观念，与中国古代的盖天说较为接近。古印度人认为宇宙像一只大锅盖在大地上，大地中央是须弥山支撑着天空，日月均绕须弥山转动而不入地下，日绕行一周即为一昼夜。天国在地球上面，地球则在4头象的背上休息，而象在一只巨大的海龟背上，这一切又被一条巨大的蛇所缠绕。

古印度的宇宙观

在自然科学方面，古印度人最杰出的贡献是发明了目前世界通用的记数法。大约在哈拉巴文化时期，印度人就采用了十进制计数制。到公元3世纪前后，出现了数的记号。创造了包括"0"在内的10个数字符号，即我们通常使用的0,1,2,3,4,5,6,7,8,9数字。所谓阿拉伯数字实际上起源于印度，是印度人最先使用的符号和记数法，后来阿拉伯人采用了这种记数法，西方人则是通过阿拉伯数学家花拉子密的著作才知道的。由于阿拉伯数字本身笔画简单，写起来方便，看起来清楚，特别是用来进行笔算时，使演算更便利。因此，随着历史的发展，阿拉伯数字逐渐在各国流行起来，成为世界各国通用的数字。

《准绳经》是现存古印度最早的数学著作，这是一部讲述祭坛修筑的书，大约成于公元前5至前4世纪，其中包含有一些几何学方面的知识。这部书表明，他们以特殊的方式表述了毕达哥拉斯定理（勾股定理），并使用圆周率 π 为3.09。古印度人在天文计算的时候已经运用了三角形，公元499年成书的《圣使集》中有关数学的内容共有66条，包括了算术运算、乘方、开方以及一些代数学、几何学和三角学的规则。

古印度的医学也比较发达。印度古文献中很早就有医学知识的记载，在《阿达婆吠陀》中有关临床治疗、人体解剖学、植物医学等方面的知识。古印度的医生已经运用数百种药草和许多矿物治病，有了复杂的外科手术。在《苏色卢多》这本医学著作中，描述了约121种外科用具和当时已知的手术方法。在佛陀时代（约公元前563—前483年），印度出现了医科学校和专职医生。然而，在社会上居支配地位的宗教观念把疾病看作是一种命中注定的报应，认为解剖是不可饶恕的恶行，这就妨碍了医学的应用和发展。

公元前6世纪，在古代印度产生了佛教，佛教后来先后传入中国、朝鲜和日本。佛教是世界性三大宗教之一，佛教在传入中国后的发展过程中不断中国化，它深刻的影响着中国的传统思想和文化。

第二节　伊斯兰文明

一、伊斯兰文明的兴起

阿拉伯半岛位于亚洲西南部,早在公元5世纪还过着原始游牧部落式的生活,赶着羊群,哪儿有水草,哪儿就是自己的家。当时,阿拉伯半岛盛行多神崇拜,各部落战争连绵不断,社会经济日趋衰落,各部落迫切要求改变这种社会状况和实现政治统一。伊斯兰教的创立对阿拉伯民族的统一起了重要的作用,伊斯兰教的创始人穆罕默德(Muhammad,约570-632),出生于阿拉伯半岛西部麦加城的一个没落贵族家庭,早年曾随商队到过叙利亚等地,后来回到麦加城经商。公元610年穆罕默德在麦加开始创传以信仰一神为中心的伊斯兰教,后遭到多神教徒的反对和迫害,于公元622年秘密出走麦地那,穆罕默德在麦地那组织了一个接受伊斯兰教的阿拉伯部落联盟,号召所有伊斯兰教徒——穆斯林,不分部落都是兄弟,使各部落的人超越血缘的狭隘界限以共同的信仰为纽带团结起来。这一年,被视为穆斯林的纪元元年,伊斯兰教受到阿拉伯人民的广泛拥戴,穆斯林纷纷聚集到麦地那,力量逐渐强大起来。伊斯兰教就这样在阿拉伯半岛创立并迅速得以传播,伊斯兰教兴起后,阿拉伯部落很快统一起来,形成了一个强大的军事力量。公元632年统一了阿拉伯半岛,公元635年占领大马士革,公元636年占领叙里亚,公元638年占领巴基斯坦,公元642年灭波斯帝国和埃及。8世纪中叶版图辽阔的阿拉伯帝国形成,其文化事业也开始兴盛起来。

阿拉伯帝国(630年-1258年)是中世纪时阿拉伯人建立的伊斯兰教国家,唐代以来的中国史书,均称之为大食国,而西欧则习惯将其称作萨拉森帝国。在中国史书的记载中,大食使节来访次数达37次。8世纪初的712年兵取西班牙被认为是阿拉伯帝国鼎盛时期的开端,在8世纪中叶阿拉伯帝国疆域辽阔:东起印度;西临大西洋及与法兰西接壤;南至莫桑比克苏丹国;北迄高加索山。形成横跨亚、非、欧三洲的封建大帝国,面积最大时达到了1339万平方公里,是人类历史上东西方跨度最长的帝国。帝国的政治宗教中心原在麦加①,倭马亚王朝时移至大马士革,阿巴斯王朝时又迁至巴格达,8至9世纪为极盛时期。

二、翻译的时代和桥梁的作用

在整理、翻译和改编古典著作方面,阿拉伯人作出了卓越的贡献,从8世纪至9世纪中叶,大批古代科学书籍被译成阿拉伯文。"智慧之城"巴格达拥有一大批专门的翻译人才,据说,翻译的稿酬是以与译著重量相等的黄金来支付的。翻译的著作包括托勒密的《至大论》、欧几里得的《几何原本》,还有柏拉图、亚里士多德、阿基米德、希波克拉底、盖伦、阿波罗尼(Apollonius,约前262－前190)、海伦和丢翻图(Diophantus,约公元246－330)等人的哲学、科学和医学名著。有些著作以后又多次被翻译,不少文献被重新校订、勘误、增补和注解。这一人类翻译史上的伟大工程,使人类古典文明的辉煌成果在中世纪得以继承,又为阿拉伯文化的发展奠定了较为坚实的基础。

在欧洲文艺复兴时期,经历了漫长黑暗的神权统治的中世纪,古希腊的著作在欧洲大都已经失传,欧洲人是靠翻译这些阿拉伯文的译本才得以了解先人的思想。

阿拉伯人不仅在翻译、整理古希腊经典名著方面功勋卓著,而且阿拉伯人在科学传播中又架起了一座桥梁,来沟通东西方学术文化。当时在"智慧之城"巴格达的编译图书的机构,有大批专家从事搜集、整理、翻译和研究外国学术文献的工作,这其中包括古希腊和东方的科学著作。中国和印度古代科学技术的不少重要成果在中世纪传入阿拉伯世界,并通过阿拉伯再传入欧洲。从12世纪开始,穆斯林世界的科学知识也逐渐传到欧洲各地,到了公元1400年,意大利、法国、德国和英国的商人们开始使用新数字(即阿拉伯数字),对其文化进步起了重要作用,中国的四大发明等技术也是通过阿拉伯人传向西方的。伊斯兰文明承担了联接东西方的重任,宽容并保护了古典文化的遗产。

三、阿拉伯的科学

在翻译运动的基础上,阿拉伯人独立发展了自己的科学文化。阿拉伯的天文学家发展的制图学,远远超过了亚历山大时期的水平。当时的巴格达是中国以外

---

　　①　沙特阿拉伯的"麦加"是伊斯兰教的第一大圣地。因为从天堂中降在人间的第一所"天房"在这里,这里是伊斯兰教创始人穆罕默德的诞生地和伊斯兰教的发源地,是全世界穆斯林的礼拜朝向中心,每年都有几百万来自世界各地的人进行朝觐。沙特阿拉伯的"麦地那"是伊斯兰教的第二大圣地。穆罕默德在这里传教十年,同时把伊斯兰教传播世界各地。此城拥有"和平之城"、"胜利之城"、"坚固的乐园"等90多个美名。相传632年,穆罕默德63岁于此归主,葬于城内的先知寺。巴勒斯坦的"耶路撒冷"是伊斯兰教的第三大圣地。

的世界著名的科学文化中心和学术中心,在那里设有学院、图书馆、天文台等机构。在巴格达的学校里,三角学盛行起来,"代数"一词就是出自阿拉伯语。由于掌握了印度的新算术,阿拉伯数学家能更为完满地研究和应用欧几里得和阿基米得的几何学成就。航海家装备和改进了航海设备,地理学家也有了新的更好的大地测量工具。阿拉伯的科学技术,取得了很高的成就。阿拉伯人注意保存和吸收被征服地区的文化,在短时间内赶上了世界先进水平,阿拉伯语很快成为各国的通用语言,在知识界成为学术交流的工具。阿拉伯人在数学、物理学、天文学和医学等方面都取得了一定的成就。

阿拉伯数学家论述巴比伦楔形文字关于数学知识的手稿(1343 年)

1、阿拉伯人对数学的贡献

花拉子密是中世纪阿拉伯伟大的数学家和天文学家,他把代数学发展成一门独立的数学分支,他本人也被称为代数学之父,他的著作到 16 世纪的时候还是欧洲各主要大学的教科书。花拉子密科学研究的范围十分广泛,他撰写了许多重要的科学著作。在数学方面,花拉子密编著了两部传世之作:《代数学》和《印度的计算术》。在《代数学》中比较完整地讨论了一次、二次方程的一般原理,并首次在解方程中提出了移项和合并同类项的名称,书中还承认二次方程有两个根,他把未知量叫做"根",从而把解方程叫做"求根"。

三角学的发展也是因为阿拉伯人的工作使它脱离天文学而成为数学的独立分支。阿拉伯人在印度人和希腊人工作的基础上发展了三角学,他们引进了几种新的三角量,揭示了它们的性质和关系,建立了一些重要的三角恒等式,给出了球面三角形和平面三角形的全部解法,制造了许多较精密的三角函数表。并把圆周率算到 17 位数值,打破了中国数学家祖冲之保持了 1000 多年的记录。

在几何学方面,他们把图形和代数方程式联系起来,成为解析几何的先驱,后来的笛卡儿的解析几何也是在阿拉伯人的基础上实现的。阿拉伯人对数学的最大贡献是以阿拉伯数字为工具,结合古希腊的逻辑学发展出完善的代数学。

2、阿拉伯人对天文学的贡献

阿拉伯人的天文学在宗教、生产和航海贸易的需求下得以高度发展。他们在巴格达、大马士革、开罗、科尔多瓦等地建有当时世界一流的天文台,并研制了相当精密的天文观测仪器。9 世纪前后,他们已经使用了象限仪、星盘、日晷、地动仪等先进仪器。阿拉伯天文学家们所取得的成就,代表着当时人类天文学的最高水平。现代许多行星的命名和天文学术语都源自阿拉伯人,他们连续的天文观测,为文艺复兴时期的欧洲天文学家提供了约 900 年的记录资料。阿拉伯的天文学家们处在托勒密和哥白尼之间,在世界天文学史上起到了承前启后的作用。

数学家花拉子密的著作《花拉子密列表》对后世的欧洲天文学影响极大。阿拉伯科学家阿尔·比鲁尼(973－1050)论证了地球自转的理论,以及地球是绕太阳运转,并精确测定了地球的经纬度。阿拉伯世界伟大的天文学家阿尔·白塔尼(Al. Battani,约858－929)的巨著《恒星表》(或译萨比天文历表)于12世纪传入欧洲,在几百年内成为欧洲各大学、天文台的权威教科书,成为后来欧洲天文学发展的基础。阿尔·白塔尼对托勒密的一些错误进行了纠正,他所积累的实测资料和主要观点,在哥白尼的《天体运行论》一书中多处加以引用作为例证。在天文计算方面利用了正弦表,完善了球面三角学,也为天文学引进一种新的数学计算法。此外,阿拉伯人在历法研究和制订方面也取得了巨大成就,伊斯兰的太阳历一年平均365天,每128年设31闰年,闰年为366天,每5000年才误差一天。

3、阿拉伯人对物理学的贡献

从10世纪以后,阿拉伯人在物理学上做了许多工作,尤其是在光学和静力学方面成果显著。阿拉伯人在光学上,对球面相差、透镜的放大率、月晕①、月虹②等都有精湛的研究,还研究了人眼的构造,提出了现代视觉理论。

阿拉伯最杰出的物理学家是阿尔·哈增(Al. Hazen,约965－1038),他著有《光学全书》。阿尔·哈增从希腊人那里学到了反射定律:光反射时反射角等于入射角。在此基础上,他又进一步指出:入射光线、反射光线和法线都在同一平面上。阿尔·哈增还纠正了托勒密的折射定律,托勒密断言:入射角与折射角成正比。阿尔·哈增特地做了一个实验来检验,通过实验他发现:入射光线、折射光线和法线在同一平面上;托勒密的折射定律只有在入射角较小时才近似成立。可惜,阿尔·哈增也未能得出正确的折射公式。他还研究过球面镜和抛物柱面镜,并研究了视觉生理学。当时在阿拉伯的沙漠和热带地区眼病盛行,因此阿拉伯的眼病研究很发达。阿拉伯人很早已经能用手术处理眼病,关注到了眼睛的生理构造。阿尔·哈增是最早使用"网膜"、"角膜"、"玻璃体"、"前房液"等术语的人,他认为视觉是在玻璃体中得到的。他反对由柏拉图和欧几里德提出的关于视觉是由眼睛发出光线

①　晕是一种自然界的光学现象。它是由于当太阳或月亮的光线透过高而薄的白云时,受到冰晶折射而形成的彩色光圈,彩色排列顺序内红外紫。出现在太阳周围的光圈叫日晕,出现在月亮周围的光圈叫月晕。

②　月虹,是在月光下出现的彩虹,又叫黑夜彩虹、黑虹。由于是由月照所产生的虹,故通常只见于夜晚。且由于月照亮度较小的关系,月虹也通常较为朦胧,且通常出现于月亮反方向的天空。夜间虽然没有太阳,但如果有明亮的月光,大气中又有适当的云雨滴,便可形成月虹。由于月虹的出现需各种天气因素的配合,所以是非常罕见的自然现象。

的学说,而赞成德谟克利特的观点,认为光线是从被观察的物体以球面形式发射出来的。阿尔·哈增对光学的研究,有力地促进了现代光学的诞生。

在力学方面,阿尔·哈兹尼(生卒年不详)作出了重要的贡献。他在公元1137年发表的《智慧秤的故事》一文中,详细地描绘了他自己发明的带有5个秤盘的杆秤。它既可以作为杆秤使用,也可用一个可动的秤盘在没有砝码的情况下测量重物,还可以在水中测定物体的重量。阿尔·哈兹尼还发现空气也有重量,因此他把阿基米德的浮力定律从液体推广到空气中。他发现:大气的密度随高度的不断增加,其密度越来越小,因此物体在不同高度测量时,重量会有所不同。他还以路程与时间之比给出了速度的概念。

阿拉伯科学在世界科学史上占有重要的位置,它主要是继承了希腊人的成果并有所创新,并为中世纪的欧洲提供了丰富的资料、实验、理论和方法。后来,阿拉伯的科学文化传入欧洲被欧洲人所继承,并导致了欧洲科学和文化的复兴。

四、伊斯兰的文学和艺术

伊斯兰文化源远流长,伊斯兰艺术历史悠久。

伊斯兰文学的主要题材是诗歌和散文,《古兰经》堪称伊斯兰文学的典范。《古兰经》不仅是一部宗教经典,而且也是一部对社会、政治、经济、军事、天文、地理、文化、科学、道德等治理国家和社会的全方位法典,更是一部重要的阿拉伯历史文献,同时又是第一部标准的阿拉伯语写成的文体优美,语言凝练,节奏明快,修辞华美,无与伦比的散文巨著。《古兰经》的语言纯正,修辞美妙,语言悦耳,词汇丰富。《古兰经》是伊斯兰艺术的根源,世界各地的穆斯林艺术家从这一部经典中获得了启迪,成为开辟伊斯兰艺术的源泉和动力,《古兰经》是世界艺术之林中独立的美学概念和艺术奇葩。[①]

《一千零一夜》则生动展示了古代伊斯兰世界社会生活的斑斓画面,反映了阿拉伯人民的社会生活和风俗习惯,显示了阿拉伯人民高度智慧和丰富的想象力,是阿拉伯人民留给世界人民的一份珍贵的文学遗产。

勤劳勇敢的阿拉伯人民悉心探索,心织笔耕,创造了许多绚丽的文化艺术,书法是其中最具有代表性的一种。阿拉伯文书法是无声的音乐,是有情的图画。一幅优美的阿文书法作品是具有很高的艺术魅力的,他刚劲浑厚,俊秀飘逸,总能给人一种美的享受和无限的遐想。

伊斯兰建筑艺术是伊斯兰文明的一个重要的标志,是伊斯兰艺术的核心。[②]

---

① 米广江:伊斯兰艺术问答. 兰州:甘肃民族出版社,2011,2。
② 米广江:伊斯兰艺术问答. 兰州:甘肃民族出版社,2011,120

伊斯兰艺术家的独特构思在华美壮丽的清真寺和宫殿建筑的结构装饰上集中地体现出来。高高的宣礼尖塔、大圆屋顶、半圆凹壁和马蹄形拱门为基本特点的千万座清真寺，形成了世界建筑中的独特风格。阿拉伯建筑以其宏伟、壮丽著称于世，它同印度建筑、中国建筑并称东方三大建筑体系，是世界建筑艺术和伊斯兰文化的组成部分。

麦加的禁寺（沙特阿拉伯），麦地那的先知寺（沙特阿拉伯），大马士革的倭马亚清真寺（叙利亚），科尔多瓦的大清真寺（西班牙）、印度的红堡和乌兹别克斯坦的布哈拉古城建筑群被喻为阿拉伯古典建筑的典范。

五、清真寺

清真寺，是伊斯兰教穆斯林举行礼拜、举办宗教教育和宣教等活动的中心场所，亦称礼拜寺。清真寺在唐宋时期称为"堂"、"礼堂"、"祀堂"、"礼拜堂"，元代以后称"寺"、"回回堂"、"礼拜寺"，明代把伊斯兰教称为"清真教"，遂将"礼堂"等改称"清真寺"，沿用至今。

伊斯兰教初兴时，未有专门礼拜的场所，只是选择一洁净之处供叩拜之用。622年9月，先知穆罕默德迁徙麦地那时，在城东南3公里处的库巴，修建了第一座简易的库巴清真寺。到达麦地那后，才建造一座正式的清真寺，后称"先知寺"，营建时穆罕默德亲自参加劳动，随后率众在寺内礼拜。637年，第二任哈里发欧麦尔给远征的将领下令，凡开拓一个新地区，首先要在该地兴建清真寺，作为宗教活动的中心。从此，兴建清真寺被视为穆斯林神圣的宗教义务和信仰虔诚的体现，哪里有穆斯林，那里就建有清真寺。后历经伍麦叶王朝（661－750）和阿巴斯王朝（750－1258），政府拨巨资修建规模宏伟和华丽壮观的寺院群体建筑，使清真寺遍布亚、非、欧各地。据历史学家伊本·拉斯塔统计，891年仅巴格达地区就有清真寺3万多座。12世纪中期到13世纪初期，埃及亚历山大城及周围地区有1万多座清真寺，致使阿巴斯王朝时期成为清真寺建筑的鼎盛时期。此后，伊斯兰国家将兴建清真寺作为宗教制度和国策之一。

清真寺内不得供奉任何雕像、画像，不设供品。只有围绕的柱廊，中心一个大拱顶，主要的墙要向着麦加的方向，墙中间有一个凹下的龛，叫做米海拉布，是指示穆斯林礼拜方向的。龛中有一座带阶梯的高台，是在主麻日时，为伊玛目站在上面带领诵读《古兰经》用的，叫敏拜尔。诵读古兰经时不得有音乐和歌唱，清真寺大殿的地板上一般铺有地毯，供穆斯林礼拜用。

《古兰经》要求穆斯林每日要做五次礼拜：榜目达（晨礼）、撒申/撒申尼（晌礼）、底盖尔（晡礼）、沙目（昏礼）、虎扶滩（宵礼）。在古代没有时钟的情况下，很难掌握统一的时间，因此在清真寺建有宣礼塔，每到礼拜时间，要有嗓门大，而且声音优美的人在塔上大声呼唤。有的大清真寺四周有许多宣礼塔，一般为四个，朝着四方。现代都装有扩音器，不再用人呼唤，扩音器音量大，因此有的现代建造的清真寺只有一个宣礼塔。在世界不同地区的清真寺建筑也不太相同，但内部基本一致。内地由于穆斯林人口不多，常聚居在一处，清真寺一般没有宣礼塔，现代新建的清真寺也采用国际流行的大拱顶结构。穆斯林在清真寺内礼拜时要排成长排，跪拜俯伏，以额触地，因此世界各地的穆斯林所用的帽子都没有帽沿，如果戴着有帽沿的帽子，要将帽沿转向脑后，否则不能将额触地。

伊斯兰教第一大圣寺——禁寺

禁寺是伊斯兰教第一大圣寺，又称麦加大清真寺。坐落于沙特阿拉伯境内山峦环抱的谷底——麦加城中心，是全世界穆斯林礼拜朝向的克尔白天房所在地。"禁寺"是《古兰经》对圣寺的称谓，在先知穆罕默德时代，为了保护麦加天房，使之不受外来势力的侵犯，遵照《古兰经》的启示，特将克尔白天房四周划为禁地，规定非穆斯林不准进入，禁地内不准狩猎杀生、斗殴和一切邪恶异端行为，

麦加　禁寺

因此，圣寺有了禁寺之称。现在圣寺面积已达 18 万平方米，可容纳 50 万穆斯林同时做礼拜。

伊斯兰教第二大圣寺——先知寺

先知寺又称麦地那清真寺，是伊斯兰教第二大圣寺。地位仅次于麦加的禁寺，位于沙特阿拉伯麦地那城（距离麦加约 400 公里）。它始建于公元 7 世纪 20 年代初，经过千余年的多次扩建，原先简陋的清真寺已发展成为规模宏大的建筑群落。该寺气势磅礴，布局严谨壮丽，内外装修精致华美，主体空间和外围广场可容纳 100 万人做礼拜。

麦地那　先知寺

在先知寺的东南角是圣陵——穆罕默德之墓。由于圣寺为先知穆罕默德所建，故备受人们尊崇，每年凡是到麦加朝觐的穆斯林，很多人也到此瞻仰、凭吊，并在圣殿内礼拜。

第三节　中国古代的科学技术

中国历史、科技发展概览

夏(公元前 2070－前 1600)

商(公元前 1600－前 1046)

周(公元前 1046－前 256)春秋(前 770－前 476)战国(前 475－前 221)

秦(公元前 221－前 206)

汉(公元前 206－公元 220)三国(公元 220－280)

晋(公元 265－公元 420)十六国(304－439)南北朝(420－589)

隋(公元 581－618)

唐(公元 618－907)五代十国(907－960)

宋(公元 960－1279)辽（契丹）(916－1125)西夏(1038－1227)金(1115－1234)

元(公元 1206－1368)

明(公元 1368－1644)

清(公元 1616－1911)

　　中国古代科学技术的发展,开始于远古时代:这是一个打磨石器、钻孔技术、陶器制作、发明弓箭的时期,后期"阴阳"、"五行"、"八卦"等学说开始出现;奠基于春秋战国:古代科技发展的第一个高潮,是一个百家争鸣、百工争妍的时代;秦汉时期形成体系:古代科技体系开始形成,生产技术趋于成熟,中外科技交流开始兴起;三国两晋南北朝期间得到充实提高:这是古代科学家群星灿烂的时期,科学技术取得了一系列重大进展;隋唐五代持续发展:科技发展的又一个高潮,闻名于世的南北大运河开通,雕版印刷、火药出现;宋元时期达到了顶峰:这个时期有许多科学成就处于世界领先地位,此时的中国已经具备了近代工业革命的关键性因素;明清以后开始衰退:尽管中医药、农学等继续发展,但科学技术停止不前,以至近代落后于西方。[①]

一、中国古代的自然哲学

1、"阴阳说"

阴阳观念最早记载于殷周之际的《周易》,西周末产生了用阴阳二气解释自然

---

① 　刘兵:科学技术史二十一讲.北京:清华大学出版社,2006,103－104。

现象的说法。《易传·系辞上传》说：

"一阴一阳谓之道"

这里"阴"代表消极、柔弱、退守、安静等性质和具有这些性质的事物；"阳"代表积极、刚强、进取、活泼等性质和具有这些性质的事物。我们把对于人体具有推进、温煦、兴奋等作用的物质和功能统归于阳；对于人体具有凝聚、滋润、抑制等作用的物质和功能归于阴，阴阳是相互关联的一种事物或是一个事物的两个方面。天气属阳气，性质是上升的；地气属阴气，性质是沉滞的。阴阳学说认为：阴阳之间的对立制约、互根互用，并不是处于静止和不变的状态，而是始终处于不断的运动变化之中，具有初步的对立统一的思想。阴阳二气上下对流而生成万物，乃是天地的秩序，如果阴阳气不和，自然界就要发生灾异。

2、"五行说"

五行说在夏就有萌芽，是人们在漫长的生产实践中逐步认识到和概括出来的对自然界的一种认识和自然观，是一种哲学思想。它们相生相克，循环无端。五行说的基本内容首见于《尚书·洪范》，它把宇宙万物归结为金、木、水、火、土五种元素。五行学说认为，五种元素各有不同属性，如木有生长发育之性；火有炎热、向上之性；土有和平、存实之性；金有肃杀、收敛之性；水有寒凉、滋润之性。它们构成宇宙万物及各种自然现象变化的基础。后来，阴阳与五行合流，用阴阳来统率五行，发展成阴阳五行说，其目的是想要对自然界和人类社会作出统一的解释。与古希腊的水、火、气、土四元素说相比较，五行说中的"金"最具特色，它泛指金属，表明我国古人在冶金技术和对金属性质的认识方面领先于世界。

3、"八卦说"

八卦从其根源上说，占卜吉凶祸福，似乎充满神秘主义色彩，但它并不是凭空虚构出来的。而是人们在长期观察天地、雷风、水火、山泽等自然事物和人类本身男女生殖现象的抽象概括。这里特别值得一提的是对立统一思想。首先是天地对立统一，其次是雷与风、水与火、山与泽也形成对立统一。世界就在这两种势力的相互作用、推移下发生、发展、变易和转化的，八卦学说充满着朴素的辩。

4、"元气说"

中国古代的元气说体现了一种自然哲学思想。早在春秋时代，我国就流行一种"精气说"，认为精气是一种肉眼看不见的精微物质，世界上万事万物都由精气生成。东汉初年，王充继承并发展了元气说思想，创立了唯物主义的元气自然体系。王充认为宇宙都是由元气聚合而成，元气是自然界原始的物质基础。他指出

"天地,含气之自然也","天地合气,万物自生"

意思是说:天地是包含元气的物质实体,万物乃是由天地所包含的物质性的元气产生的,天地元气生万物是"自然""自生"的,在天地之外没有一个有意志的造物主。元气是一种和云雾相似的物质元素,是无限的、运动的。元气有精粗、厚薄的区别,自然界物质的多样性是由于禀受元气的不同而造成的。

二、中国古代的宇宙理论

中国人很早就形成了自己对宇宙结构的认识,形成了明显区别于西方的天文学知识理论体系,主要有:天人感应思想、天圆地方说、宣夜说、盖天说和浑天说。

1、天人感应思想

帝王是"受命于天"的人间的最高的统治者,是代替"上帝"管理人间,因此,帝王、皇帝被称作"天子"。

天和人同类相通,相互感应,天能干预人事,人亦能感应上天。

当上天发现人间的管理出现失误,天对人间君主管理国家的措施不满意时或天子违背了天意,不仁不义,天就会施放出一些自然灾害或异常天象进行谴责和警告。如日食、月食、山崩、地震等。

天人感应思想起源很早,春秋时期已很流行了。"天人感应"是把天人格化了,把自然界原本与人间无关的灾异,硬拉在一起。天人感应说一方面对无限的君权进行了限制,同时也为封建专制制度提供了理论依据。

外圆内方

2、天圆地方说

关于宇宙的结构,从古至今有很多种猜测。"天圆地方说"是我国古代最早的宇宙结构学说,最早在西周时期已经出现,当时认为天尊地卑,天圆地方,认为"天圆如张盖,地方如棋局"这一学说认为,天是圆形平盖,悬置空中;地是方形的,静止不动,像一个棋盘。

天圆地方说符合当时人们粗浅的观察常识,人们活动的范围从根本上说是一个二维的平面,所以,东南西北四个方向比上下更重要,东南西北易使人联想到地是方的。但天圆地方说实际上也很难自圆其说,比如方形的地和圆形的天怎样连接起来,就是一个问题。于是,天圆地方说又修改为:天并不与地相接,四周有八根柱子支撑着。《共工怒触不周山》和《女蜗补天》①的神话正是以此为依据的。但是,这八根柱子撑在什么地方呢？这些也都是天圆地方说无法回答的。天圆地方说是一种原始的宇宙认识论,随着人们对宇宙认识的加深和研究的深入,人们逐渐发现它无法解释许多宇宙现象,同时本身又存在许多漏洞,他没有形成系统的学说,不久就退出了历史舞台。但是人们仍然把圆与方作为天与地的象征。比如,北京的天坛是圆的,而地坛是方的。还有,我国古代的铜钱大都是外圆内方,这也许会与天圆地方说有关吧？

3、宣夜说

宣夜说是中国古代的一种宇宙学说,它最早出现于战国时期,据《晋书·天文志》记载:

汉秘书郎郗萌记先师相传云:"天了无质,仰而瞻之,高远无极,眼瞀精绝,故苍苍然也。譬之旁望远道之黄山而皆青,俯察千仞之深谷而窈黑,夫青非真色,而黑非有体也。日月众星,自然浮生虚空之中,其行其止皆须气焉。是以七曜或逝或住,或顺或逆,伏见无常,进退不同,由乎无所根系,故各异也。故辰极常居其所,而北斗不与众星西没也。"

"辰极"指北极星,"七曜"指日、月及金、木、水、火、土五星,宣夜说认为,所谓"天",并没有一个固体的"天穹",而只不过是无边无涯的气体,天是没有形体的无限空间,日月星辰就在气体中无规则的飘浮游动,依赖气的作用而运动或静止。

宣夜说主张的是一种朴素的无限宇宙观念,宇宙中充满着气体,所有天体都在气体中漂浮运动。宣夜说是一种初级的宇宙理论,后来被盖天说所代替。

4、盖天说

盖天说是中国古代第一个堪称科学理论的宇宙结构学说。《周髀算经》就是盖天说的代表作。此外,《晋书》、《隋书》的《天文志》对盖天说的主要内容有所记载。

---

① 《共工怒触不周山》、《女蜗补天》是神话故事。传说盘古开天辟地,女娲用黄泥造人,日月星辰各司其职,子民安居乐业,四海歌舞升平。后来共工与颛顼争帝位,共工不胜而愤怒地撞击不周山,导致支撑着天的柱子折了,系挂地的绳子断了,天倾西北,地陷东南,洪水泛滥,大火蔓延,人民流离失所。女娲看到她的子民们陷入巨大灾难之中,决心炼石以补苍天。于是她周游四海,遍涉群山,最后选择了东海之外的海上仙山——天台山,炼就了五色巨石36501块将天补好。天是补好了,可是却找不到支撑四极的柱子。要是没有柱子支撑,天就会塌下来。情急之下,女娲只好将背负天台山之神鳌的四只足砍下来支撑四极。女娲补天之后,天地定位,洪水归道,烈火熄灭,四海宁静。

据《晋书·天文志》记载:

"其言天似盖笠,地法覆盘,天地各中高外下。北极之下为天地之中,其地最高,而滂沲四隤,三光隐映,以为昼夜。天中高于外衡冬至日之所在六万里。北极下地高于外衡下地亦六万里,外衡高于北极下地二万里。天地隆高相从,日去地恒八万里。"

盖天说认为,天像覆盖着的斗笠,地像覆盖着的盘子,天和地并不相交,天地之间相距8万里(用立杆侧影的方法计算出来的)。北极位于天穹的中央,日月星辰绕之旋转不息。太阳围绕北极旋转,太阳落下并不是落到地下面,而是到了我们看不见的地方,就像一个人举着火把跑远了,我们就看不到了一样。

盖天说能解释人们日常生活中见到的各种天象,能够预测日月星辰的运行,还能编制历法,能预报二十四节气,具有很强的实用价值。这个学说对古代数学和天文学的发展产生了重要的影响。

5、浑天说

浑天说,是中国古代另一种宇宙理论。浑天,是指天是浑圆的,有人把它比作大鸟卵,有人把它比作大鸡蛋,还有人把它比作大弹丸。

浑天说的代表作《张衡浑仪注》中说:

"浑天如鸡子。天体圆如弹丸,地如鸡子中黄,孤居于天内,天大而地小。"

可见浑天说比盖天说进了一步,它认为天是一整个圆球,地球在其中,就如鸡蛋黄在鸡蛋内部一样。

浑天说认为,全天恒星都布于一个"天球"上,而日月五星则附丽于"天球"上运行,这与现代天文学的天球概念十分接近。

不过,浑天说并不认为"天球"就是宇宙的界限,它认为"天球"之外还有别的世界,即张衡所谓:

"过此而往者,未之或知也。未之或知者,宇宙之谓也。宇之表无极,宙之端无穷。"(《灵宪》)

浑天说提出后,并未能立即取代盖天说,而是两家各执一端,争论不休。但是,在宇宙结构的认识上,以张衡为代表的这种"浑天说"宇宙理论,较"盖天说"的宇宙理论,有了长足的进步。它认识到地球是圆球形的,而且根据这一理论,还可以解释日食、月食等现象，还能预知日食、月食的日期、时刻。正是由于浑天说这些进步性，便很快地被天文学家们所接受，成为中国传统文化影响最为深远的宇宙理论，从汉代到明代的一千多年中，它一直在天文学界占着统治地位。

三、中国古代的数学发展

算筹是中国古代的计算工具，而这种计算方法称为筹算。算筹的产生年代已不可考，但可以肯定的是筹算在春秋时代已很普遍。

算筹有纵、横两种布置方式，5以下的数就用相应数目的几根算筹表示，6、7、8、9用纵的算筹和横的算筹以不同的布置方式表示。用算筹表示数目如下表所示。

数字的算筹表示法

数字	1	2	3	4	5	6	7	8	9
纵式	|	||	|||	||||	|||||	丅	丅丅	丅丅丅	丅丅丅丅
横式	一	二	三	三	畺	丄	丄丄	丄丄丄	丄丄丄丄

按照中国古代的筹算规则，算筹记数的表示方法为：个位用纵式，十位用横式，百位再用纵式，千位再用横式，万位再用纵式等等。这样从右到左，纵横相间，以此类推，对于零则用空位（即不布置算筹）表示。如26034，表示为"‖⊥ ≡‖‖‖‖"。这样就可以用极简单的算筹，纵横布置，表示任何自然数。由于它位与位之间的纵横变换，且每一位都有固定的摆法，所以既不会混淆，也不会错位。毫无疑问，这样一种算筹记数法和现代通行的十进位制记数法是完全一致的。反映了我国古代劳动人民的聪明才智，使中国古代在数字计算方面远远领先于世界其他民族。

筹算直到十五世纪元朝末年才逐渐为珠算所取代，中国古代数学就是在筹算的基础上取得其辉煌成就的。

西汉时期（约公元前2世纪）编纂的《周髀算经》，既是我国现有最早的天文学著作，也是流传至今最早的算学著作。数学方面主要有两项成就：（1）提出勾股定理的特例及普遍形式；（2）测太阳高、远的陈子测日法，为后来重差术（勾股测量法）的先驱。此外，还有较复杂的开方问题和分数运算等。

三国吴人赵爽是中国古代对数学定理和公式进行证明的最早的数学家之一，对《周髀算经》做了详尽的注释。在《勾股圆方图注》中用几何方法严格证明了勾股定理，他的方法已体现了割补原理的思想，赵爽还提出了用几何方法求解二次方程的新方法。

汉代初期数学名著《九章算术》的出现，标志着我国实用数学体系的形成。《九章算术》是一部经几代人整理、删补和修订而成的古代数学经典著作，全书采用问题集的形式编写，共收集了 246 个问题及其解法，分为方田、粟米、衰分、少广、商功、均输、盈不足、方程、勾股等九个部分，涉及到算术、初等代数、初等几何等多方面内容。其中关于多元一次方程组的解法，关于正负数以及某些体积的计算在世界上都是最早的。它对我国数学发展的影响，就好象欧几里得《几何原本》对西方数学的影响那样深远。就《九章算术》的特点来说，它注重应用，注重理论联系实际，形成了以筹算为中心的数学体系，对中国古算影响深远。它的一些成就如十进制值制、今有术、盈不足术等还传到印度和阿拉伯，并通过这些国家传到欧洲，促进了世界数学的发展。

周髀算经

263 年，三国魏人刘徽作《九章算术注》。在《九章算术注》中不仅对原书的方法、公式和定理进行一般的解释和推导，系统地阐述了中国传统数学的理论体系与数学原理，而且在其论述中多有创造。例如，在卷 1《方田》中创立"割圆术"（即用圆内接正多边形面积无限逼近圆面积的办法），指出圆周长等于边数无限增加的圆内多边形边长之和。为圆周率的研究工作奠定理论基础和提供了科学的算法，他运用"割圆术"得出圆周率的近似值为 3927/1250（即 3.1416）。

公元 5 世纪，祖冲之、祖暅父子他们在《九章算术》刘徽注的基础上，将传统数学大大向前推进了一步，成为重视数学思维和数学推理的典范。根据史料记载，他们在数学上主要有三项成就：（1）应用割圆术继续推进，得圆周率为 3.1415926＜π＜3.1415927，这在当时是世界上最准确的 π 值，在世界上领先了 1000 多年。（2）祖暅在刘徽工作的基础上推导出球体体积的正确公式，并提出"幂势既同则积不容异"的体积原理。即，位于两平行平面之间的两个立体，被任一平行于这两平面的平面所截，如果两个截面的面积恒相等，则这两个立体的体积相等。欧洲在 17 世纪才有意大利数学家卡瓦列利（bonaventura cavalieri）提出同一定理。（3）发展了二次与三次方程的解法。

从公元 11 世纪到 14 世纪（宋、元两代），筹算数学达到极盛，是中国古代数学空前繁荣，硕果累累的全盛时期。这一时期出现了一批著名的数学家和数学著作，列举如下：

贾宪的《黄帝九章算法细草》（11 世纪中叶）、刘益的《议古根源》（12 世纪中叶）、秦九韶的《数书九章》（1247）、李冶的《测圆海镜》（1248）和《益古演段》（1259）、杨辉的《详解九章算法》（1261）、《日用算法》（1262）和《杨辉算法》（1274—1275）、朱世杰的《算学启蒙》（1299）和《四元玉鉴》（1303）等等。宋、元数学在很多领域，都达到了中国古代数学也是当时世界数学的巅峰。

四、中国古代的农学和中医药学

中国是一个农业十分发达的国家。早在原始社会,我们的祖先就在黄河和长江中下游种植粟、稻和蔬菜等多种植物。西周时期,形成了以农为主,以畜牧为辅的生产格局。春秋以来,中国先人已懂得对土地精耕细作,并开始兴修水利,作物和牲畜的品种显著增加。到了汉、唐,我国古代农业技术发展到了高峰,逐渐建立了一套完善的精耕细作技术体系,最重要的成就大多都是这个时期完成的。在北方逐渐形成完整的农业旱作技术体系,这一体系的核心是耕、耙、耱相互配合的土壤耕作技术;在南方则形成了水田精耕细作技术体系,包括整地、育秧和田间管理三个方面内容。

中国古代农学著作约有五六百种之多,数量堪称世界第一。流传下来的著名农书有:《吕氏春秋》、氾胜之的《氾胜之书》、崔实的《四民月令》、贾思勰的《齐民要术》、王祯的《农书》、徐光启的《农政全书》。

医学是中国古代四大传统学科之一,是具有鲜明民族特色的一个医学体系。古代医药学的重要成就是与一些著名医学家和医书典籍联系在一起,并流传至今。

扁鹊是中国正史上记载的第一位著名医学家,约生活在春秋末年。他医术高超,擅长针灸,精于脉诊,并创立了脉学理论。

我国现存最早最完整的一部医学理论著作是《黄帝内经》,它出现于战国末期,并非一时一人之手笔,而是一个时代医学进展的总结。它包括《素问》和《针经》(又名《九卷》或《灵枢》)两部分,共 18 卷 162 篇,以论述人体解剖、生理、病理、病因、诊断等基础理论为重点,兼述针灸、经络、卫生保健等多方面的内容,为中医理论体系奠定了基础,标志着我国医学体系的形成。

第二部划时代的著作是东汉末年张仲景撰写的《伤寒杂病论》,它继承并发展了《黄帝内经》的思想,确立了以"八纲"(阴阳、表里、寒热、虚实)辨证象,以"六经"(太阳、阳明、少阳、太阴、少阴、厥阴)别病势,创造性地提出了"审因辨证、因证立法、以法系方、遣方用药"的辨证施治的原则,并载有有关的疾病症候、治则、处方,奠定了中医治疗学的基础,是我国第一部医学基础理论与临床诊断治疗密切结合的典籍。

华佗约生活在公元 145—208 年,是著名的医学家。他精通内科,尤其擅长外科,发明了全身麻醉术,创造了"五禽戏",即模仿虎、鹿、猿、熊、鸟五种禽兽的动作姿势的保健操。

孙思邈是唐代的医学家,医药学著作近百卷,名著为《千金方》。

李时珍是明代著名医药学家,著《本草纲目》,创立了本草学接近现代科学分类的纲目体系,纠正了前代本草学中的讹误,《本草纲目》是一部百科全书式的博物学巨著。

五、中国古代四大技术发明

1、造纸

公元 105 年，东汉的蔡伦革新了造纸技术，制成了一批"良纸"，人称"蔡侯纸"。造纸术是在我国古代劳动人民漂絮和沤麻的经验中逐步总结出来的。蔡伦在造纸术发明中的主要贡献有三：一是扩大了造纸原料来源，除用破布、旧鱼网等外，还采用了树皮；二是改进了造纸工艺，除淘洗、碎切、泡沤原料外，还可能用石灰进行了碱液烹煮；三是使造纸业从纺织业中分化出来，成为一个独立的手工业部门。

在中国古代四大发明中，纸的发明影响最为久远。造纸术的发明，为人类的文化传播、思想交流、科学发展提供了不可缺少的物质手段，它使得信息的记录、传播和继承都有了革命性的进步。

西汉（公元前 206 － 8 年）时期的地图，最大残长 8 厘米。1986 年甘肃天水放马滩 5 号汉墓出土，此地图用纸是目前世界上最早的纸，纸面平整、光滑、结构紧密，表面有细纤维渣，可见造纸技术比较原始，其原料为大麻，是西汉早期麻纸。

世界最早的纸绘地图

2、印刷术

在活字印刷术发明以前，最原始的印刷方法是把纸铺在石碑上打贴、涂墨的墨拓法，约发明于公元 4 世纪左右。

到 6 世纪初的隋、唐之际，出现了真正的印刷术——雕版印刷术，比手工抄写是一个巨大的进步。现存世界上第一部标有年代的雕版印刷品，是在敦煌莫高窟发现的《金刚经》，刻印于唐咸通九年（即公元 868 年），现存英国伦敦博物院图书馆，而欧洲到 14 世纪才有刻板印刷。

随着社会的发展和印刷量的增大，雕版印刷也适应不了社会的需求，此时，活字印刷应运而生。泥活字印刷术是北宋毕升发明的，据沈括的《梦溪笔谈》记载，公元 1041－1048 年间，毕升用胶泥刻成单字，用火烧成活字，再排版印刷。排版时用两块带框的铁板，板上铺一层松脂、蜡、纸灰的混合物。先将泥活字依据需要排在一块板上，用火烤板底，混合物遇热熔化，再取另一铁板将字压平，待混合剂凝固，就可印刷了。另一铁板接着排字，两版交替使用，第一版完后，再加热熔化药剂，就能将活字取下，另行排新字。后来，元代王桢又创制了木活字，还发明了转轮排字架，提高了排字效率。

宋元时期,我国已有套色印刷技术。山西应县木塔内,发现了辽代的红、黄、蓝三色佛像版画,这是目前发现的我国最早的雕版彩色套印印刷品。

3、火药

火药发明于隋唐时期,距今已有 1000 多年了。火药的研究开始于古代道家炼丹术,古人为求长生不老而炼制丹药,炼丹术的目的和动机是荒谬和可笑的,但它的实验方法还是有可取之处,炼丹活动对火药的发明起着重要的作用。炼丹术所用原料种类很多,其中有硫黄、雄黄、雌黄、硝石等。三黄与硝石炼制,稍不慎即迅猛燃烧、爆炸,炼丹家发现了这种现象,东汉魏伯阳在《参同契》中有所记述。

在很早以前人们就知道了硫磺、硝石和木炭的性质及其制备方法。到 8,9 世纪左右,炼丹家已经知道将硫磺、雄黄、硝石与炭混合在一起加热会发生爆炸。唐代孙思邈最早记录了黑色火药的配方,当时硫和硝的比例是 1:1。北宋曾公亮主编的《武经总要》中,最早采用了"火药"这一名称,并记载了当时在毒药烟球、蒺藜火球、火炮使用的三种复杂的火药配方,明确了火药的主要配方是硝、硫、炭。这时硝和硫的比例为 2:1,硝增加一倍。随着火药的发明,出现了一系列的火药武器,目前已经发现的世界上最古老的铜炮,就是我国元代至顺三年(1332 年)造的铜火铳。

恩格斯高度评价了中国在火药发明中的首创作用:

"现在已经毫无疑义地证实了,火药是从中国经过印度传给阿拉伯人,又由阿拉伯人和火药武器一道经过西班牙传入欧洲。"

火药的发明大大的推进了历史发展的进程,是欧洲文艺复兴的重要支柱之一。

4、指南针

我国是世界上公认发明指南针的国家。指南针的发明是在长期的社会实践中对物体磁性认识的结果,由于生产劳动,人们接触了磁铁矿,开始了对磁性的了解。人们首先发现了磁石吸引铁的性质,后来又发现了磁石的指向性,经过多方面的实验和研究,终于发明了实用的指南针。

指南针是用以判别方位的一种仪器,主要组成部分是一根装在轴上可以自由转动的磁针。地球是个大磁体,其地磁南极在地理北极附近,地磁北极在地理南极附近。指南针在地球的磁场中受到磁场力的作用,所以会一端指南一端指北。利用这一性能可以辨别方向,常用于航海、大地测量、旅行及军事等方面。

指南针的前身是"司南勺",早在战国时期人们就用天然磁石制成指示方向的司南勺。东汉张衡在《东京赋》中第一次将司南改称指南,曾公亮在《武经总要》中,记述了一种指南鱼的制作方法:用薄铁叶裁成鱼形,烧红后靠地磁场使其磁化,在行军中需要时,把它浮在水面上,铁叶鱼就能指南。这种指南鱼磁性太弱,实用价值不大。

　　沈括在《梦溪笔谈》中记载了指南针的制造和装置方法,沈括在研究指南针的过程中观察到指南针并非指正南,而是略偏东,从而发现了地磁偏角的存在。地磁偏角就是地球南北极连线与地磁南北极连线交叉构成的夹角,沈括在《梦溪笔谈》卷二十四中写道:

　　"方家以磁石摩针锋,则能指南,然常微偏东,不全南也。"

　　这是我国和世界上关于地磁偏角的最早记载,西方直到公元1492年哥伦布第一次航行美洲时才发现了地磁偏角,比沈括的发现晚了约400年。

　　除了这个传统的四大发明外,上海交通大学的江晓原教授还提出了也可以考虑更多的"新四大发明"。如:丝绸、中医药、雕版印刷、十进制计数;陶瓷、珠算、纸币、阴阳合历。这些"新四大发明"不仅对中国人的生活产生过广泛的影响,而且在世界文明史上也都是很有影响力的。

六、中国古代的建筑

1、赵州桥

　　赵州桥位于河北省赵县,建于公元605年—617年。这座长50.82米的单拱石桥跨度为37.37米,是世界上最古老、跨度最长的一座石桥,在世界桥梁史上占有重要地位。

2、天坛祈年殿

　　天坛祈年殿是皇帝祈求丰收,祈祷上天的地方。祈年殿是天坛的主体建筑,又称祈谷殿,是明清两代皇帝孟春祈谷之所。它是一座镏金宝顶、蓝瓦红柱、彩绘金碧辉煌的三层重檐圆形大殿。殿顶覆盖上青、中黄、下绿三色琉璃,寓意天、地、万物。

　　祈年殿是按照"敬天礼神"的思想设计的,殿为圆形,象征天圆;瓦为蓝色,象征蓝

天坛祈年殿

天。殿内有28根金丝楠木大柱,据说也是按照天象建立起来的。内围的四根"龙井柱"寓意一年四季春、夏、秋、冬;中围的十二根"金柱"象征一年十二个月;外围的十二根"檐柱"象征一天十二个时辰。中层和外层相加的二十四根,寓意一年二十四个节气;三层总共二十八根象征天上二十八星宿。

3、故宫太和殿

北京故宫太和殿是"东方三大殿"之一,中国现存最大的木结构大殿,俗称"金銮殿"。位于北京紫禁城南北主轴线的显要位置,明永乐十八年(1420 年)建成,称奉天殿。明嘉靖四十一年(1562 年)改称皇极殿,清顺治二年(1645 年)改今名。大殿建成后屡遭焚毁,多次重建,今殿为清康熙三十四年(1695 年)重建后的形制。殿高 35.05 米,面积 2377 平方米,共 55 间,是故宫中最高大的建筑。

故宫太和殿

太和殿前有宽阔的平台,称为丹陛,俗称月台。月台上陈设"日晷"、"嘉量"各一,铜龟、铜鹤各一对,铜鼎 18 座。龟、鹤为长寿的象征。"日晷"是古代的计时器,石座上斜放着一个石圆盘,盘上刻有时刻,中间置一根铜针并与盘面垂直,利用阳光映出的铜针阴影位置来计算当时的时刻。"嘉量"是古代的标准量器,主体较大的量器中间有一隔,上部为斛,下部为斗;两旁有两小耳,其中一耳为升,另一耳上部为合,下部为龠。"日晷"和"嘉量"二者都是皇权的象征。

殿前设有广场,可容纳上万人朝拜庆贺,整个宫殿气势恢宏,现在很多人认为太和殿平时是用于上朝的。其实不是,太和殿是用来举行各种典礼的场所,明清两朝 24 个皇帝都在太和殿举行盛大典礼。如皇帝登极即位、皇帝大婚、册立皇后、命将出征,此外每年万寿节、元旦、冬至三大节,皇帝在此接受文武官员的朝贺,并向王公大臣赐宴。

4、孔庙大成殿

孔子是我国古代著名的思想家、教育家,是儒家的奠基人。孔庙又称文庙,是供奉和祭祀孔子的地方。在孔子死后的 2000 多年里,历代王朝,特别是开科取仕制度建立之后,对孔子的尊崇逐步升级,至圣至尊,万世师表,达到了登峰造极的地步。曲阜孔庙位于曲阜城区的中心,是我国祀孔庙堂中建造年代最早,规模最大的一座,又称至圣庙。

大成殿为曲阜孔庙的主殿,原大成殿毁于火,现存这座大成殿为清代雍正年间重建,殿高 24.8 米,阔 45.8 米,深 24.9 米,重檐九脊,黄瓦飞甍,雕梁画栋,气势雄伟,八斗藻井饰以金龙和玺彩图,双重飞檐正中竖匾上刻清雍正皇帝御书"大成殿"三个贴金大字。大成殿与北京故宫太和殿、泰安岱庙天贶殿并称为"东方三大殿"。大成殿四周廊下环立 28 根石雕龙柱,均以整石刻成,为明代弘治年间徽州工匠刻制。最为引人瞩目的是前檐的 10 根深浮雕龙柱,每柱二龙对翔,盘绕升腾,中刻宝珠,雕刻玲珑剔透,龙姿栩栩如生,无一雷同,堪称我国石刻艺术中的瑰宝。除山东曲阜孔庙大成殿外,全国著名的孔庙还有:南京夫子庙大成殿,河北正定县文庙大成殿。

5、三大石刻艺术

龙门石窟:龙门石窟位于河南省洛阳南郊 12 公里处的伊河两岸,经过自北魏至北宋 400 余年的开凿,至今仍存有窟龛 2100 多个,造像 10 万余尊,碑刻题记 3600 余品。

云冈石窟露天大佛

2000 年 11 月 30 日,联合国教科文组织将龙门石窟列入《世界文化遗产名录》。

云冈石窟:云冈石窟开凿在山西大同的武州山南麓,露天大佛是石窟西部的第 20 窟,是云冈石窟的代表作。大佛高 13.7 米,为释迦跌坐,发髻高耸,扬眉凝目。脸庞端庄,鼻高而直,两耳垂肩,口小唇薄,胸脯饱满,手臂健壮,目光犀利,嘴含微笑,法相庄严。大佛不仅透露出庄严、肃穆、慈祥、和蔼的神情,而且显示着一种力量之美。

敦煌莫高窟:著名的敦煌莫高窟位于甘肃省敦煌市境内,是我国著名的三大石窟之一,俗称千佛洞,被誉为“东方卢浮宫”,以精美的壁画和塑像闻名于世。现有洞窟 735 个,壁画 4.5 万平方米、泥质彩塑 2415 尊,是世界上现存规模最大、内容最丰富的佛教艺术圣地。

敦煌莫高窟

6、应县木塔

应县木塔与巴黎埃菲尔铁塔和比萨斜塔并称为世界三大奇塔。

应县木塔全名为佛宫寺释迦塔,位于山西省朔州市应县县城内西北角的佛宫寺院内,是佛宫寺的主体建筑。它是我国现今绝无仅有的最高、最古老的重楼式纯木结构塔,全塔高 67.3 米,比有名的北京白塔还要高 16.4 米。此塔建于辽代清宁二年(公元 1056 年),至今已历 940 多年,虽历经了狂风暴雨、强烈地震、炮弹轰击,仍然屹立。它是我国古建筑中的瑰宝,世界木结构建筑的典范。

应县木塔

该塔设计为平面八角,外观五层,底层扩出一圈外廊,与底屋塔身的屋檐构成重檐,所以共有六重塔檐。每层之下都有一个暗层,所以结构实际上是九层。暗层外观是平座,沿各层平座设栏杆,可以凭栏远眺,身心也随

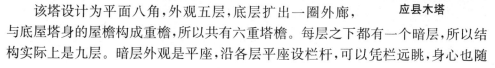

之溶合在自然之中。

应县木塔的设计,大胆继承了汉、唐以来富有民族特点的重楼形式,充分利用传统建筑技巧,广泛采用斗拱结构,全塔共用斗拱 54 种,每个斗拱都有一定的组合形式,有的将梁、坊、柱结成一个整体,每层都形成了一个八边形中空结构层。设计科学严密,构造完美,巧夺天工,是一座既有民族风格、民族特点,又符合宗教要求的建筑,在中国古代建筑艺术中可以说达到了最高水平,即使现在也有较高的研究价值。

七、近代中国科学落后的原因分析

李约瑟[①](Joseph Needham,1900—1995)难题:

为什么在公元十五世纪前的一千多年,古代中国人在科学和技术方面遥遥领先于其他国家? 为什么近代科学没有产生在中国,而是在文艺复兴之后的欧洲。

法国传教士巴多明(Do—minique Parrenin,1665—741)在 1730 年写给法国科学院的信中曾这样说道:

不对科学研究的成功者给予报偿;没有刺激与竞争;没有促使科学进步的远见、紧迫感等因素阻碍了中国在科学技术上的发展。[②]

近代科技的产生与迅速发展在很大程度上是由社会、经济、文化和意识形态、宗教理念等综合因素来决定,是难以用简单的几个条件来予以说明的。同样,要揭示我国近代科学技术落后的原因,也是一个很困难的问题,几句简单的话很难说清楚。

在长达 1000 多年里,中国独特的科学技术体系得以逐步完善和发展。构成这一体系的农、医、天、算四大学科以及造纸、印刷术、火药、指南针、陶瓷、丝绸、纸币、中医药、珠算、十进制计数等技术为世界人类文明作出了卓越贡献。

---

① 李约瑟,英国著名科学家,在国际生化界享有盛誉。中国科技史大师及中国人民的老朋友,当代杰出的人文主义者。长期致力于中国科技史研究,撰著《中国科学技术史》,1994 年被选为中科院首批外籍院士。1954 年,李约瑟出版了《中国科学技术史》第一卷,轰动西方汉学界。他在这部计有三十四分册的系列巨著中,以浩瀚的史料、确凿的证据向世界表明:"中国文明在科学技术史上曾起过从来没有被认识到的巨大作用","在现代科学技术登场前十多个世纪,中国在科技和知识方面的积累远胜于西方"。

② 刘兵:科学技术史二十一讲.北京:清华大学出版社,2006.269。

相对封闭的地理环境,造就了中国独特的科学技术体系;相对稳定的政治格局,造就了中国科技持续不间断的发展。

清朝自康熙(1661—1721)、雍正(1722—1734)、乾隆(1735—1796)的130多年间,形成中华民族的又一个辉煌盛世。当时的农业、手工业、贸易、城市发展都达到世界先进水平。农作物产量世界第一,人口占世界的1/3,对外贸易急剧增长,出口的商品有茶、丝绸、土布等。

面对世界的巨变,康雍乾三代君主表现出麻木不仁:妄尊自大、拒绝开放、囿于传统、安于现状、反对变革、固步自封。特别是采取了限制工商业、蔑视科学技术、闭关锁国、加强集权、禁锢人们思想的一系列做法,严重地制约着社会的进步。

1640年,英国开始了资产阶级革命,美国1775年进行了独立战争,法国1789年爆发了大革命,为资本主义发展扫清了道路。之后,科学革命席卷欧洲。牛顿力学理论的建立,大批科学家、技术家、实验学家涌现,大批科学成果诞生,为生产力的发展注入活力。

18世纪60年代,英国率先开始了以蒸汽技术为核心的工业革命,而后遍及整个欧洲,在世界范围内产生了深远影响。工业兴起,商业繁荣,城市壮大,交通运输发展,西方国家开始向外扩张,生产力极大提高,进入一个全新时代。

我国近代科学技术落后是否有以下几个方面的原因:

我国长期的封建社会制度、封建社会的文化思想和政策制约了科学技术的发展;

重视现实,注重技术性、实用性和经验性的结合。强大的务实精神冲淡了知识分子和工匠对自然界进行理性探索的精神,很难产生专门化的科学理论。传统科学技术只能停留在经验性的认识阶段,实用性导致浅尝辄止,固步自封;

崇尚先哲和经典有余,发展创新不足。中国古代知识分子和工匠尊奉经典,擅长继承、沿袭、注解,在原来的基础上补充、改进,缺乏创新精神和变革动力;

读书做官、治国平天下的传统价值观一直阻碍知识分子献身科学事业。官僚知识分子即使从事科学技术工作,也并非要探索自然界的奥秘,他们很少把科学研究作为终身事业,缺乏独立探索的科学思想和科学精神。[①]

---

① 刘兵:科学技术史二十一讲.北京:清华大学出版社,2006,127。

第三章　近代科学革命

远洋航海与地理大发现
文艺复兴与宗教改革
近代科学革命

从 16 世纪到 18 世纪,大约有 300 年的时间,是近代自然科学形成和发展时期。这一时期,自然科学摆脱了宗教神学的束缚和坚持对自然界进行精密的观察和实验研究,以前所未有的速度发展起来,可称之为近代科学革命。它是以天文学为切入点,以物理学为核心领域,以力学理论和实验为其关键。其中最杰出的成就是创立了经典力学体系,实现了以力学为中心的科学知识的第一次大综合。

第一节　远洋航海与地理大发现

一、欧洲中世纪后期科学的复苏

1、十字军东征与学术复兴

从 11 世纪开始,欧洲发生了一场巨大的历史事件——十字军东征。

十字军东征是从 1096 年到 1291 年发生的多次宗教性军事行动的总称,东征实际上是为了扩张天主教的势力范围,是在罗马天主教教皇的准许下,由西欧基督教(天主教)国家对地中海东岸的国家发动的持续了近 200 年的侵略劫掠战争。由于圣城耶路撒冷已被伊斯兰教人所控制,十字军东征大多数是针对伊斯兰教国家的,主要的目的是要从伊斯兰教手中夺回耶路撒冷。东征期间,教会授予每一个战士十字架,组成的军队称为十字军,十字军东征一般被认为是天主教的暴行。尽管如此,十字军东征使西欧直接接触到了当时更为先进的拜占庭文明和伊斯兰文明。

十字军东征从东方带回了阿拉伯人先进的科学、中国人的四大发明、希腊人的自然哲学文献。这种接触促进了地中海地区经济的繁荣,为欧洲的文艺复兴开辟了道路。

12 世纪,欧洲掀起了翻译阿拉伯文献的热潮。亚里士多德和柏拉图的哲学著作、欧几里得和托勒密的科学著作,开始为欧洲人所熟悉,大翻译运动导致了欧洲学术的第一次复兴。

2、大学的创立和影响

由于生产的发展,城市的兴起,产生了对知识和人才的需求。这样,欧洲的非宗教学校就逐渐兴起来了。

世界上第一所大学是 1158 年在意大利创立的波仑亚大学。随后欧洲不少地区相继出建立了大学,如英国的牛津大学(1168 年)和剑桥大学(1209 年)、法国的巴黎大学(1160 年)等,至 14 世纪末欧洲已有 65 所大学。

3、罗吉尔·培根和科学实验活动

英国伟大学者罗吉尔·培根(Roger Bacon,1214－1294)对欧洲科学技术复苏有重大影响。培根写出了《大著作》、《小著

剑桥大学

作》和《第三著作》等三部著作,提出了数学教育的重要性。

在他的著作中谈到火药、透镜、时钟和日历等,还提出了对飞机、潜水艇和汽车的设想,并涉及到数学、天文学、地理学、化学、医学、逻辑学和神学等各个方面。培根反对经院哲学的形式主义的方法,他认为实验的本领胜于一切思辨,实验科学是科学之王。

罗吉尔·培根还描述了光的反射和折射现象,研究了凹面镜的焦点和球面象差,取得了一些成果。培根的著作中,以其丰富的想象力预言了飞机、透镜、潜水艇、汽车的技术可能性。培根的伟大之处,在于他在经院哲学盛行的时候,大胆地卓有成效地提倡研究自然科学,特别是用实验的方法去研究自然界。他在重视实验的同时也很重视数学,他认为经验的材料必须用数学来加以整理和论证,任何一门科学都不能离开数学。

二、远洋航海与地理大发现

1、中国古代四大技术发明的西传

我国古代四大技术发明:火药、指南针、造纸和印刷术,早在 12、13 世纪就已经先后经阿拉伯和波斯人传入欧洲。四大技术发明的西传有着特别重要的意义,它是西方资本主义生产方式产生的重要条件。

指南针在欧洲人远洋航海和地理大发现中发挥了重要作用;火药的采用,不仅可以制造枪炮,而且促进了工业和经济的进步;造纸和印刷术本身虽然不是直接的生产技术,而且最初是用来印刷宗教用品,然而一旦有了科学文化上的需要,它就

成为传播科学技术最有效的途径之一。

2、意大利人哥伦布发现美洲新大陆

哥伦布(C. Columbus,1451－1506)是意大利人,一生从事航海活动。曾先后移居葡萄牙和西班牙,他相信大地球形说,认为从欧洲西航可达东方的印度和中国。

1492年8月3日,哥伦布在西班牙国王的资助下,率领3艘海船87名水手,通过大西洋向西航行,经过71天的艰难航行,终于在茫茫大洋中发现了美洲新大陆。在以后的10年的时间里,哥伦布相继3次西航到达美洲的另外几处,查清了南北美洲海岸间的联系。但哥伦布始终把自己发现的新大陆误认为就是东方的印度。

3、葡萄牙人达·伽马开辟新航路

达·伽马(Vasco da Gama,1460－1524)葡萄牙航海家,从欧洲绕好望角到印度航海路线的开拓者。

1497年7月8日受葡萄牙国王派遣,率领由4艘船、约170名水手组成的船队由里斯本出发,寻找通向印度的海上航路。船经加那利群岛,绕好望角,经莫桑比克等地,于1498年5月20日到达印度西南部最著名的商业中心卡利卡特。船队同年秋离开印度,返航时船队不太幸运,许多水手在途中死于疾病,其中包括达·伽马的弟弟,4艘船最后只剩下2艘。1499年7月10日"贝里奥"号回到葡萄牙,达·伽马的旗舰则在1499年9月9日才抵达里斯本,生还的水手不到开航时水手总数的三分之一。但运回来大量香料、丝绸、宝石、象牙等物品,带回里斯本的物品在欧洲的获利为这次远征费用的60倍,引起了全欧洲的轰动。

4、葡萄牙人麦哲伦环球航行

1480年,麦哲伦(1480－1521)出生于葡萄牙北部一个破落的骑士家庭里,年轻时就对航海十分向往。1519年9月,麦哲伦也是在西班牙国王的资助下,率领由5艘海船265名水手组成的船队,探险出航。

他们先是沿着已经知道的道路向西航行,然后转向南,沿着美洲大陆摸索着南下。在横渡太平洋时,麦哲伦的船队经历了严重的缺少食物和淡水的困难,一些丧失希望的人曾经发动反对麦哲伦的叛乱,叛乱的首领被麦哲伦抛在途中的荒岛上。1521年3月,终于到达了菲律宾群岛,麦哲伦的船队在这里得到了补充。在一次和当地人的冲突中麦哲伦被杀害,他的同伴继续航行,横渡印度洋,绕过好望角,终于在1522年9月6日返回自己的家乡西班牙,成功地环球一周,证实了地球是圆的。

麦哲伦的航行是最著名的一次,许多沿用至今的地名便来源于这次航行所作的命名。象"太平洋"、"菲律宾"等等。环球航行的成功使人类对地球的认识产生飞跃,地圆学说得到了确认,这是人类观念上的一次革命。

5、远洋航海与地理大发现的影响

航海和地理大发现给自然科学的直接推动表现在：它开阔了人们的眼界，启迪了人们的思想，扩大了人们的活动范围和知识领域。

同时，远洋航海和地理发现推动了与之有关的天文学、气象学、地质学、航海学、数学和医学、生理学等自然科学的发展，提供了大量的、极其宝贵的经验事实材料。

新航路发现以后，世界的交往进一步扩大，欧洲人开始了大规模的殖民活动，在非洲、亚洲和美洲占领殖民地，在经济上给欧洲各国带来了巨大的财富。对殖民地的掠夺，进一步扩大了欧洲资本主义活动的领域，开阔了更为广阔的商品市场，加快了资本原始积累过程，增强了资产阶级的势力，使得正在崩溃的封建社会里所产生的革命因素迅速发展起来。

第二节　文艺复兴与宗教改革

一、文艺复兴与思想解放运动

文艺复兴不仅仅是文艺的复兴，是古代希腊与罗马学术思想的弘扬，他是一场思想文化运动，是人的觉醒，是思想的解放。文艺复兴运动产生于 14－16 世纪，它首先发生在意大利，后在 16 世纪时扩展到欧洲各国，其影响遍及文学、哲学、艺术、政治、科学、宗教等知识探索的各个方面。文艺复兴是使欧洲摆脱腐朽的封建宗教束缚，推动了欧洲文化思想领域的繁荣，为欧洲资本主义社会的产生奠定了思想文化基础。

1、文艺复兴的实质和中心思想

所谓文艺复兴，其实质就是资产阶级新文化运动。新兴的资产阶级，发现在古代希腊罗马文化中，可以找到用来反对封建统治和封建文化的武器，这就是哲学和自然科学，以及以人为中心而不是以神为中心的文学艺术。他们宣称，这些优秀的古典文化长期以来被教会扼杀和歪曲了，现在他们要"复兴古典文化"，所以称为文艺复兴。其实，恢复古典文化只是一个旗号，复兴是为了新生，是为建立资本主义制度制造舆论，鸣锣开道。

文艺复兴的中心思想是"人文主义"。

它提倡人性，批判神性，提倡人权，反对神权，提倡个性自由，反对宗教禁锢。

它主张人要从神中解放出来。它反对封建教会的来世观念和禁欲主义，反对神化了的封建统治和以神为中心的宗教文化，肯定"人"是现实生活的创造者和享受者。文艺复兴不只是一场复兴古典文化的运动,更是一场新时代的启蒙运动。

2、早期文艺复兴运动的代表人物

诗人但丁(Dante Alighieri,1265-1321)极力歌颂古希腊时期的英雄人物,激励人们的向上精神。诗人彼特拉克(Francesco Petrarca,1304-1374)、画家乔托(Giotto,约1266-1337)、雕刻家吉伯尔提(1378-1455)等人都从不同角度提出扩大视野,用新的眼光观察世界的观点。

3、文艺复兴运动的主要代表人物

在文艺复兴时期最能代表其精神的人物是达·芬奇(Leonardo Da Vinci,1452-1519),他是一位多才多艺的天才巨人,对各种知识无不研究,对各种艺术无不擅长,而且在每一学科里的成就都登峰造极。他具有反对错误潮流的勇敢精神,大力倡导亲自动手的实验精神和作风。

达·芬奇出生在佛罗伦萨附近的一个小镇——芬奇镇,他一面热心于艺术创作和理论研究,另一方面也研究自然科学。不仅是一位天才的画家,并且是大科学家和工程师。他不仅会画画、雕塑、建筑房屋、还会发明武器,设计过世界上第一个飞行器,他又是一个医学家、音乐家和戏剧家,而且在物理学、地理学和植物学等其它科学的研究上也很有成就。

画家米开朗其罗(B. Michelangelo,1475-1564)生于佛罗伦萨附近的卡普莱斯,13岁进入佛罗伦萨画家基尔兰达约(Ghirlandaio)的工作室,后转入圣马可修道院的美第奇学院当学徒。1496年米开朗基罗来到罗马,创作了第一批代表作《酒神巴库斯》和《哀悼基督》等。1501年,回到佛罗伦萨,用了四年时间完成了举世闻名的《大卫》。1508年,他回到罗马,用了四年零五个月的时间完成了著名的西斯廷教堂天顶壁画。1513年,米开朗基罗创作了著名的《摩西》、《被缚的奴隶》和《垂死的奴隶》。

1536年,米开朗基罗回到罗马西斯廷教堂,用了近六年的时间创作了伟大的教堂壁画《末日审判》。米开朗基罗的艺术创作成为西方美术史上一座难以逾越的高峰。

拉斐尔(Raffaello Sanzio,1483-1520)是文艺复兴意大利艺坛三杰之一,他父亲是宫廷的画师,他从小随父学画,七岁丧母,十一岁丧父,后进画家画室当助手。学习了十五世纪佛罗伦萨艺术家的作品,走上了独创的道路,从二十二岁到二十五岁创作了大量圣母像,从此声名大扬。他虽然只活了三十七岁,却成为文艺复兴盛期最红的画家,他的风格代表了当时人们最崇尚的审美趣味,被称为一种"秀美"的风格,不仅使当时人倾倒,并且延续了四百年之久,成为后世古典主义者认为不可企及的典范。

4、文艺复兴运动向整个欧洲扩展

文艺复兴运动并不限于意大利,资本主义的物质文明和精神文明已迅速扩大到整个西欧、中欧和东欧的一部分,形成了一片紧密相连的文明地区,不象古希腊那样仅是地中海沿岸一条狭长的文明地带,这就为科学技术的推广交流创造了有利条件,使科学技术在相互联系中竞相发展。这时经常出现这样的情况:一项科学研究往往在许多国家、许多地区、有许多人同时在进行着,科学的进展自然就比较快。所以,这个时期有不少科学新发现和技术新发明,并不只是在意大利,而是在英国、德国、法国、荷兰、波兰等许多国家完成的,而且差不多同时为几个人所突破,这表明近代自然科学自诞生起就具有国际性。

5、文艺复兴的作用和效果

文艺复兴的直接效果是解放了思想,产生了一大批艺术家和艺术产品,促进了欧洲近代文学艺术的繁荣。如,达·芬奇的《最后的晚餐》和《蒙娜丽莎》、米开朗其罗的《创世纪》和《末日审判》、拉斐尔的《西斯廷圣母像》和《雅典学院》等。不仅在创作技巧上达到一个很高的水平,而且所表达的内容也充满着新时代的气息和精神。

不仅在意大利出现了艺术史上不朽的绘画和雕刻,而且在西欧产生了一批古典文学名著,如薄伽丘(G. Boccaccio,1313—1375 年)的《十日谈》、塞万提斯(M. de Cervantes,1547—1616 年)的《唐·吉诃德》和莎士比亚(W. Shakespeare,1564—1616 年)的喜剧和悲剧作品。它们不仅在内容上揭露了封建社会的虚伪和黑暗,在创作上也开创了欧洲文学史上现实主义的传统。

文艺复兴的第二个效果是促进了科学的解放。宗教的精神独裁被打破,自由探讨学术的气氛高涨。

6、文艺复兴作品欣赏

(1)达·芬奇作品欣赏——《蒙娜丽莎》

《蒙娜丽莎》又名《永恒的微笑》,现藏世界上最大的法国美术馆卢浮宫。

《蒙娜丽莎》是一幅享有盛誉的肖像画杰作,它代表达·芬奇的最高艺术成就,成功地塑造了资本主义上升时期一位城市有产阶级的妇女形象。画中人物坐姿优雅,笑容微妙。蒙娜丽莎的微笑具有一种神秘莫测的千古奇韵,那如梦似的妩媚微笑,被不少美术史家称为"神秘的微笑"。

蒙娜丽莎

(2)米开朗其罗作品欣赏——《大卫像》和《摩西像》

大卫是圣经中的少年英雄,曾经杀死侵略犹太人的非利士巨人歌利亚,保卫了

祖国的城市和人民。这尊雕像被认为是西方美术史上最值得夸耀的男性人体雕像之一。

大卫

在这件作品中，大卫体格雄伟健美，神态勇敢坚强，身体、脸部和肌肉紧张而饱满，体现着外在的和内在的全部理想化的男性美。他充满自信地站立着，英姿飒爽，左手抓住投石带，右手下垂，头向左侧转动着，面容英俊，炯炯有神的双眼凝视着远方，表情中充满了全神贯注的紧张情绪和坚强的意志，身体中积蓄的伟大力量似乎随时可以爆发出来。

为了艺术品的保护，《大卫》原作被放在意大利的佛罗伦萨美术学院中，同时在市政厅门前还矗立有一座复制品供来自世界各地的人们欣赏。

摩西是公元前十三世纪的犹太人先知，旧约圣经前五本书的执笔者。

《圣经》中记载，由于移居到埃及的犹太人劳动勤奋，并且以擅长贸易著称，所以积攒了许多财富。这引起了执政者的不满，另外加之执政者对于以色列人的恐惧，所以法老下令杀死新出生的犹太男孩，摩西出生后其母亲为保其性命"就取了一个蒲草箱，抹上石漆和石油，将孩子放在里头，把箱子搁在河边的芦荻中。"后来被来洗澡的埃及公主发现，带回了宫中。摩西长大后一次失手杀死了一名殴打犹太人的士兵，为了躲避法老的追杀，摩西来到了米甸并娶祭司的女儿西坡拉为妻，生有一子。摩西一日受到了神的感召，回到埃及，并带领居住在埃及的犹太人，离开那里返回故乡。在回乡的路上，摩西得到了神所颁布的《十诫》，即《摩西十诫》（如：不可杀人；不可奸淫；不可偷盗；不可做假见证陷害人；不可贪恋人的房屋，也不可贪恋人的妻子、仆婢、牛驴，并他一切所有的……）。据说是上帝在西奈山的山顶亲自传达给摩西的，是上帝对以色列人的告诫。上帝本人将这些话刻在石碑上，送给摩西。

摩西最享盛名时期很可能是公元前十三世纪，因为普遍认为"出埃及记"中的法老拉美西斯二世就死于公元前1237年。因为他的名字来自埃及语而不是希伯来语，意

摩西

思是"儿童"或"儿子",从他出世不到五百年中,摩西为所有的犹太人所敬仰。到公元后五百年,他的名气和声望同基督教一道传遍欧洲许多地区。

(3)拉斐尔艺术作品欣赏——《雅典学派》

《雅典学派》是一个史诗般的场面,这件作品使古希腊哲学家全部得以再现,中间的柏拉图和亚里士多德正在辩论。

二、宗教改革运动

宗教改革首先发生在德国,这是因为1517年,教皇利奥十世以维修罗马圣彼得大教堂为名,派人到德意志兜售赎罪券,这成了宗教改革的导火线。

教皇代表的天主教会有赎人罪孽的资源,有让人死后升入天堂的钥匙,到罗

雅典学派(壁画 1509 年)

马朝圣的人都能够得到救赎。后来的教皇索性宣布不能前往罗马朝圣的人,可以支付相应的费用来获得救赎,并发行代表已经朝圣的文书,这种文书就被称为"赎罪券"。罗马天主教会宣布只要购买赎罪券的钱一敲钱柜,就可以使购买者的灵魂从地狱升到天堂。

那些卖赎罪券的谎称把钱捐给罗马教会,其实大多进入他们自己的腰包。除了卖赎罪券,他们还卖圣物,比如象耶稣十字架上掰下来的一片木头(树皮),圣彼得的一滴血(猪血)等等。

1517年10月31日,德国维登堡大学的神学教授马丁·路德(Martin Luther,1483－1546)写了95条论纲,斥责罗马教廷通过出售"赎罪券"诈骗钱财的无耻行径。这一革命行动得到了公众的普遍同情和支持,1520年12月,路德又当众焚烧了教皇的教谕。

路德倡议改革教会,主张取消教阶制度和繁琐的礼拜仪式,提出了"信教得救"的口号,主张信仰独立,不需要天主教神父作中介,建立适合新兴资产阶级要求的"廉俭教会"。结果,建立了新教即路德教。

宗教改革是一场西欧资产阶级在宗教外衣掩饰下,发动的反对封建统治和罗马教会的政治运动。是教权的衰落与世俗王权的复兴,在精神文化上使人们的思想得到解放。在科学和宗教之间构成了一种张力,从某种意义上说,有利于鼓励人们探索自然的奥秘。

近代科学革命就是在文艺复兴、地理大发现和宗教改革的大背景下发生的。

第三节　近代科学革命

一、哥白尼的"日心说"

1、哥白尼生平

哥白尼(Mikolaj Kopernik,1473－1543)生于波兰维斯瓦纳河畔的托伦城,10岁失去父亲后由舅父抚养长大。18岁被送进波兰旧都克拉科夫大学学习医学,1496年秋天,23岁的哥白尼来到了文艺复兴的策源地意大利求学,先后在波仑亚大学和帕多瓦大学攻读医学和神学。波仑亚大学的天文学家德·诺瓦拉(1454－1540年)对哥白尼影响极大,正是从他那里,哥白尼学到了天文观测技术以及希腊的天文学理论。

1506年哥白尼回到祖国波兰,开始了他天文学的研究。

2、《天体运行论》

经过几年的深入研究,哥白尼在1509年写出了一个关于日心体系的《概要》。此后的30多年中,一边参与牧师会的事务,并免费为教区的穷人治病,一边进行天文观测和在思考他的新宇宙体系。1539年写出了天文学史上的伟大著作《天体运行论》,系统论述了他的日心地动说。

哥白尼的日心体系

1543年,天文学上最经典的著作之一《天体运行论》出版,据说,哥白尼在拿到《天体运行论》几个小时后就与世长辞了,他把日心说留在了人间。

3、哥白尼日心体系

在《天体运行论》中哥白尼描绘了他的宇宙图像:太阳位于宇宙的中心,水星、金星、地球带着月亮、火星、木星和土星依次绕着太阳运行,最外围是静止的恒星天层。地球不是宇宙的中心,是一颗绕太阳运行的普通行星,而且还在不停的自传。

4、哥白尼"日心说"的贡献

《天体运行论》一书是天文学史上的经典著作,哥白尼"日心说"的提出,以科学的观点否定了在西方统治了1000多年的"地心说",这是天文学史上的一次伟大革命。引起了人类宇宙观的重大革新,沉重打击了封建神权统治,从此自然科学便开始从神学中解放出来,走向大踏步发展的征程。

更为重要的是,哥白尼的"日心说"将古代的世界体系彻底颠倒了过来:把地球从宇宙的中心降到了行星的地位;把人类从万物之灵的高傲地位贬降下来,这极大的影响着人们的思想和信仰。

《天体运行论》出版后,由于当时的影响力还不是很大,也没有引起罗马教廷的注意,后来因布鲁诺、伽利略公开宣传"日心地动说",危机教会的思想统治,罗马教廷才于 73 年后的 1616 年把《天体运行论》列为禁书。

5、意大利哲学家思想家布鲁诺

意大利哲学家思想家布鲁诺(Giordano Bruno,1548－1600),他的哲学思想与教会的清规戒律分歧很大。1575 年,布鲁诺成为教会的"异端分子",被迫逃往罗马,开始了长期的流亡生活。布鲁诺到处批判宗教哲学,热情宣传和支持"日心说",引起了宗教界的极端仇视。

1592 年布鲁诺在威尼斯遭到逮捕,被罗马宗教裁判所审判并遭监禁。在遭受酷刑和监禁的 8 年中,他没有屈服,1600 年 2 月 17 日布鲁诺因坚持真理被烧死在罗马的鲜花广场。

6、意大利物理学家伽利略的斗争

伽利略(Galileo Galilei,1564－1642)不仅为近代实验科学的产生和经典力学体系的建立作出了奠基性的伟大贡献,而且他极力宣传和发展哥白尼学说。这导致了他在 1616 年被传唤到罗马的宗教裁判所受审,可是伽利略还是在 1632 年,出版了《关于托勒密和哥白尼两大世界体系的对话》(以下简称《对话》)这部天文学史上的经典著作,系统揭示了托勒密体系的不合理性和论证了哥白尼日心体系的合理性,这也导致了伽利略的第二次受审。

二、开普勒的椭圆轨道

第谷(Tycho Brahe,1546－1601)是著名的丹麦天文学家,生于贵族家庭,12 岁就进入哥本哈根大学,后求教于一流的数学家和天文学家,26 岁发现了第一颗超新星。他 20 年如一日,对行星的位置进行了大量的精密观测和准确的记录,他最大的成绩是以非凡的观测能力,为开普勒的天文工作留下了宝贵的资料。但他的宇宙观却是错误的,第谷本人不接受任何地动的思想。

开普勒(Johanns Kepler,1571－1630)生于德国南部瓦尔城,3 岁时得过天花,致使手眼留下残疾。为了找到一份合适的工作,开普勒进入杜宾根大学学习神学,求学期间,他显示了出众的数学才华。开普勒从他的老师——杜宾根大学天文教授麦斯特林那里得知了哥白尼的"日心说",并成为哥白尼学说的坚定拥护者。

大学毕业后,开普勒来到了奥地利,由麦斯特林推荐到格拉茨大学当了一名天文学讲师。开普勒对数学的爱好、对自然界数的和谐的神秘感受,始终支配着他对天空奥秘的探索活动。

在天文学走向近代的变革中,第二项重要的突破是开普勒,他继承了哥白尼的日心体系,利用第谷的精密观测资料,进行深入研究得到行星运动的三大定律。

开普勒第一定律:每一个行星都沿各自的椭圆轨道环绕太阳,而太阳则处在椭圆的一个焦点上。

开普勒第二定律:在相等时间内,太阳和运动着的行星的连线所扫过的面积都是相等的。

开普勒第三定律:各个行星绕太阳公转周期的平方和它们的椭圆轨道的半长轴的立方成正比。

没有第谷的翔实的资料,开普勒也发现不了行星运动的三大定律,开普勒对哥白尼学说的最大贡献,就是抛弃了匀速、正圆两个传统概念,这是一次思想的解放,他而简化了哥白尼体系,使哥白尼体系更精确、更正确了。[①]

爱因斯坦(Albert Einstein,1879-1955)说过:

"开普勒的惊人成就,是证实下面这条真理的一个特别美妙的例子,这条真理是:知识不能单从经验中得出,而只能从理智的发明同观察到的事实两者的比较中得出。"

三、伽利略及望远镜

伽利略 1564 年 2 月 15 日生于意大利的比萨,1581 年进入比萨大学学习医学。但对数学非常着迷,执意不肯学医。后来辍学离开比萨大学,倾心研究欧几里得几何学和阿基米德力学,先后在比萨大学、帕多瓦大学担任教授。

在天文学上伽利略是第一个用望远镜来观察研究宇宙的人,他用望远镜对天空的观测发现了一系列新奇的现象。

1609 年他听说荷兰人发明了一种玩具——望远镜,用两块凸透镜的组合可以把远处是物体看的更清楚,他想到了用望远镜可以用作天文观测,便自己动手制作了望远镜,这对于伽利略来说不算是什么。

他发现了不可思议的景象:

木星有四颗卫星;

金星像月亮一样有相位变化;

---

① 林德宏:科学思想史.南京:江苏科学技术出版社,2004.82。

月球表面并非光滑，而是山峦起伏；

太阳黑子。

土星、土"卫"的奇怪形状和天上的其他奇观等一系列新的天文现象，这都是古人所绝对未曾梦见的，他的发现轰动了世界。

伽利略研制的望远镜

哥白尼的《天体运行论》出版后，不少的数学家接受了哥白尼的学说，但是，还有一些著名的学者，如，提出知识就是力量的弗兰西斯·培根（Francis Bacon，1561－1626）等则明确表示反对地动说。因此，当时哥白尼学说的影响力还很有限，正是因为伽利略的天文观测，用望远镜把人类视野扩展到地球以外，才在世间产生了极大的影响。伽利略用这些观测事实进一步捍卫和丰富了哥白尼学说，使哥白尼学说被人所接受。

伽利略用《对话》非常成功地宣传与捍卫了哥白尼学说，在科学史上影响甚大。他在天文学的发现是卓越的，甚至给科学界以外的有识之士也留下了深刻的印象。然而，从纯科学的观点来看，而真正树立他在科学史上丰碑的是他的另一篇科学杰作：《关于两门新科学的对话》（以下简称《两门新科学》）。

他向人们揭示了：大自然这本书是用数学语言书写的；

他向人们极力强调了：实验在科学研究中的作用；

他向人们树立了：把定量实验与数学论证想结合的典范。

伽利略在科学史上的重要地位，不仅是由于他通过对天空的观察发现了一系列天文现象，而且还突出表现在他非凡的唯实、求真、创新的科学精神有力地促进了当时的思想解放运动；他伟大的实验思想和方法实现了探寻自然知识的革命性变革；他在科学研究上的杰出成就奠基了力学发展的基础，更重要的是他用非凡的智慧和卓有成效的工作拉开了近代科学的序幕。

四、牛顿伟大的综合

1、《自然哲学的数学原理》

整个科学史上，没有哪个时期能和从哥白尼到牛顿的天文学发展时期相媲美。在这一相当短暂的时期中，天文学的进步既连续又完整，充分展现了事件逻辑的自然发展。哥白尼把地球看作是太阳系里的一颗小行星，以这一革命性思想为发端，经过伽利略、第谷和开普勒等人的工作，最后导致牛顿（Isaac Newton，1643－1727）对物理世界的伟大综合。

牛顿1687年问世的《自然哲学的数学原理》（以下简称《原理》），系统论述了牛顿力学三定律和万有引力定律。这些定律构成一个统一的体系，把天上的和地上的物体运动概括在一个理论之中，这是人类认识史上对自然规律的第一次理论性的概括和综合。

《原理》公认是科学史上最伟大的著作，在对当代和后代思想的影响上，无疑没有什么别的杰作可以同《原理》相媲美。几百多年来，它一直是全部天文学和宇宙学思想的基础。

《原理》分三篇。之前是导论，包括"物质的量"、"运动的量"、"固有的力"、"外加的力"、以及"向心力"和绝对时间、绝对空间、绝对运动和绝对静止的概念，提出了著名的运动三定律，以及力的合成和分解法则、运动迭加性原理、动量守恒原理、伽利略相对性原理等。第一篇运用前面确立的基本定律研究引力问题；第二篇讨论物体在介质中的运动；第三篇论宇宙体系，是牛顿力学在天文学中的具体应用。其中贯穿全书、最核心的内容是力学三定律和万有引力定律。

万有引力定律：任意两个物体之间都存在引力作用，该引力的大小与它们的质量乘积成正比，与它们距离的平方成反比。即 $F = GM_1M_2/r^2$

牛顿力学三定律包括：

第一定律：一切物体在不受外力的情况下，总保持静止或匀速直线运动状态。

第二定律：物体运动的加速度与物体所受合外力成正比，与物体质量成反比，加速度方向与合外力方向相同。

第三定律：两个物体间的作用力与反作用力在同一条直线上，大小相等，方向相反，分别作用在两个物体上。

2、巨人的肩膀与伟大的综合

运动三定律虽以牛顿的名字命名，但它是历史上许多科学家长期探索的结晶。意大利物理学家伽利略详细研究了落体运动，对惯性运动、运动与加速度的关系进行了科学的描述。此后，荷兰物理学家惠更斯（Christiaan Huygens，1629－1695）对惯性运动和碰撞运动进行了深入的研究，并进行了科学的阐释。伽利略、惠更斯等人的工作为运动三定律奠定了实验和理论基础。

历史上曾有多位科学家对行星运动和物体的圆周运动进行了研究探索，为万有引力定律的建立奠定了基础。德国天文学家开普勒、意大利物理学家伽利略、荷兰物理学家惠更斯、英国物理学家胡克（Robert Hooke，1635－1703）、英国天文学家哈雷（EdmundHalley，1656－1742）和雷恩（Christopher Wren）都为此进行过探索。但他们都不同程度地存在着方法上或自身理论功底上的缺陷，所以未能取得最后的成功。牛顿弥补他们的不足，进行综合分析和研究，建立起了万有引力定律。

为什么行星一定按照一定规律围绕太阳运行？当时，天文学家无法圆满解释这个问题。

开普勒认识到,要维持行星沿椭圆轨道运动必定有一种力在起作用,他认为这种力类似磁力,就像磁石吸铁一样。

1659年,惠更斯从研究摆的运动中发现,保持物体沿圆周轨道运动需要一种向心力。胡克等人认为是引力,并且试图推导引力和距离的关系。

1664年,胡克发现彗星靠近太阳时轨道弯曲是因为太阳引力作用的结果。

1673年,惠更斯推导出向心力定律。

1674年,胡克发表了《试证地球的运动》,胡克在这篇著作中,阐述了自己的行星运动理论,提出了关于引力的三条假设:第一,一切天体都具有倾向自身中心的吸引力,这种力又作用于其他天体。因此不仅太阳和月亮对地球的形状和运动发生影响,而且地球对太阳和月亮同样有影响,其他行星对地球的运动也都有影响,从而指出了引力作用的普遍性。所以,英国的科学史专家贝尔纳认为,万有引力的基本概念是属于胡克的。第二,作直线运动的任何天体,在没有受到其他作用力使其偏斜之前,继续保持直线运动不变;受到其他力的作用时,他的直线轨道就会倾斜,沿椭圆、正圆轨道或某种复杂的曲线运动。这就指出了吸引力与天体运动轨道的联系。第三,物体离吸引中心越近,所受到的吸引力就越大,具体数量关系尚待实验中解决。我们一旦知道了这个关系,就可以很容易地解决天体运动的定律了。行星的运动是惯性、外在引力和自身引力共同作用的结果。①

1679年,胡克和哈雷从向心力定律和开普勒第三定律,推导出维持行星运动的万有引力和距离的平方成反比。胡克研究重力学的历史长达20年,但因他不擅长数学,计算不出行星的运行轨道,当然也没能明确提出万有引力的公式。

1679年,胡克曾经写信问牛顿,能不能根据向心力定律和引力同距离的平方成反比的定律,来证明行星沿椭圆轨道运动。牛顿没有回答这个问题。

1684年1月,哈雷、胡克、雷恩等人在一起作了一次有意义的讨论。他们当时已认识到,起吸引作用的向心力是和距离的平方成反比的,但还缺乏数学的论证。特别是无法证明服从此定律的天体的运动轨迹应为椭圆。哈雷由于这个问题得不到解决,于同年8月到剑桥大学去请教牛顿。他一开始就向牛顿提出问题:假定重力随距离的平方而减少,那么行星遵循的轨道应是什么样的曲线?牛顿立即回答说应是一个椭圆。使哈雷更惊奇的是,牛顿说他对这个问题已经作过计算,当时就开始找计算草稿,但没有找到,最后他答应把稿子找出来后再寄给哈雷。牛顿后来还是没有找到计算草稿,于是他重新作了计算,并进一步认真推敲了这个问题。

① 林德宏:科学思想史.南京:江苏科学技术出版社,2004.97—98。

1684 年 11 月,牛顿给哈雷寄去了一篇《论运动》的论文手稿,并在 1684－1685 年间在剑桥作了一系列名为《论天体运动》的演讲。哈雷把牛顿寄给他的重要论文呈报皇家学会登记备案。

1685 年,哈雷登门拜访牛顿时,牛顿已经发现了万有引力定律:两个物体之间有引力,引力和距离的平方成反比,和两个物体质量的乘积成正比。他解决了胡克等人没有能够解决的数学论证问题。

当时已经有了地球半径、日地距离等精确的数据可以供计算使用。牛顿向哈雷证明地球的引力是使月亮围绕地球运动的向心力,也证明了在太阳引力作用下,行星运动符合开普勒运动三定律。

另外,在哈雷的敦促下,牛顿着手写《原理》这一巨著,并于 1686 年 4 月把原稿交给皇家学会。由于经费问题以及牛顿和胡克间为万有引力定律发明权的争执,皇家学会未能安排该书的付印。最后,哈雷决定由自己出钱替牛顿出版此书。那时的哈雷担任皇家学会的秘书,如果牛顿未曾将这本书题献给哈雷的话,也许它永远也不会出版。① 这样,由于哈雷的赞助,牛顿的这一巨著才于 1687 年问世。牛顿说:

"如果我比别人看的远些,那是因为我站在巨人的肩上。"

牛顿确实是站在巨人的肩上才完成了科学的大综合。

在牛顿的引力理论提出来以后,不是说随时就得到了人们的认可,而是在先后经过地球形状的测定,哈雷彗星回归周期的证实和海王星的发现,这才得到科学界的广泛承认。②

从 1687 年到去世的 40 年中,牛顿基本上没有什么科学研究成就,他用不少时间研究炼金术和注释《圣经》,1727 年去世,他是英国历史上第一个获得国葬的科学家。

五、天王星、海王星的发现

---

①   托马斯·克拉普:科学简史——从科学仪器的发展看科学的历史. 朱润胜译. 北京:中国青年出版社,2005. 152。

②   林德宏:科学思想史. 南京:江苏科学技术出版社,2004. 96－99。

1、偶然发现天王星

太阳系有 8 颗大行星①，从离太阳的距离从小到大依次为水星、金星、地球、火星、木星、土星、天王星和海王星。其中，水星、金星、火星、木星、土星，在地球上的人们光凭眼睛就能看到，因而人们早早就知道这 5 颗行星了。天王星、海王星都是要用望远镜才能看到，天王星直到 1781 年才被偶然发现。海王星跟天王星不同，它的发现完全是算出来的。

天王星是由英国天文学家威廉·赫歇耳（William Herschel，1738－1822）在 1781 年 3 月 13 日通过望远镜对天空进行搜寻后而偶然发现的，它是现代发现的第一颗行星。起先，他以为看到的是一颗彗星，经过许多人推算，证明这颗星的轨道几乎是一个圆，才肯定它也是绕着太阳转圈子的一颗行星，就把它命名为天王星。

2、算出来的海王星

天王星发现之后，很多人对它进行了观察。不久，奇怪的事情跟着发生了，人们注意到天王星的运行情况与根据牛顿理论所推知的并不一致。1800 年以后，天王星的运行速度忽然渐渐加快了，到 1830 年左右，它的运行速度又比往常慢了。在 1800 到 1810 那 10 年间，天王星在空间经过的路程，比它在 1830 到 1840 那 10 年间所经过的要长得多，并且在这些年间，天王星离开了人们根据牛顿理论给它推算的轨道，离太阳更远了一点儿。这种情形，别的行星也是有的，要是一颗行星跟另一颗行星相接近了，它们因为互相吸引会稍稍脱离人们推算的轨道。在正相接近的时候，轨道较小的那颗行星速度会稍稍加快；在正相远离的时候，轨道较小的那颗行星速度会稍稍减慢。因此有人猜想，天王星的轨道外面还有一颗人们从未见过的新的行星。

新的行星比天王星更远，它一定比天王星更加暗淡，在茫茫的太空中，如果光靠望远镜盲目地搜寻，可能永远找不到它。因此有人根据天王星的运行速度和轨道的改变，来推算这新行星的位置。1845 年，一个英国青年数学家叫做亚当斯（John Couch Adams，1819－1892）的算了出来了，把结果交给了英国皇家天文台。不知什么缘故，皇家天文台把他的推算结果搁在一旁，没有按着他的指点去搜寻。第二年，法国人勒威耶（Urbain Le Verrier，1811－1877）也把结果推算出来了，他把信寄给了德国柏林天文台的伽勒博士。请他在夜里把望远镜对正某一方天空，勒威耶预言：在那里将会发现一颗新的行星——太阳系的第八颗大行星。伽勒依着勒威耶的推算结果，按照星图当夜就开始搜索，只经过半小时的观察，他果然在勒

---

①　与 2006 年之前提到的九大行星（水星、金星、地球、火星、木星、土星、天王星、海王星、冥王星）概念不同，在 2006 年 8 月 24 日第 26 界国际天文联会中通过的第 5 号决议中，冥王星被划为矮行星，从太阳系九大行星中被除名。

威耶指示的那一方天空里,发现了一颗光亮很弱的星。过了 24 小时再观察,证实这颗星在不断地移动,确实是一颗未曾发现的行星,勒威耶的预言应验了,全世界都震动了。人们依照勒威耶的建议,按天文学惯例,用神话中大海之神的名字把这颗行星命名为"海王星"。

"海王星"的发现,充分的证明了开普勒定律和牛顿万有引力定律的正确性,也生动地展示了科学理论的威力。牛顿力学的成功对整个科学以及哲学、文化都产生了深刻的影响。

六、维萨里的人体构造理论

维萨里(Andreas Vesaliua,1514－1564)是著名的医生和解剖学家,近代人体解剖学的创始人。1514 年 12 月 31 日维萨里生于布鲁塞尔的一个医学世家,他的曾祖、祖父、父亲都是宫廷御医,家中收藏了大量有关医学方面的书籍,维萨里幼年时代就喜欢读这些书,从这些书中他受到许多启发,并立下了当一个医生的志向。他 1543 年－1556 年任罗马帝国皇帝、西班牙国王查理五世御医,1559 年－1564 年任西班牙国王腓力二世宫廷医生。

维萨里在青年时代曾求学于法国巴黎大学,1537 年获帕多瓦大学医学博士学位,并在该校担任教授。他精通古罗马医学家盖仑的著作,但他不拘泥于书本知识,维萨里认为古代的文献不能盲从,只有实际解剖的知识才是可靠的,他认为必须亲自解剖、观察人体构造。当时,盖仑的著作仍被奉为经典,在巴黎大学的讲堂上,教授们还是因循守旧、津津有味地讲述着盖仑的解剖学,教授们宁肯信奉盖仑的错误结论,也不愿用实验事实纠正其错误。他曾一针见血地指出盖仑解剖学中的错误和教学过程中的弊病,并决心改变这种现象,纠正盖仑解剖学中的错误观点。于是,他挺身而出,亲自动手做解剖实验。维萨里通过盗取并解剖绞刑架上的尸体以获得对人体的了解。维萨里在他的《人体构造》一书的序言中曾这样写道:我在这里并不是无端挑剔盖仑的缺点。相反地,我肯定了盖仑是一位伟大的解剖学家,他解剖过很多动物。限于条件,就是没有解剖过人体,以致造成很多错误,在一门简单的解剖学课程中,我能指出他 200 处错误。他说:"在不久以前,我不敢对盖伦的意见表示丝毫的异议,但是中膈却是同心脏的其余部分一样的厚密而结实,因此我看不出即使最小的颗粒怎样能通过右心室转送到左心室去。"

维萨里的医学研究成果,不仅揭露了教会推崇的古代权威理论中有大量错误,而且直接否定了基督教会教义中有关人体构造的一些臆测,他用解剖学的事实戳穿了宗教关于夏娃是用亚当的一根肋骨做成的,人体内有一块烧不化又砸不碎的复活骨等谎言。① 批判了宗教神学和盖仑学说，遭到了教会的迫害。宗教裁判所以"巫师"、"盗尸"等罪名判处他死刑。由于他是西班牙国王的御医，才责令他到耶路撒冷朝圣以赎罪，财产全部没收，他在朝圣的归途中身染重病死去。

维萨里的主要贡献是 1543 年发表了《人体构造》一书，该书总结了当时解剖学的成就，与哥白尼的《天体运行论》同一年出版。维萨里与哥白尼齐名，是科学革命的两大代表人物之一。维萨里与哥白尼一样，为了捍卫科学真理，遭教会迫害，但他建立的解剖学为血液循环的发现开辟了道路，成为人们铭记的丰碑。

七、近代科学革命的启示

近代科学革命是在文艺复兴、地理大发现和宗教改革的大背景下发生的。文艺复兴提倡个性自由，反对宗教禁锢，是人的觉醒，是思想的解放；地理大发现开阔了人们的眼界，扩大了人们的活动范围和知识领域；宗教改革在精神文化上使人们的思想得到解放，有利于鼓励人们探索自然的奥秘。

近代科学革命的起点或说是主要标志是 1543 年哥白尼《天体运行论》的发表。《天体运行论》和《人体的构造》两部伟大著作的出版，成为中世纪科学与近代科学的分水岭，标志着自然科学从神学的束缚中走了出来，他们一个是关于自然界的规律，一个是关于人自身的规律。如果说天文学是近代科学革命的切入点，那么物理学就是近代科学的核心领域。历史上有多位科学家如，第谷、开普勒、伽利略、惠更斯、胡克、哈雷、雷恩等等都对近代科学的发展，在不同的方面作出了贡献。最后，牛顿用《原理》建立了经典力学体系，实现了以力学为中心的科学知识的第一次大综合，把天上和地上的规律统一了起来，他的工作代表了科学革命的顶峰。

更重要的是，科学的成功使人们不再相信天启和传统的权威，每个人都可以凭着自身理性的思考用科学方法来认识世界的本质，科学革命引发了科学思想。科学的成功对人文领域产生了极大的震撼和冲击，科学渗透到我们的生活和生命的所有方面，科学革命给 17 世纪的人们带来了巨大的兴奋和信心，把人类的社会推到了现代。

---

① 　林德宏：科学思想史.南京：江苏科学技术出版社，2004.131。

第四章　电磁理论的发展与应用

莱顿瓶和电池的发明
麦克斯韦方程组
电磁波的产生
通讯技术的进步

电、磁现象尽管很早就受到人类的关注,但是,它的发展一直很缓慢,这是因为早期的电磁研究它只是依赖于那些没有任何理论指导的偶然观察,每一门精密科学都是要经历这样的最初阶段。在电磁学中莱顿瓶的发明使电荷得以储存,伏大电堆的出现导致了由静电走向动电,而电流的磁效应则打通了电与磁的联系。这以后电磁学的发展势如破竹,直到麦克斯韦建立电磁场理论。后来,赫兹用实验验证了电磁波,这些为通讯技术的建立和发展提供了强大的理论支撑。

第一节　莱顿瓶和电池的发明

一、对电磁的初步认识

人类对电、磁的认识很早就开始了。在公元前 6、7 世纪的时候,人们就发现磁石吸铁、摩擦生电现象,而系统地对这些现象进行研究则始于 16 世纪。

吉尔伯特(W. Gilbert,1540—1603)是著名的实验科学家,他和伽利略一样认为科学必须建立在实验的基础之上。他对电和磁做了系统的实验研究,1600 年出版的《论磁、磁体和地球作为一个巨大的磁体》一书,开创了电磁现象研究的新纪元。他作了许多有关磁体性质的实验,最著名的是"小地球"(球状磁石)实验,通过实验提出了磁极的概念并确定了磁极的相互作用,断定地球就像一个大磁石,它的两极与地理上的两极接近但不完全重合。吉尔伯特还对电现象作了仔细研究,他用琥珀、金刚石、蓝宝石、硫磺、明矾等做样品,作了一系列实验。发现经过摩擦,它们都可以具有吸引轻小物体的性质,他第一个称电吸引的原因为电力。但是,他认为电和磁是两种截然无关的现象,这一错误的判断对后来的电磁学发展产生了不良影响。

任何两个物体摩擦,都可以起电。18 世纪中期,美国物理学家富兰克林(Benjamin Franklin,1706—1790)经过分析和研究,认为有两种性质不同的电,为了深入探讨电运动的规律,富兰克林创造的许多专用名词,如正电、负电、导电体、电池、充电、放电等成为世界通用的词汇。他借用了数学上正负的概念,第一个科学地用正电、负电概念表示电荷性质。并提出了电荷不能创生、也不能消灭的思想,后人在此基础上发现了电荷守恒定律。他最先提出了避雷针的设想,由此而制造的避雷针,减少了雷击灾难,破除了人们对雷电的迷信。

近代科学告诉我们:物体都是由分子原子构成的,而原子由带正电的原子核和带负电的电子所组成,电子绕着原子核运动。在通常情况下,原子核带的正电荷数跟核外电子带的负电荷数相等,原子不显电性,所以整个物体是中性的。原子核里正电荷数量很难改变,而核外电子却能摆脱原子核的束缚,转移到另一物体上,从而使核外电子带的负电荷数目改变。当物体失去电子时,它的电子带的负电荷总数比原子核的正电荷少,就显示出带正电;相反,本来是中性的物体,当得到电子时,它就显示出带负电。两个物体互相摩擦时,其中必定有一个物体失去一些电子,另一个物体得到多余的电子。如用玻璃棒跟丝绸摩擦,玻璃棒的一些电子转移到丝绸上,玻璃奉因失去电子而带正电,丝绸因得到电子而带等负电。用橡胶棒跟毛皮摩擦,毛皮的一些电子转移到橡胶棒上,毛皮带正电,橡胶棒带着等量的负电。

1650 年,德国物理学家格里凯(Guericke,1602—1686)在对静电研究的基础上,制造了第一台摩擦起电机。

1720 年,英国的格雷(S. Gray,1675—1736)研究了电的传导现象,发现导体与绝缘体的区别。随后,又发现导体的静电感应现象。

1733 年,法国物理学家杜菲(Charles—Francois du Fay,1696—1739)经过实验区分出两种电荷——称之为松脂电(负电)和玻璃电(正电),并由此总结出静电作用的基本特征—同性相斥,异性相吸。

二、储存电的容器——莱顿瓶

1746 年,荷兰莱顿大学的教授慕欣勃罗克(Pieter von Musschen,1692—1761)在做电学实验时,无意中把一个带了电的钉子掉进玻璃瓶里,他以为要不了多久,铁钉上所带的电就会跑掉,过了一会,他想把钉子取出来,可当他一只手拿起桌上的瓶子,另一只手刚碰到钉子时,突然感到有一种电击式的振动。这到底是铁钉上的电没有跑掉呢,还是自己的神经太过敏呢?于是,他又照着刚才的样子重复了好几次,而每次的实验结果都和第一次一样,于是他非常高兴地得到一个结论:把带电的物体放在玻璃瓶子里,电就不会跑掉,这样就可把电储存起来。

后来人们发现,只要两个金属板中间隔一层绝缘体就可以做成电容器储存电荷,而并不一定要做成像莱顿瓶那样的装置。

原始的莱顿瓶是一个玻璃瓶,瓶里瓶外分别贴有锡箔,瓶里的锡箔通过金属链跟金属棒连接,棒的上端是一个金属球,这就构成以瓶子玻璃为电介质的电容器。由于它是在莱顿城发明的。所以叫做莱顿瓶。

莱顿瓶的发明使物理学第一次有办法得到很多电荷,并对其性质进行研究。1746 年,英国伦敦一名叫柯林森的物理学家,通过邮寄向美国费城的富兰克林赠送了一只莱顿瓶,并在信中向他介绍了使用方法,这直接导致了 1752 年富兰克林著名的"费城实验"。

莱顿瓶

三、费城风筝实验

在 18 世纪以前,人类对于雷电的性质还不了解,对电闪雷鸣产生了许多神秘的看法。在中国曾有"雷公"、"电母"之说,在西方则把雷电看成"上帝之火","上帝发怒"。

富兰克林是一位社会活动家、思想家和外交家,曾参与起草并签署了《独立宣言》和美国宪法。他出身寒微,12 岁在印刷所当学徒,他博览群书,自学数学和 4 门外语。富兰克林还是一位科学家,因费城实验而享誉全球。

在一次实验中,他把几个莱顿瓶连接在一起,当时,他的妻子丽达正在观看他的实验,因为碰到了莱顿瓶上的金属杆被电击倒地,这给富兰克林很大启示。他联想到莱顿瓶放电时能够击死小鸟、老鼠等小动物,雷电可以击死人、畜等。富兰克林推测放电时出现的电火花与天空中的闪电可能具有相同的性质。富兰克林想,既然莱顿瓶里的电可以引进引出,自然界的电也应该能通过导线从天上引下来。

怎样才能把雷电引到地面上来呢? 富兰克林观察到,闪电和电火花都是瞬时发生的,而且光和声都集中在物体的尖端。他由此想到,如果将带尖的金属杆放到高空中,再用电线把金属杆和地面相连,不就可以把空中的电引到地下来吗? 由此,他想起了风筝,何不用风筝把雷电引下来呢? 于是,他在风筝上加了一根尖细的金属丝,在系风筝的麻线靠近手的一端,加上了一条丝带,接头处系上一把钥匙。

富兰克林进行风筝实验

1752 年 7 月的一个雷雨天,他和儿子一起把风筝放了出去。结果麻线上的纤维挺立起来,犹如"怒发冲冠"。他将风筝线上的电引入莱顿瓶中,发现钥匙也可以给莱顿瓶充电,这就是著名的"费城实验"。"费城实验"使富兰克林弄明白了"天电"和"地电"原来是一回事,这一发现轰动了科学界。"风筝实验"的成功使富兰克林在全世界科学界的名声大震,雷电实验毕竟是十分危险,读者请勿尝试模仿。富兰克林做"风筝实验"时曾被雷电击晕,待他醒来时,还风趣的说:"好家伙,我本想电死一只火鸡,结果差点电死一个傻瓜!"1753 年 7 月 26 日,彼得堡科学院院士赫曼(1711—1753)为了验证富兰克林的雷电实验不幸触电身亡,成为电学实验的第一个牺牲者。

四、避雷针的发明

"费城实验"的成功给富兰克林以新的启迪:既然风筝上的尖金属杆能将云层上的电引下来,那么,如果将一根金属棒安装在建筑物顶部,并且以金属线连接到地面,等到雷雨天气,雷电就会沿着金属线流向地下,建筑物就不会遭雷击了,1753 年,富兰克林发明了避雷针。为了推广避雷针的使用,富兰克林写了《怎样使房屋等免遭雷电的袭击》的文章。由于避雷针能有效地保护建筑物免于雷击,所以很快就传到了世界各地。

避雷针是早期电学研究中的第一项具有重大应用价值的技术成果,它使人类生活的世界多了几分安全。

美国的独立战争爆发后,富兰克林的尖头避雷针在英国国王眼中成了将要诞生的美国的象征。据说当时英国国王乔治三世曾亲自下令把王宫等地的尖头避雷针砸掉,统统换上圆球形的,以示与作为美国象征的尖头避雷针不共戴天。凑巧的是,英国国王这次出于政治目的的改动,后来被认为是十分可取的。科学家后来发现,乔治三世"歪打正着"发明的"避雷球",避雷效果要比富兰克林发明的避雷针还要好。自然界是奥妙无穷的,任何理论和原理都不可能是完美无缺的。当然,人们对雷电的认识还很不全面,对于避雷针的研究,也并没有穷尽。随着科学技术的发展,避雷技术必然会得到不断的创新与完善。

五、卡文迪许对静电的研究和库仑定律的发现

1785 年,法国物理学家库仑(Charlse—Augustin de Coulomb,1736—1806)在发表的论文《电力定律》中,提出了电学中第一个定量的规律——库仑定律($F = kq_1 q_2/r^2$),使电学进入了定量研究的阶段,这个时候电学才正式进入科学的行列。

因此,人们都认为他是最早发现这一定律的人。其实,英国物理学家卡文迪什(Henry Cavendish,1731—1810)早在 1774 年就发现了这一定律,而且结果更为精确。但是,他没有发表自己的研究成果。

1751 年米切尔(1724—1793)提出磁极之间的作用力服从平方反比定律。18世纪中叶,人们借助于万有引力定律($F = Gm_1 m_2/r^2$),对电和磁做了种种猜测。牛

顿的思想首先在英国科学家米切尔的活动中得到了体现,他在 1751 年发表的短文《论人工磁铁》中写道:

"每一磁极吸引或排斥,在每个方向,在相等距离其吸力或斥力都精确相等,……按磁极的距离的平方的增加而减少,……我不敢确定就是这样,我还没有做足够的实验,还不足以精确地做出定论。"

而美国物理学家富兰克林的空罐实验,应该说是对电力规律的发现有重要启示。1755 年,富兰克林发现放在绝缘架上的带电空银桶内表面不存在电荷,并且在此桶内,用丝线吊住的直径约为一英寸的软木球不受到电的吸引作用。大约十年后,富兰克林将上面这个"奇怪的事实"写信告诉他的朋友,英国电学家普利斯特利(1733—1804)。

普利斯特里核实了富兰克林的空罐实验,并以非凡的洞察力领悟到从上述"奇怪的事实"可以得到电力平方反比定律。他在 1767 年的《电学历史和现状及其原始实验》一书中写道:

"难道我们就不可以从这个实验得出结论:电的吸引与万有引力服从同一定律。"

普利斯特利的这一结论不是凭空想出来的,因为牛顿早在 1687 年就证明过,如果万有引力服从平方反比定律,则均匀的物质球壳对壳内物体应无作用。

普利斯特利的结论并没有得到科学界的普遍重视,因为他并没有特别明确地进行论证,仍然停留在猜测的阶段。一直拖到 1785 年,在上述实验事实和推测的启发下,库仑用自己发明的"扭秤"对点电荷之间的引力和斥力作了定量的测定,得到了库仑定律。

在库仑之前,卡文迪什于 1773 年做了同心球实验。外球壳由两个半球装置而成,两半球合起来正好形成内球的同心球。卡文迪什通过一根导线将内外球联在一起,外球壳带电后,取走导线,打开外球壳,用木髓球验电器试验内球是否带电。结果发现木髓球验电器没有指示,证明内球没有带电,电荷完全分布在外球上。卡文迪什将这个实验重复了多次,确定电力服从平方反比定律,即引力和斥力分别与距离的(2 ± 0.02)次幂成反比。卡文迪什实验的设计相当巧妙,用示零法精确地判断结果,他的实验比库仑(2 ± 0.04)的精度更高。

库仑的方法是用扭秤来测量电力,而卡文迪什采取的是检验导体内部是否有无电荷,卡文迪什的实验原理和装置更为科学。

卡文迪什性情孤僻，唯独与米切尔来往密切。米切尔得知库仑发明扭秤后，曾建议卡文迪什用类似的方法测试万有引力，这项工作使卡文迪什后来成了第一位直接测定引力常数的实验者。正是米切尔的鼓励，卡文迪什做了同心球的实验。[①] 但是卡文迪什的同心球实验结果和他自己的许多看法，却没有公开发表。直到 19 世纪中叶，W. 汤姆孙（W. Thomson，1824－1907）在卡文迪什的遗稿中发现了一些极有价值的资料，经他催促，1879年由麦克斯韦（J. C. Maxwell，1831－1879）整理出版了题为《尊敬的亨利·卡文迪什的电学研究》的书，才把卡文迪什的工作公布于世。麦克斯韦写道：

库仑扭称实验装置

"物体上电荷（分布）的实验，卡文迪什早就写好了详细的叙述，并且费了很大气力书写得十分工整，而且所有这些工作在 1774 年以前就已完成"，"卡文迪什几乎预料到了电学上所有的重大事实，这些重大事实后来通过库仑和法国哲学家们的著作而闻名于科学界。"

从库仑定律的发现过程我们可以看到，类比（类比万有引力定律 $F = Gm_1 m_2 / r^2$ 提出电的引力的库仑定律 $F = kq_1 q_2 / r^2$）在科学研究中所起的作用。如果不是先有万有引力定律的发现，单靠实验数据的积累，不知到何年才能得到严格的库仑定律表达式。

卡文迪什潜心研究科学的精神是值得称道的，然而，研究成果不能及时公诸于众，不仅不利于个人成果被承认，更主要的是不利于科学的发展。直接后果是库仑定律被推迟 11 年才被发现，正如麦克斯韦所说：

"把自己的研究成果捂得如此严实，以至于电学的历史失去了本来的面目。"

六、对生物电的探索

1752 年，意大利学者祖尔策（1720－1779）把一片铅和一片银放在舌尖上，当两个金属片的另一端连在一起时，舌尖产生一种很奇怪的感觉：既不是铅的味道，也不是银的味道。经过反复实验，发现确实如此，这就是所说的流电现象。后来，意大利解剖学家伽伐尼（Luigi Galvani，1737－1798）也遭遇了类似的现象。

----

① 　郭奕玲，沈慧君：物理学史. 北京：清华大学出版社，1993：121。

电池的发明，来源于青蛙的解剖实验所产生的灵感。1780 年的一天，伽伐尼在做青蛙解剖时，两手分别拿着不同的金属器械，无意中同时碰在青蛙的大腿上，青蛙腿部的肌肉立刻抽搐了一下，仿佛受到电流的刺激，而如果只用一种金属器械去触动青蛙，就无此种反应。伽伐尼认为，出现这种现象是因为动物躯体内部产生的一种电，他称之为"动物电"，它跟摩擦电完全一样。

伽伐尼的结论是错误的，但他的实验结果却引起了物理学家们的极大兴趣，他们竞相重复伽伐尼的实验，企图找到一种产生电流的方法。

一天，伽伐尼用铜钩子勾住青蛙腿挂在铁栏杆上，无意中，他发现每当青蛙腿与铁栏杆接触时，青蛙腿的肌肉就猛烈的抽动。跟在实验室的情况一模一样。

伽伐尼将青蛙腿挂在铁栏杆上，伽伐尼找来一段金属线一端拴在铁栏杆上，一端埋在地下。看看雷雨天气蛙腿的反应，结果发现在雷电天气，蛙腿抽动，跟在实验室的情况一模一样。

七、伏打电堆的发明

意大利物理学家伏打（A. Volta，1745－1827）在多次实验后则认为：伽伐尼的"生物电"之说并不正确，青蛙的肌肉之所以能产生电流，大概是肌肉中某种液体在起作用。

1800 年，伏打把一块锌板和一块铜板浸在盐水里，发现连接两块金属的导线中有电流通过。于是，他就把许多锌片与铜片之间垫上浸透盐水的绒布或纸片，平叠起来，用手触摸两端时，会感到强烈的电流刺激。伏打用这种方法成功制成了世界上第一个电池"伏打电堆"，这个"伏打电堆"实际上就是串联的电池组。

根据各种金属接触的实验结果，伏打列出了锌－铅－锡－铁－铜－银－金的次序，这就是著名的伏打序列。其中两种金属相接触时，位于序列前面的都带正电、后面的带负电。他指出这种电池"具有取之不尽，用之不完的电"，3 月 20 日他宣布了这项发明，引起极大轰动。这是第一个可以产生稳定、持续电流的装置——化学电源。使人们有可能从各个方面研究电流的各种效应，为电学研究开创了新局面。

直到现在，我们用的干电池就是经过改造后的伏打电池。干电池中用氯化铵的糊状物代替了盐水，用石墨棒代替了铜板作为电池的正极，而外壳仍然用锌皮作为电池的负极。

1801 年拿破仑一世召他到巴黎表演电堆实验，授予他金质奖章和伯爵称号，1803 年当选为法国科学院外国院士。为了纪念他在电学上的贡献，根据他的姓氏把电压的单位命名为伏特。

第二节　麦克斯韦方程组

一、欧姆定律的发现

欧姆(Georg Simon Ohm,1789－1854)出生于德国的巴伐利亚州的埃尔兰根，1811年，获得埃尔兰根大学博士学位。

欧姆定律是物理学中的一个重要定律，它以简捷和谐的数学形式把电流强度、电压和电阻连成为电学和电工学最基本的规律之一，即：$E=IR$。但是，这一伟大发现历尽种种艰辛和磨难，15年以后才得到科学界的公认。

在欧姆那个时代，电流强度、电压等概念都尚不清楚，特别是电阻的概念还未形成，测量仪器也很简陋，也没有一种稳定的电源，探索电流规律的工作十分艰难。在这种情形下，欧姆却独具匠心，利用电流的磁效应，创造性地设计制作了电流扭秤，制作了温差电池，引入电导率，经过多次实验和归纳计算，终于在1826年发表论文，公布了由实验得到的欧姆定律。1827年，欧姆又从热和电的相似性出发进行类比，运用傅立叶热分析理论，从理论上推导出欧姆定律，从而肯定了他在一年前的实验结果。他将这项成果总结在《电路,数学研究》一书中，这样由实验得到，并用数学方法进行理论推导的欧姆定律就被完全确立了。

然而在当时，欧姆的研究公布后，并没有立即引起科学界的重视。理由是欧姆定律公式太简单了，他们可笑地认为第一流科学家都未能解决的问题不会如此简单，有些人甚至对欧姆进行了公开的指责。对欧姆的责难，首先来自德国物理学界一些有影响的人物。黑格尔唯心论者、德国物理学家鲍尔(G. F. Pohl,1788－1849)首先发难，他撰文攻击《电路,数学研究》，他说：

"以虔诚眼光看待世界的人不要去读这本书，因为它纯然是不可置信的欺骗，它的唯一的目的是要亵渎自然的尊严。"

德国在当时还比较落后，特别是在物理学方面尤为明显。把持德国物理学界的是一批老年持重的物理学家，他们片面强调定性的实验，忽视理论概括的作用，对于由伽利略所开创，牛顿发扬光大的实验和数学(理性思维)相结合的数学物理方法不予接受。

实际上，欧姆的这部《电路,数学研究》著作，是19世纪德国的第一部数学物理论著，是德国物理学发展的一个转折点，它诞生于德国理论物理学产生的前夕，也揭开了世界科学中心①第三次大转移到德国的序幕,但当时的德国物理学权威们都没有认识到这一点。

欧姆的《电路,数学研究》一书出版后,他给教育部长苏尔兹赠送了一本,并附上一信,请求苏尔兹把他安排在大学工作。作为黑格尔主义者的苏尔兹对欧姆的工作毫不经意,只把欧姆安排到一所军校,这自然不是欧姆向往的。在责难和诽谤中欧姆并不气馁,1829 年 3 月 20 日,欧姆给国王路德维希一世写信,请求能对鲍尔的攻击给予公断。国王把欧姆的信交给了巴伐利亚科学院,责令组成一个专门学术委员会讨论欧姆的著作。但委员会难以作出裁决,最后只好去征求哲学家谢林(1775－1854)的意见,作为德国自然哲学的创立人,谢林拒绝作出评论,再一次延误了对欧姆学术思想的公正评价。直到 1831 年黑格尔(1770－1831)去世后,他的唯心主义思想对科学的束缚才开始松弛。

但对欧姆学术成就的承认仍不是最先发生在他自己的祖国——德国,而是发生在英国。欧姆定律大约在 1831 年以后首先传到英国,法拉第(Michael Faraday, 1791－1867)当时正在研究电磁感应现象,虽然他已走到欧姆定律的边沿,却不知欧姆定律早已被发现。如果欧姆定律在这以前传入英国的话,必定会大大加速电磁学研究的进展。最早得知欧姆定律的美国人是富兰克林的孙子巴赫博士,1836－1838 年巴赫正在英国学习,从英国科学家那里了解到欧姆定律,回国后他传授给亨利(Joseph Henry,1797－1878),这样欧姆定律逐步向外传播开来。最先接受欧姆定律的是一些年轻物理学家,楞次(Lenz, Heinrich Friedrich Emil, 1804－1865)在 1832 年研究磁棒对载流螺旋管的作用时,高斯(Carl Friedrich Gauss, 1777－1855)和韦伯(Wilhelm Eduard Weber,1804－1891)在 1832－1833 年间研究地磁和制造精密仪器时,都用到欧姆定律。惠斯通(C. Wheatstone,1802－1875)在英国、楞次在俄国、亨利在美国、波根道夫(1796－1877)在德国都表示对欧姆工作的钦佩,1841 年,伦敦皇家学会授于欧姆最高科学奖——科普勒奖章。欧姆的工作在国外获得巨大声誉后,才引起德国政府和科学界对欧姆的关注。经过埃尔曼(P. Ermann,1764－1851)等人多方努力,欧姆这才实现了他多年的愿望,

① 近代科学诞生以来,曾先后在不同的国家形成了五个世界科学中心。16 世纪的意大利是第一个世界科学中心;17 世纪的英国是第二个世界科学中心;18 世纪的法国是第三个世界科学中心;19 世纪的德国成为第四个世界科学中心;20 世纪的美国是第五个世界科学中心。科学史家的研究表明,如果某个国家的科学成果数占同期世界总数的 25％以上,这个国家就可以称为"世界科学中心"。按照这一规律和标准,从 16 世纪的意大利到 20 世纪的美国,世界科学中心先后进行了四次大转移,现在世界科学中心仍在美国,目前还没有明显的迹象表明世界科学中心将转移出美国。

1852 年担任慕尼黑大学物理学教授。

为了纪念欧姆在电学上的贡献,1881 年,在巴黎召开的第一届国际电气工程师大会上,决定以"欧姆"作为电阻的实用单位,他发现的定律也被后人称为"欧姆定律"。从此,欧姆成了举世公认的科学家。

由此可见,错误哲学思想的障碍、传统观念的束缚、学术权威的压制延缓了对欧姆定律的承认,这些教训值得我们深思。

二、电流的磁效应和安培定律的发现

电流的磁效应:电流周围存在着磁场。

1820 年,丹麦物理学家奥斯特(H. C. Oersted,1777－1851)发现电流的磁效应。于是,电学与磁学彼此隔绝的情况有了突破,开始了电磁学的新阶段。"电生磁"的现象,为人们梦寐以求的"磁生电"点燃了希望之光。

奥斯特发现电流磁效应实验的消息传到巴黎后,引起了安培(A. M. Ampere,1775－1836)的高度关注。原来,安培他长期信奉电与磁之间是没有关系的,现在奥斯特打通了电与磁的联系,使他受到极大震动,同时也启发了安培。他想,既然磁与磁之间,电流与磁体之间都有作用力,那么电流和电流之间是否也存在作用力呢? 他和助手立即重复了奥斯特的实验并集中全部精力进行研究,一周后向科学院提交了第一篇论文,提出了磁针转动方向与电流方向相关判定的右手定则——即判别电流磁场方向的右手螺旋法则。接着他又提出了电流方向相同的两条平行载流导线互相吸引,电流方向相反的两条平行载流导线互相排斥的结论。安培还发现,电流在线圈中流动的时候表现出来的磁性和磁铁相似,在此基础上发明了探测和量度电流的电流计。后来又提出了物质磁性的分子电流假说,认为磁性起源于电流。安培通过精巧的实验,特别是通过四个精巧的零值实验并运用高度的数学技巧总结出电流元之间作用力的定律,描述两电流元之间的相互作用同两电流元的大小、间距以及相对取向之间的关系,后来人们把这定律称为安培定律。

为了纪念他在电磁学上的杰出贡献,电流的单位"安培"以他的姓氏命名。

三、法拉第建立电磁感应定律

英国物理学家法拉第出身贫苦,幼年失学,在印刷厂当童工时靠装订书籍的机会来学习一些零星的科学知识。1812 年,聆听了著名化学家戴维(H. Davy,1778－1829)的讲演,并得到戴维的赏识。后来到皇家研究院实验室当一名刷瓶子工人,次年成为戴维的助手,游历欧洲。在电化学方面显示出卓越的实验才能,1824 年选为皇家学会会员,虽然遭到戴维的妒忌,但法拉第一直心存感激。

法拉第坚信磁一定能产生电,为此,他冥思苦索了近 10 年的电磁学研究。亲自做了许多实验,其中包括奥斯特和安培的实验,他泡在实验室里,进行各种电磁

试验,实验、失败、再实验。功夫不负有心人,1831 年 8 月 29 日,法拉第在一个软铁圆环上绕上两个彼此绝缘的线圈 A 和 B,B 的两端用导线连接成闭合电路,在导线的下面放置一个与导线平行的小磁针,A 和一个电池组相连接在一个开关上。法拉第偶然发现,当开关合上有电流通过线圈 A 的瞬间,小磁针发生了偏转,随后又停到原来的位置上;当开关断开切断电流时,磁针又发生了偏转,这表明,一个电流通过铁环介质而感应出了另一个电流。如果维持通电状态,磁针毫无反应。法拉第这才猛省,感应现象产生的关键在于它是一种瞬态效应。作出这一发现后,法拉第进一步思索,是否还有其他方法能够获得同样的效应,紧接着他广泛而全面地研究了产生感应电流的条件,取得了突破性的进展。

1831 年 11 月 24 日,在法拉第向皇家学会提交的一个报告中,把这种现象定名为"电磁感应",进一步证实了电现象与磁现象的统一性。并概括了可以产生感应电流的五种类型:

(1)变化着的电流;

(2)变化着的磁场;

(3)运动的稳恒电流;

(4)运动的磁铁;

(5)在磁场中运动的导体。[①]

电磁感应现象的发现,不仅是电学上一项划时代的贡献,而且奠定了电磁技术和未来电力工业的基础,带来了产业革命的新突破。

当穿过闭合回路所围面积的磁通量发生变化时,不论这种变化是什么原因引起的,回路中都会建立起感应电动势,且此感应电动势正比于磁通量对时间变化率的负值。这是法拉第电磁感应定律的表述内容,后来纽曼(F. E. Neumann,1798—1895)给出了定律的数学形式。

1832 年亨利(J. Henry,1797—1878 年)发现自感现象,1833 年 11 月,德国物理学家楞次提出了确定感生电流方向的定律即楞次定律:闭合回路中感应电流的方向,总是使得它所激发的磁场来阻碍引起感应电流的磁通量的变化。或说是:感应电流的效果总是反抗引起感应电流的原因。

法拉第在电磁学的研究中不仅发现了电磁感应现象,而且还发现了光磁效应,电解定律和物资的抗磁性,并以丰富的想象力创建了力线思想和场的概念。他认为,在电荷和磁极周围空间充满了电力线和磁力线,电力线将电荷联系在一起,磁力线将磁极联系在一起,电荷和磁极的变化会引起相应的力线变化。[②] 物理学家

---

① 郭奕玲,沈慧君:物理学史. 北京:清华大学出版社,2000.137。

② 胡化凯:物理学史二十讲. 合肥:中国科学技术出版社,2009.275。

W.汤姆孙说:"在法拉第的众多贡献中,最伟大的一个就是力线概念了。我想,借助于它就可以把电场和磁场的许多性质,最简单而又极富启发性的表示出来。"麦克斯韦在法拉第的基础上发展了场论思想,建立了著名的麦克斯韦方程组。①

法拉第是一个伟大的实验物理学家,在电磁学上的发现、发明和改进达158项之多,堪称电学大师。成名之后,仍像过去当学徒工那样对科学一往情深,对金钱、地位和荣誉不屑一顾,过着清贫而丰富的生活。1857年他被提名做皇家学会的主席,他推辞了。要封他爵士,他也谢绝了。在英俄克里米亚战争中,英国政府问法拉第能否大量制造一种可以用于战场上的毒气;如果可能的话,他能否领导这一科研项目。法拉第的回答是:这个科研项目毫无疑问是可行的,但他本人绝不参与。这件事情展示了一个科学家的高尚良知。

四、在电磁感应定律建立中安培、科拉顿和亨利的遗憾

电磁感应现象本应该早些年被发现造福于人类社会,由于千差万错的原因,使它姗姗来迟。

法国物理学家安培1822年,在日内瓦把一个多匝绝缘导线绕成的线圈固定在支架上,线圈与伏打电池相连。再将一个小铜环系上细线悬挂在线圈内与线圈同心,当他给线圈通电并用蹄形磁铁移向铜环时,他和助手都清楚地观察到铜环发生了偏转。这实际上已观察到了电磁感应现象,遗憾的是,安培并没有意识到这一实验更重大的科学意义。他错误地认为,感应能产生电流这一事实,与电动力作用的总体理论无关。因而,他已经走到发现电磁感应的门口,但又退了回来。当法拉第的论文发表后,安培懊悔不已,曾在1832年"恳求"分享这一殊荣,然而显然为时已晚。

瑞士物理学家科拉顿(Colladon,1802—1892)1825年,用大小相连的两个不同的线圈分置在两个房间,他用磁铁在大线圈中不断地插入和拨出,然后又跑到另一个房间观察检流计,实验结果始终是零。他的实验装置设计的完全正确,已经跨进了发现电磁感应规律的大门,遗憾的是他没想到暂态现象,从而错失了电磁感应现象的发现。

美国物理学家亨利1830年8月,在实验中发现了软铁线圈通电瞬间,与软铁棒相连的检流计指针向一个方向偏转,而断电时指针则反向偏转,然后回到原来的位置不动。亨利在他的报告中写道:

"于是可以说,我们有了电转换为磁,而这里磁又转换为电。"

---

① 李增智:物理学中的人文文化.北京:科学出版社,2005。

由此可见,亨利实际上已于 1830 年就发现了电磁感应现象。然而遗憾的是,他没有将这重大发现继续深入研究下去,也没有及时公开他的发现,而是忙于他的教学和行政工作。亨利的失误看似事务缠身,工作特忙,但实质是没有一双慧眼,还有什么事比作出重大科学发现更忙、更重要的呢?

五、麦克斯韦总结电磁理论

1855 年,24 岁的麦克斯韦发表了他的第一篇关于电磁学的论文:《论法拉第的力线》。这是对法拉第力线概念的数学翻译,这一年恰好法拉第告老退休,接力棒传给了麦克斯韦。法拉第和麦克斯韦的结合,就好象第谷和开普勒的结合那样,是观察实验和理论分析相结合的范例。法拉第精于实验研究,麦克斯韦擅长理论概括,他们相辅相成,相互补充,导致了科学上的重大突破。

麦克斯韦研究电磁场理论也不是一蹴而就的,在创建电磁场理论的过程中作了三次飞跃,前后历程达 10 余年。

1865 年,麦克斯韦用一套方程组概括电磁规律,建立了电磁场理论。

在麦克斯韦方程组中,变化的磁场可以激发涡旋电场,变化的电场可以激发涡旋磁场;电场和磁场不是彼此孤立的,它们相互联系、相互激发组成一个统一的电磁场。该方程组预测了光的电磁性质,预言了电磁波的存在,实现了物理学史上第二次大综合。

$$
\begin{cases}
\oint_S D \cdot dS = q \\[2mm]
\oint_S B \cdot dS = 0 \\[2mm]
\oint_L E \cdot dl = -\int_S \dfrac{\partial B}{\partial t} \cdot dS \\[2mm]
\oint_L H \cdot dl = I + \int_S \dfrac{\partial D}{\partial t} \cdot dS
\end{cases}
$$

麦克斯韦方程组系统而完整地概括了电磁场的基本规律,具体说来:

(1)描述了电场的性质。在一般情况下,电场可以是库仑电场也可以是变化磁场激发的感应电场,而感应电场是涡旋场,它的电位移线是闭合的,对封闭曲面的通量无贡献。

(2)描述了磁场的性质。磁场可以由传导电流激发,也可以由变化电场的位移电流所激发,它们的磁场都是涡旋场,磁感应线都是闭合线,对封闭曲面的通量无贡献。

(3)描述了变化的磁场激发电场的规律。

(4)描述了变化的电场激发磁场的规律。

任何一个能把这几个公式看懂的人,一定会感到怎么会有如此完美的方程?比较谦虚的评价是:

"一般地,宇宙间任何的电磁现象,皆可由此方程组解释。"

麦克斯韦电磁场理论揭示了电磁场的基本规律,在以电能利用为核心的电力技术革命中发挥了巨大作用。对于麦克斯韦的伟大功绩,爱因斯坦给于了很高的评价,他在纪念麦克斯韦100周年的文集中这样写道:

"自从牛顿奠定理论物理学的基础以来,物理学的公理基础的最伟大变革,是由法拉第和麦克斯韦在电磁现象方面的工作所引起的,……这样一次的伟大变革是同法拉第、麦克斯韦和赫兹的名字永远联系在一起的。这次革命的最大部分出自麦克斯韦。"

麦克斯韦方程组完美统一了整个电磁场,是理性美的一种体现。爱因斯坦始终想要以同样的方式统一引力场,并将宏观与微观的两种力放在同一组式子中。即著名的"大一统理论",爱因斯坦直到去世都没有走出这个隧道。

第三节 电磁波

一、电磁波的实验发现

赫兹(H. Hertz,1857—1894)出生于德国汉堡,21岁考进了柏林大学,后来成了著名物理学家亥姆霍茨(Hermann von Helmholtz,1821—1894)的得意门生。1880年大学毕业,因发表论文《电运动功能》得到亥姆霍茨的赏识而被选为其助手,1885年到卡尔斯鲁厄大学当物理学教授。

1878年,能量守恒与转化定律的发现者亥姆霍茨,大胆的给学生提出了一个竞赛题目:用实验的方法验证电磁波理论。

赫兹从那时候起就致力于电磁波的实验研究,1888年,首次发表了电磁波的发生和接收的实验论文,证明了电磁波的存在,这年他31岁。

1886年,29岁的赫兹在做放电实验时,偶然发现身边的一个线圈两端发出电火花,原来是一个个小火花在迅速地来回跳跃。他想到,这可能与电磁波有关。后

来,他制作了一个十分简单而又非常有效的
电磁波探测器——谐振环,就是把一根粗铜
丝弯成环状,环的两端各连一个金属小球,
球间距离可以调整。最初,赫兹把谐振环放
在放电的莱顿瓶(一种早期的电容器)附近,
反复调整谐振环的位置和小球的间距,终于
在两个小球间闪出电火花。赫兹认为,这种
电火花是莱顿瓶放电时发射出的电磁波,被
谐振环接收后而产生的。后来,赫兹又用谐

赫兹验证电磁波的实验装置

振环接收其他装置产生的电磁波,谐振环中也发出了电火花。所以,谐振环就好像
收音机一样,它是电磁波的接收器。就这样,人们怀疑并期待已久的电磁波终于被
实验证明了。后来,赫兹又做了一系列的实验,确定电磁波是横波,具有直线传播、
反射、折射和偏振等光学性质,从而全面的证明了麦克斯韦电磁理论的正确性。

1888 年 2 月 13 日,赫兹在柏林科学院将他的实验结果公布于世,使整个科技
界为之震动。赫兹实验不仅证明了电磁波的存在,同时也导致了无线电通信的产
生,他被誉为无线电通讯的先驱者。1889 年,赫兹到波恩大学任物理学教授,开始
了研究稀薄气体的放电现象。赫兹在 1894 年元旦去世,终年不到 37 岁,但是,赫
兹对人类的贡献是不朽的,人们为了永远纪念他,就把频率的单位定为"赫兹",简
称"赫"。他的导师赫姆霍茨这样赞扬他,"才华横溢,性格坚毅。"普朗克(K. E. L.
Plank,1858－1947)在纪念他的演讲中,称这位过早去世的著名的物理学家是"我
们科学家的领袖之一"。

在赫兹之前,麦克斯韦的电磁理论还仅仅是作为数学艺术的光辉杰作,是美
的、漂亮的公式而被人欣赏,多数的物理学家对它的真实性表示怀疑。是赫兹从实
验上证明并从理论上完善了电磁场理论,从而使麦克斯韦的电磁场理论广为人们
所接受,赫兹他开辟了通讯技术的新纪元。

二、电磁波、电磁波波谱和可见光光谱

变化的电场会产生磁场,变化的磁场则会产生电场。变化的电场和变化的磁
场构成了一个不可分离的统一的场,这就是电磁场,而变化的电磁场在空间的传播
就形成了电磁波,电磁的变动就如同微风轻拂水面产生水波一般,因此被称为电磁
波,也常称为电波。

电磁波为横波,电磁波的磁场、电场及其传播方向三者互相垂直。电磁波的传
播速度等于光速 c(传播速度为每秒 30 万公里)。

波长、频率和波速的关系为:$c＝\lambda f$

　　电磁波包括的范围很广,实验证明无线电波、红外线、可见光、紫外线、X 射线、γ 射线都是电磁波,它们的区别仅在于频率或波长有很大差别。波长最长的是无线电长波,其次是中波、短波、微波,然后是红外、可见光、紫外、X 光,直到波长最短的伽玛射线。

　　为了对各种电磁波有全面的了解,人们按照波长或频率的顺序把这些电磁波排列起来,这就是电磁波谱。

　　波长在 $380-780nm$(纳米)范围能引起视觉的电磁波是可见光,光的本质是电磁波。波长和频率跟颜色有关,可见光中紫光频率最大,波长最短,红光则刚好相反。

　　在可见光范围内,按照波长或频率的顺序把这些可见光排列起来,这就是可见光光谱。

三、电磁波的应用

　　只要是温度高于绝对零度的物体,其实就是所有物体,迄今我们认为不可能有物体达到绝对零度,所以所有物体都会辐射电磁波。但是辐射的强度和波长分布与物体的温度有关。例如铁块在室温下发出的电磁波你根本看不到,当它烧红的时候,开始辐射红色光,再加热,会变蓝变白,说明温度越高,发射的主要波长越短。

　　例如,白炽灯,就是靠钨丝加热到一定温度向外辐射光的。火把是最原始的照明工具,也主要是靠这一原理。

　　微波炉的磁控管是产生高频电磁场的核心元件,它将电能转化为微波能。微波是一种电磁波,我们肉眼看不见,这种电磁波的能量比通常的无线电波大得多,能穿透食物可达 5cm 深。食物分子在高频磁场中发生震动,分子间相互碰撞、磨擦而产生热能,于是食物就被烹调熟了。这就是微波炉加热的原理,而且这种微波还很有"个性":微波它一碰到金属就发生反射,金属根本没有办法吸收或传导它。微波可以穿过玻璃、陶瓷、塑料等绝缘材料,但不会消耗能量。而含有水分的食物,微波不但不能透过,其能量反而会被吸收。还有就是用普通炉灶烹饪食物时,热量总是从食物外部逐渐进入食物内部的,而用微波炉烹饪,热量则是直接深入食物内部,所以烹饪速度比其它炉灶快 4 至 10 倍,热效率高达 80％以上。

　　通讯卫星、手机、对讲机、电台等利用电磁波进行通讯的设备都是靠振荡电路和天线的组合来发射电磁波的。只要磁场或者电场发生振荡变化,就会辐射电磁波,只是辐射的效率不同。振荡电路是一种可以产生一定频率的振荡电流的电路,电流振荡会引起电流产生的电场或者磁场的振荡,再加上天线就可以很好的向空间辐射电磁波了。

第四节　通讯技术的进步

一、通讯技术的几个阶段和分类

邮政通讯——文字和纸的发明、交通工具的发明。

电子通讯与广播——电的发现、无线电波理论的建立、电话与电报的发明。

数据通讯——计算机的发明、信息编码理论的建立。

洲际通讯——海底电缆的铺设、微波中继站的建立、通信卫星的发射成功。

图象通讯——电视的发明、数字图象处理技术的建立。

多媒体通讯——计算机技术、网络技术、多媒体技术的建立与发展。

按其业务内容可分为电报、电话、传真、数据通讯、可视电话等。

按其传输媒质可分为有线通讯和无线通讯两大类。

有线通讯又可分为明线通讯、电缆通讯、光缆通讯、波导通讯等。

无线通讯按传输方式可分为微波接力通讯、移动通讯、卫星通讯等。

二、大西洋海底电缆工程

1849 年,西门子公司铺设了第一条地下电报电缆线,由柏林到法兰克福。此后,国际有线电报通讯随即发展起来,跨海跨洋的有线电报电缆如雨后春笋般产生。

1850 年第一条海底电报电缆在英吉利海峡铺设,它从英国的德瓦到达法国的卡莱。

1854 年在地中海和黑海之间也成功的铺设了海底电缆。

但是,大西洋依然把欧洲和美洲隔在两岸。要在大西洋上铺设海底电缆,困难巨大,除了资金问题,还存在一系列的技术难题。从爱尔兰到美洲,相距 3200 余千米,水深多达 4000 米,水文气象条件复杂,铺设电缆前要对水深和海底地形进行测量、确定铺设电缆的海底路线、选择铺设电缆的船只、要应对大西洋的恶劣气候,解决好电缆绝缘问题、电缆外层保护层问题、抗拉强度问题、电缆装船问题、电缆在船上的堆放问题、放缆速度问题、船速的控制问题等,还要解决制造高灵敏度电报机等一系列技术问题。

尽管大西洋海底电缆工程困难重重,但是,美国实业家塞勒斯·菲尔德还是在 1856 年 7 月宣布正式成立大西洋海底电缆公司,致力于铺设大西洋海底电缆这一宏伟工程,物理学家 W. 汤姆孙被聘为该公司的董事。早在 1854 年 W. 汤姆孙就对海底电缆信号发生延迟现象进行了研究,并于 1855 年提出了关于海底电缆信号传递衰减的理论,解决了长距离海底电缆铺设的一个重要理论问题。

1857 年,横跨大西洋的海底电缆铺设工程正式开始,第一次电缆沉放就出师不利,先是在船刚驶出不久,电缆就被放缆盘轧断,重新放缆后在船航行约 300 千米处时,又发现电缆中的电流出现异常,时断时续,后来在大约 550 千米处电缆再次折断,第一次放缆就这样失败了。W. 汤姆孙一方面分析事故的原因,另外又积极研究如何提高电报机的灵敏度,一年后,他发明了"镜式电流计电报机",这是一种灵敏度很高的电报机,它的发明为长途电缆通信奠定了基础。

1858 年上半年,大西洋海底电缆铺设再次进行。W. 汤姆孙照例登船亲临指导,可是铺设工程中又发生了三次电缆折断。一个月后沉放电缆重新开始,经过千难万险,电缆铺设工作算是完成了,但是由于电缆质量存在问题,几个星期后电缆信号出现模糊,不久电缆中的信号完全中断,耗资巨大的电缆成了海底废物。

面对一次次的失败,公众反应十分强烈,人们无情的抨击,怀疑大西洋海底电缆工程成功的可能性。但是 W. 汤姆孙的信心是坚定的,在英国政府的支持和充分的科研、技术准备的基础上,停顿几年的大西洋海底电缆工程于 1865 年复工,由于大西洋海底电缆铺设工作异常艰难,最后在距离纽芬兰 600 英里处电缆断裂,坠落于茫茫大洋中,这次海底电缆铺设最终还是以断缆告终。

失败孕育着成功,1866 年,W. 汤姆孙又再次主持了大西洋海底电缆铺设工程。在改进了电缆铺设机械、加固了电缆强度之后,经过不懈的努力,大西洋海底电缆工程最终取得完全成功,这一伟大功绩把欧洲和美洲连接了起来。后来又继续努力,在 1866 年 9 月 7 日把 1865 年丢失在海底的电缆打捞上来,这样就又建立起了一条连接欧美的海底电缆。

这样经历十年,举世瞩目的大西洋海底电缆工程终于从失败中走向成功,它是人类发展史上一个重要的里程碑。W. 汤姆孙晚年时曾说过:"有两个字最能代表我 50 年内在科学进步上的奋斗,这就是'失败'二字……"。W. 汤姆孙用自己的一生向我们诠释了:任何成功的科学伟业都是在失败中孕育成长起来的。由于在大西洋海底电缆工程中 W. 汤姆孙功勋卓著,英国政府在 1866 年封他为爵士,后来又在 1892 年封他为男爵,称为开尔文男爵,此后开尔文这个名字就使用开来。

三、通讯技术的进步

1、有线电报

在电的各种应用技术发明中,电报是最早的发明之一。

静电电报:最早的电报机是 1753 年发明的。1753 年,当时对电的研究尚只停留在静电上,一位叫摩尔逊的人,利用静电感应的原理,用代表 26 个英文字母的 26 根导线通电后进行信息传输。在发送端,代表要发送字母的和起电机接触;在接收端,每根导线下面挂一个小球,若该线有电,则小球受静电感应而被吸起。由于静电电报的效率太低,因而没有能够推广应用。

电化学电报:1804 年西班牙的萨瓦尔将许多代表不同字母和符号的金属线浸在盐水中,他的电报接收装置是装有盐水的玻璃管,当电流通过时,盐水被电解,产生出小气泡,他根据这些气泡辨识出字母,从而接收到远处传送来的信息。可是,萨瓦的电报接收机可靠性很差,不具实用性。

电磁电报:1820 年丹麦物理学家奥斯特发现了电流的磁效应,1837 年 6 月,英国人惠斯通和库克利用电流磁效应原理,研制出磁针式电报装置,并成功地运行了一段时间。后来,还有不少的科学家都对电报进行过研究,而真正把电报变为一种具有实用价值的通讯工具则是美国的莫尔斯(Samuel Finley Breese Morse,1791—1872)。

莫尔斯原是一位画家,由于受到科学的感染,在四十多岁开始致力于电报通讯的研制工作,经过几年的努力终于在 1837 年发明了一套有点、横和空白相组合组成的新电码——"莫尔斯电码"。这样,发报机送出的电流可以是短的或长的,它给磁铁以相应的作用力,并推动钢笔在纸带上自动记录。1844 年是世界电信史上光辉的一页,莫尔斯在美国政府的资助下,在华盛顿和巴尔的摩之间架设了世界上第一条有线电报线路,同年 5 月 24 日他发出了世界上第一份电报:"上帝创造了何等的奇迹!"电文通过电线很快传到了数十公里外的巴尔的摩。他的助手准确无误地把电文译了出来,莫尔斯电报的成功轰动了美国、英国和世界其他各国,他的电报很快风靡全球。随后,英国和一些西欧国家相继架设了有线电报线路,许多大城市也相继开设了电报公司。

2、有线电话

目前,大家公认的电话发明人是贝尔(A. G. Bell,1847—1922),他是 1876 年 2 月 14 日在美国专利局申请电话专利权的。其实,就在他提出申请几个小时之后,一个名叫格雷的人也提出了电话专利申请,最后美国最高法院判定贝尔是电话的第一个发明者。

22 岁贝尔已是美国波士顿大学语言学教授,被语言和声音的奥秘深深吸引,梦想有朝一日把声音传送到更远的地方去。他在进行语言教学的同时积极从事丰富多彩的科学研究和技术发明活动,自学电学知识,请教电学专家,阅读所有他能借到的有关电学的著作。

在不断的学习和研究过程中,贝尔脑子里形成一个奇思异想:如果使电流大小随声音变化,用长长的导线把变化的电流传送到远方,再把它转换成声音,自己的梦想就可以实现了。

经过三年努力,1876 年贝尔终于发明了靠簧片振动传声的第一具电话,他利用声音振动簧片,簧片附近的电磁铁随即把振动变成强弱变化的电流。电流经电线传到受话器,再利用电磁铁振动另一簧片,把电信号重新变成声音,从此人类的声音就可以由电线传到远方。

1876 年 6 月 2 日深夜,经过几天奋战才将上述部件联成一套"通话"设备的贝尔和助手华生,分别待在相隔很远的两间屋子里,突然华生听到有人惊叫"华生,华生,快来呀,我需要你帮助",但屋里没有其他人,是受话器发出贝尔的声音,于是他惊喜万分的回答"贝尔,贝尔,我听见你的声音了,听见了"。原来华生听到的是贝尔牵动导线时弄倒硫酸溅到脚上疼得惊叫的声音,这竟成为人类用电话传送的第一句话。

3、无线电通讯

远距离快速通讯架电线、铺电缆都是很费事的事情。如果能不经电线电缆而直接传递信息,岂不是更为方便? 应该说,在赫兹发现和证实电磁波的时代就已经有可能发明无线电报了。

麦克斯韦预言了电磁波的存在,但却没有能亲手通过实验来证实他的预言。赫兹虽然证实了电磁波的存在,但却断然否认利用电磁波进行通信的可能性。他认为,若要利用电磁波进行通信,需要有一面面积与欧洲大陆相当的巨型反射镜。

实际上,在马可尼(Guglielmo Marconi,1874－1937)和波波夫(1859－1906)之前,已经有多起利用电磁波传递信息的尝试,例如:法国的布朗利(E. Blanly)、英国的洛奇(O. Lodge)、新西兰的卢瑟福(E. Rutherford,1871－1937)等都对无线电通讯作过有益的探索。

真正有意义的工作是俄国的科学家波波夫与意大利物理学家马可尼,他们各自独立地发明了无线电通讯。

俄国科学家波波夫生于乌拉尔山区的一个村庄里,从中学开始,便对电气技术颇感兴趣。1877 年入彼得堡大学物理数学系,在大学里,表现出了物理、数学、电磁学方面的卓越才能。1890－1900 年,任海军工程学院物理和电气技术教授,1895 年 5 月 7 日在彼得堡物理化学协会物理学部年会上,他表演了自己制成的一架无线电接收雷电指示器和一架电震动显录器。1896 年 3 月,他在彼得堡做了距离为 250 米的无线电报表演。1899 年,波波夫的无线电报首先应用于俄国军舰上,后来原苏联政府命名 5 月 7 日是"无线电发明日"。波波夫发明无线电通讯的时间比意大利工程师马可尼早,但是由于沙皇政府的腐败,波波夫的研究成果没有广泛应用。而马可尼比较幸运,他得到了英国邮政部门的热心支持,马可尼的研究成就很快就超过了波波夫。后来,俄国政府还出来争夺无线电发明优先权。

1905 年 5 月 4 日,北美巡回法庭判定马可尼为无线电发明者,因为他是第一个使无线电走出实验室,第一个让无线电越过海峡,飞过大西洋,变成真正实用的通讯工具。

马可尼生于波伦亚，是意大利著名的物理学家和工程师。经过反复试验、改进，他在 1895 年使电磁波第一次在空气中传播信息，成功地进行了约 3 公里的无线电通信。然而，马可尼向意大利政府提出的专利申请却未被批准。1896 年马可尼回到他母亲的故乡英国，他在英国不仅得到了无线电通信发明专利，而且受到学术界的高度重视。他 1901 年实现从康沃尔到纽芬兰的无线电通讯，1902 年完成从法国穿越大西洋达到加拿大的无线电通讯。马可尼还研究过短波、超短波发射以及语音与密码多路传输等。

由于马可尼发明了无线电报装置，实现了人类史上第一次远距离无线电通信。为此，他在 1909 年荣获诺贝尔物理学奖，与波波夫同被人们誉为"无线电之父"。

4、电视与移动通讯

电视是一种用无线电或有线电的方法及时传送活动图像的技术。在发送端，用电视摄像机把景物图像变成相应的电信号，通过无线电波或有线电路传输出去，在接收端再把这些信号还原成景物图像。1884 年德国科学家尼普科夫（P. G. Nipkow，1860－1940）发明螺盘旋转扫描器，实现了最原始的电视传输和显示。

移动体之间或移动体与固定体之间的无线电信息传输与交换，称为移动通讯。它包括陆地移动通讯、航海通讯、航空通讯和卫星通讯等。移动通讯是实现人与人以及人与移动体（汽车、火车、飞机和卫星）之间通讯的理想手段，已成为当前通讯网中发展最快的一种通讯手段。

第五章 国际物理年与爱因斯坦奇迹年

国际物理年——**2005**
爱因斯坦奇迹年——**1905**
科学的理性之美——以美启真
科学史上的学术会议——索耳维会议
科学史上著名的实验室——卡文迪什实验室

在近代科学刚刚建立的时候,物理学被称之为自然哲学。在当时,物理学实质上是自然科学的代名称。随着人类对自然现象认识的深化和拓展,随着自然科学知识的丰富和发展,自然科学被划分为各种不同的学科。由于物理学特殊的学科性质,决定了物理学在自然科学中是处于基础和核心的地位。物理学的研究成果影响着世界的发展和进步,特别是在那个特殊的 1905 年爱因斯坦创造了奇迹,100年之后的 2005 年被联合国宣布为国际物理年。

第一节 国际物理年——2005

2004 年 6 月 10 日,联合国大会通过决议,宣布 2005 年为"国际物理年",这是全世界物理学界乃至科学界的一件大事。

一、国际物理年——2005

2000 年欧洲物理学会(EPS)在第三届世界物理学会年上首次提出将 2005 年定为国际物理年的建议。

2002 年国际纯粹与应用物理联合会(IUPAP)召开第 24 次全体大会一致通过了 2005 年为国际物理年的决议,紧接着,许多国际物理组织都纷纷表示支持。

2003 年在联合国教科文组织全体会议第 32 次会议上,表决通过了支持 2005年为国际物理年的决议,并承诺在联合国大会提交议案。

2004 年 6 月 10 日,联合国大会通过决议,宣布 2005 年为"国际物理年",决议全文如下:

公认物理学提供了了解自然界的重要基础；

没有任何一门学科能与物理学相比，物理学及其应用已成为今天许许多多技术进步的基础；

确信物理教育提供了工具以建立人类发展必不可少的科学基础机构；

意识到 2005 年是爱因斯坦关键性科学发现 100 周年，这些发现为现代物理学奠定了基础。

(1)欢迎联合国教科文组织宣布 2005 年为国际物理年；

(2)请联合国教科文组织与世界各国的物理学会和团体合作组织活动庆祝 2005 国际物理年；

(3)宣告 2005 年为国际物理年。

1、国际纪念活动

联合国教科文组织成立了 2005 年国际物理年筹备委员会，筹委会决定在 2005 年举办下列活动：

(1)举办"让物理学照亮世界"活动。

(2)"寻找物理天才 2005"(也称为"寻找诺贝尔天才计划")。

(3)"物理学故事计划"。

(4)"作为文化遗产的物理学"巡回展。

(5)"趣味物理学"。

(6)其他多项讲座、竞赛和国际性的学术活动计划。

2、国内纪念活动

中国物理学会积极参加"国际物理年"活动，为此成立了"2005—国际物理年"筹备委员会和一个筹备工作组。根据中国物理学会"2005—国际物理年"活动方案，开展以下 8 项活动：

(1)制作宣传海报两套。

(2)2005 年 6 月组织"国际物理年纪念论坛"邀请著名物理学家和科教界领导人做报告。

(3)出版纪念丛书。

(4)组织 2005 年中国科协学术年会分会场，纪念"国际物理年"，邀请其他学科领域的科学家谈物理。

(5)组团参加国际性纪念活动。

(6)邀请欧洲物理学会主席做报告。

(7)发表致全国物理学工作者的信。

(8)其他活动,例如:发行明信片、学术、科普讲座、夏令营活动等。

二、物理学发展对世界的影响

物理学是自然科学中最基本的科学,当前,物理学已发展成为相当庞大的中心学科,并形成了若干相对独立的分支,如:高能物理、核物理、凝聚态物理、等离子物理、理论物理、原子分子和光物理等分支。与此同时,物理学中的一些传统学科,如:力学、电磁学和热力学等已逐渐成为单独学科。由于物理学研究的规律具有很大的基本性与普遍性,所以,它的基本概念和基本定律已经渗透到整个自然科学,产生了一系列交叉学科,如:化学物理、生物物理、天体物理、地球物理、大气物理和海洋物理等。

物理学是科学技术进步的基础和源泉,物理学的基本概念、基本理论、基本实验手段和创新的测试方法已经成为很多领域和许多学科的基础,极大地影响了自然科学、哲学和社会科学以及工业技术的发展,有力地促进了新技术的到来,物理学的发展已对人类历史上三次大的技术革命起了最为关键的作用。

第一次技术革命开始于18世纪60年代,其主要标志是蒸汽机的广泛应用,这是牛顿力学和热力学发展的结果。

第二次技术革命发生于19世纪70年代,它的重要标志是电力的广泛应用和无线电通讯的实现,产生了今日的发动机、电动机、电报、电视和雷达等。这是电磁现象和电磁理论的重大突破和广泛应用的光辉成果。

第三次技术革命发生于20世纪40年代,它的主要标志是促进了原子能、电子计算机、激光和空间技术的广泛应用,这归功于一些重要实验的发现(X射线、天然放射性、原子结构、电子的波粒二象性等)诞生了相对论和量子力学、归功于近代物理学的建立。这个最富有创造的物理学年代所揭露的新概念和新事物刷新了世界的面貌,产生了一系列新的学科导致了一系列新技术和高技术的产生和发展(核技术、电子技术、激光技术及信息技术……),极大地改变了人们的生产和生活,而且进一步扩展和完善了人类对大自然及社会现象探索的手段。

在这三次技术革命中,物理学有着难以估量的巨大作用,同时它对哲学、社会、科学等也发生了愈来愈大的影响。

当代在现代高新技术基础上蓬勃发展起来的信息、生命、材料、环境、能源、地球、空间、核科学等八大科学领域都是以现代物理学的迅速发展为基础。历史的进程表明:物理学是技术进步的主要源泉,物理学已成为现代高新技术发展的先导与基础学科。

可以毫不夸张地说，很难举出人类哪一方面的知识领域是和物理学无关的。物理现象存在于生活的各个角落，发生在宇宙的每个地方，物理学的研究成果将对人类社会发展产生巨大影响。

第二节　爱因斯坦奇迹年——1905

一、科学泰斗：爱因斯坦

爱因斯坦 1879 年 3 月 14 日诞生于德国乌姆镇一个犹太人家庭。小时候他比较孤独，沉默寡言，不受老师和同学的喜欢。他不喜欢学校那种常规呆板的学习方法，却喜欢看课外的科普读物和独立思考问题。父母对音乐的热爱，使爱因斯坦从小就与小提琴结下了良缘。

爱因斯坦在伯尔尼
专利局的办公室

5 岁时父亲送他一个指南针，令他开始探索大自然的奥秘，12 岁时从几何学书籍中迷上了数学，在家人的影响下，爱因斯坦较早地受到科学和哲学的启蒙。

年轻的爱因斯坦热爱数学和物理，他第一次报考苏黎世工业大学没有考上，进入瑞士的阿劳州立中学补习，这所学校给学生以充分的自主和自由，他回忆道：

"这所学校用他的自由精神和那些毫不仰赖外界权威的教师的淳朴热情培养了我的独立精神和创造精神，正是阿劳中学才成为孕育相对论的土壤。"

1896 年爱因斯坦 17 岁时退出德国国籍，夏天以无国籍身份进入瑞士苏黎世工业大学师范系学习。在大学里，爱因斯坦掌握了自己的学习主动性，读了不少有用的书籍，思考了许多物理学的基本问题。

1900 年大学毕业后靠临时教书维持生活，1901 年取得瑞士国籍，1902 年被伯尔尼瑞士专利局录用为三级职员，从事发明专利申请的技术鉴定工作，这一职务维持了他的生活，解决了他的后顾之忧。爱因斯坦经常审理发明"永动机"的申请，这虽然费去他一些时间，但是荒唐而活跃的思想也多少给他输入新的灵感，重要的是，专利局的工作使他有充分的闲暇来进行科学研究。他的大多数成就，都是在这个职位上做出的。

1905 年爱因斯坦在苏黎世大学完成学位论文《分子大小的新测定》，获得博士学位,在随后的几个月中他在德国《物理学年鉴》上相继发表了震惊了国际物理学界的几篇重要论文。毫无疑问,爱因斯坦是人类历史上最伟大的物理学家,爱因斯坦对物理学的贡献遍及相对论、量子论和统计物理诸多领域,而且在这些领域中的贡献都带有里程碑的性质。当然,他最伟大的成就是建立狭义相对论和广义相对论,全面更新了人类对时间和空间的看法。然而,由于这一理论是如此的深奥难懂,诺贝尔奖评委会担心出差错,因此在1921年授予爱因斯坦诺贝尔物理奖时,有意不提相对论,说是由于他"对光电效应和物理学其他领域的贡献"而给予他诺贝尔奖。

爱因斯坦发表相对论后,曾受聘在伯尔尼、苏黎世和布拉格大学任教。1913年,在普朗克的积极活动下,不喜欢犹太人的德国终于欢迎爱因斯坦返回家乡。他当选为普鲁士科学院院士,柏林大学教授和柏林物理研究所所长。

爱因斯坦的正义感和傲骨使他不屈服于任何反动势力的压迫,第一次世界大战期间,他勇敢地参加反战运动。战后,爱因斯坦的犹太出身和反法西斯情绪使他受到了希特勒的迫害,不得不与1933年移居美国。他公开支持反法西斯斗争,二战期间他曾呼吁美国总统研制原子弹以加强反法西斯力量。二战后,他又为禁止核武器和实现世界和平而奔走呼号。从1933年移居美国后,他一直生活在美国,在普林斯顿大学工作,1940年加入美国国籍,1955年4月18日逝世于普林斯顿,终年76岁。

二、爱因斯坦奇迹年——1905

1905年,爱因斯坦在科学史上创造了一个史无前例奇迹。这一年他写了五篇论文,在三个领域做出了四个有划时代意义的贡献。

1905年3月发表了《关于光的产生和转化的一个试探性的观点》;

1905年4月发表了《分子大小的新测定》;

1905年5月发表了《关于热的分子运动论所要求的静止液体中悬浮小粒子的运动》;

1905年6月发表了《论动体的电动力学》;

1905年9月发表了《物体的惯性同他所含的能量有关吗?》。

(1)爱因斯坦1905年3月的《关于光的产生和转化的一个试探性的观点》这篇论文,把普朗克1900年提出的量子概念推广到光在空间中的传播情况,提出光量子假说。认为:对于时间平均值,光表现为波动;而对于瞬时值,光则表现为粒子性。这是历史上第一次揭示了微观客体的波动性和粒子性的统一,即波粒二象性。

在这文章的结尾,他用光量子概念轻而易举的解释了经典物理学无法解释的光电效应,提出了光电效应方程。这一关系 10 年后由密立根(Robert Andrews Millikan,1868－1953)给予实验证实。正是由于"发现了光电效应定律"的贡献,他获得了 1921 年度的诺贝尔物理奖。

爱因斯坦

(2)爱因斯坦 1905 年 4 月的《分子大小的新测定》和 1905 年 5 月的《关于热的分子运动论所要求的静止液体中悬浮小粒子的运动》,这两篇论文是关于布朗运动的研究论文。这两篇论文彻底解决半个多世纪来科学界和哲学界争论不休的原子是否存在的问题,三年后,法国物理学家佩兰(Jean Baptiste,1870－1942)以精密的实验证实了爱因斯坦的理论预测。

(3)爱因斯坦 1905 年 6 月的论文《论动体的电动力学》,完整的提出了狭义相对论,这是近代物理学领域最伟大的革命。

(4)爱因斯坦 1905 年 9 月的论文《物体的惯性同他所含的能量有关吗?》作为相对论的一个推论,推出质能相当性,这是原子核物理学和粒子物理学的理论基础,也预示核时代的来临。

爱因斯坦不仅在 1905 创造了科学奇迹,更为神奇的是他当时并不是生活在大学或者学术研究机构,而是在瑞士联邦专利局里充当一个对专利申请进行技术鉴定的低级技术员,工作十分费脑筋。他是利用每天 8 小时以外的业余时间来思考科学问题的,在家里,他还要帮助照顾不到 1 岁的儿子,经常是一手推着摇篮,一手执笔写论文。周围没有一个物理学家,也没有一个可以请教的名师。

20 世纪是物理学辉煌的世纪,以爱因斯坦为杰出代表的一大批物理学家为物理学发展做出了巨大的贡献。1905 年爱因斯坦几篇论文的发表震惊世界,尤其是他所创立的相对论以及对量子论的研究对 20 世纪的科学产生了深远的影响。不少学者认为五篇文章中其中四篇文章或至少三篇文章,每一篇都能够获得一次诺贝尔奖。可以说爱因斯坦不仅对物理科学做出了惊人的贡献,他已经改变了人类对整个宇宙以及我们周围世界的观察方法。

爱因斯坦获得的
诺贝尔物理学奖状

物理学史上用"奇迹年",来赞颂爱因斯坦在这段时期的科学活动。

2005 年是爱因斯坦奇迹年 100 周年,国际物理学界和联合国把 2005 年定为国际物理年一方面是为了纪念爱因斯坦这位伟大的科学大师和他所创造的奇迹,同时也是为了向公众普及物理思想传播物理知识,促进公众对物理学的了解,提升物理学在人类生活和社会发展中的地位和作用。

第三节　科学的理性之美——以美启真

谈到美,人们很容易联想到的是,美的自然景色、美的音乐、美的绘画等,他们以其形象、声音、色彩作用于人的感官,引起人们一种愉悦的感受,一种内心中的和谐共鸣,这是一种以外在的具体的感性形式所呈现的美。还有一种是以事物内在结构的和谐、秩序而具有的理性美,自然科学中的科学美更多表现的是理性之美。

客观世界是一个复杂、统一、有着相互联系的有机整体。尽管科学和艺术描述和表现自然的方式不同,但两个领域都包含着简单、和谐、对称、统一等基本美学要素。一位科学家曾说过:科学家的灵窍、诗人的心扉、画家的慧眼,所感受到的都是同样的和谐、同样的优美、同样的富有韵律和节奏。自然科学理论体系虽然不同于感性事物那样,通过其物质材料的自然属性以及它们的组合规律产生美的感染力,但却以其内在体系的和谐与秩序表征着物质世界深层固有的结构,渗透出理性的科学美。玻恩(M. Born,1882－1970)和卢瑟福就把广义相对论比喻为一件艺术品,理性美也被爱因斯坦称为思想领域最高的音乐神韵。下面我们就以物理学为例来解读一下科学的理性之美。

物理学是一门格物究理的科学,它探索自然、求真至美。它不仅是美丽的,而且是旷世奇美。物理学领域内到处蕴涵着美:美妙严密的牛顿力学体系、对称和谐的麦克斯韦方程组、优美典雅的爱因斯坦相对论;物理模型体现出简洁之美、物理概念蕴含有对称之美、物理规律隐藏着有序之美等美不胜举。虽然物理学的研究范围极为广泛,物理规律极为复杂,但物理学的美却具有"惊人的简单"、"神秘的对称"、"美妙的和谐"等类似艺术品的美学特征。

物理学家大都充满着对美的热烈追求,对于物理学原理结构不同的美和妙的地方有不同的感受,所以在理性探索中也展示着不同的美学风格。发现电磁感应现象的法拉弟具有一种质朴和简单的美学风格,确立电磁场理论的麦克斯韦显示出的是一种高雅和对称的美学风格,提出实物粒子"波粒二象性"理论的德布罗意(L. deBroglie,1892－1987)展现了一种和谐和统一的美学风格,至于爱因斯坦,在他身上体现的是科学与艺术的完美统一。

在物理学发展的历史长河中,物理大师们不仅发现了科学的理性之美,而且这种理性之美使他们在科学探索中得到生动的审美感受和审美享受,这些审美感受又进一步影响和推动了物理学的研究与发展。在科学研究中美学极具创造价值,它能带来科学创造的灵感和智慧,唤起到未知领域探索的欲望,同时又可以指导怎样去进行这种探索。物理大师常常把美作为一种重要的思想方法,以美启真来寻找真理。正如海森伯(W. K. Heisenberg,1901—1976)所说:美是真理的光辉,探索者最初是借助于这种光辉,借助于它的照耀来认识真理的。

印度裔美籍物理学家和天体物理学家钱德拉塞卡(S. Chandrasekhar,1910—1995),因对恒星结构和演化过程的研究,特别是从理论简单性和完备性的审美角度对白矮星的结构和变化提出了精确的预言而荣获诺贝尔物理学奖。钱德拉塞卡认为,美存在于科学研究的每个领域,追求科学美是探索自然界基本原理的最优方法。他始终以审美者的姿态,将探寻美作为发现科学真理的不二法门。他从美与艺术的角度,分析人类探求真理的方式,认为科学在艺术上不足的地方,正是科学上不完善的地方,并通过以美启真的研究路径,在多个研究领域做出了极具创新价值的工作。

不少物理学家坚信,自然是按照美来设计的,他们提出了美先于真的认识路线,在真与美的权衡中,弃真而取美。狄拉克(P. A. M. Dirac,1902—1984)的电子运动方程,具有非常优美的形式,可它多出来的解与当时的真不符。狄拉克舍不得改动那优美的方程,但必须给失真的解作一圆满解释。于是他又在对称和谐的美学思想推动下预测了正电子的存在,三年后果然发现了正电子。这是科学史上一个以美启真的典型代表。

爱因斯坦发现绝对时空不符合简单性这一科学美原则,他在追求更简单的理论中建立了狭义相对论。广义相对论虽然使质量与能量、惯性质量与引力质量、惯性系与非惯性系统一起来,但并没有解决引力场同电磁场统一问题。他认为场应该能统一起来,认为从不同的各种复杂的现象中认识到它们的统一性,那是一种壮丽的感觉。于是用了四十年的时间探索统一场问题,因此,追求理论的统一性,也就成为物理学大师们坚定不移的信念和始终不谕的目标。

著名学者李醒民先生在《论科学审美的功能》一文中指出:

对科学来说,科学审美具有比人们预想的还要大的功能。从外部讲,科学审美是科学家从事科学探索的强大动机和动力,⋯⋯从内部讲,科学审美是推动科学进展的必不可少的力量——科学发明的突破口和科学理论评价的试金石。

如果我们从更深层次上来看的话,是否可以这样认为:

美感实质上是一种深刻的思想，它常常能在整体和更高的层面上把握事物的本质，在科学创造中起到非常重要的作用。因为真与美之间存在着统一性，真的肯定是美的，而美的一定包含着真。正因为如此，美才能启真。

第四节　科学史上的学术会议——索耳维会议

量子力学是 20 世纪物理学的两大理论之一，它是在量子论的基础上发展起来的，量子论的发展索耳维会议功不可没。

1、索耳维会议召开的背景

1900 年普朗克首次把量子的概念引入物理学，次后的五年它一直是普朗克的私人领地。1905 年，爱因斯坦发表了论文：《关于光的产生和转化的一个启发性观点》，引入了光量子或光子的概念。然而，所有这一切并没有引起广大物理学界的注意，爱因斯坦 1909 年在萨尔斯堡德国自然科学家协会第 81 次大会上发表演讲《论我们关于辐射的本质和组成的观点的发展》的时候，量子论才首次登上物理学的舞台。不过，这时它严格说来只能算作是德国（泛指德语国家）的物理学。1911 年 10 月在布鲁塞尔召开的索耳维物理学会议，才使量子论越出了德语国家的边界，从而成为量子物理学发展史上的重要的里程碑。

索耳维

2、会议资助者——索耳维

索耳维（E. Ernest Solvay，1834－1922）是比利时著名的工业化学家和社会改革家，索耳维从小就对化学和物理学书籍着迷，他的父亲注意以身作则，从小就给索耳维灌输至高无上的社会责任感。他 23 岁取得了氨碱法制碱的专利，并创办了工厂进行生产，仅这类工厂就超过 20 个，后来全世界都采用了索耳维的新流程在生产，索耳维也积累了不少的财富。

索耳维认为科学是打开人类通向富裕生活之门的钥匙，为此，他利用他所拥有的财力和威望，积极资助各种科学教育事业，为整个社会造福，索耳维科学会议就是他资助的。索耳维终生简朴，不看重荣誉，他的生活和工作给后人留下了美好的记忆，可是唯有索耳维物理学会议，才使他得以在科学界流芳百世。

3、第一届索耳维会议的筹备情况

索耳维特别热衷于引力理论方面的物质结构的研究，写成了《万有引力与物质》一书，他定性地讨论了惯性和万有引力之间的关系。

能斯特(Walther Hermann Nernst,1864—1941)曾是玻耳兹曼(Ludwig Boltz-mann,1844—1906)的学生,任柏林大学教授,是一位著名的物理化学家。他创立了电解液理论,提出了热力学第三定律,是量子论的支持者,也是当时德国科学界首届一指的人物,有相当大的学术影响和政治影响力。

1910年春天,能斯特去比利时的布鲁塞尔,索耳维在他的合作者戈德施米特的家里见到了能斯特。在这次会晤中,索耳维向能斯特讲述了他在物理学方面的那些研究成果——有关引力和物质结构的思想,想打听一下它们是否能引起像普朗克、洛伦兹(H. A. Lorentz,1853—1928)、彭加勒(J. H. Poincaré,1854—1912)和爱因斯坦这样的大物理学家的注意。在与索耳维的交谈中,能斯特看到召开一次关于辐射和量子论当前流行问题的国际会议的可能性。

第一届索耳维会议与会者合影
(1911. 10. 30—11. 3)

能斯特显然把这个美妙的设想描绘得激动人心,索耳维也显然聚精会神地听了能斯特关于物理学基本原理的革命性变化和召开一次国际会议的必要性,以致索耳维一口答应资助这个会议。但索耳维无力安排议事日程,确定讨论题目,审查与会成员资格。他只能委托能斯特进一步与普朗克等其他杰出的物理学家磋商安排会议议程及有关会议问题。

4、第一届索耳维会议如期召开

会议地点:比利时的布鲁塞尔。

会议时间:1911年10月30日—11月3日。

会议的主题:辐射和量子论。

讨论由于引入量子而导致的物理理论的变革,要讨论的论题:(1)瑞利辐射公式的推导;(2)理想气体的分子运动论与实验符合到什么程度;(3)克劳修斯、麦克斯韦和玻耳兹曼的比热分子运动论;(4)普朗克的辐射公式;(5)能量子理论;(6)比热和量子论;(7)一系列物理化学和化学问题的量子论结果。

会议成员:挑选成员极为严格,会议仅发出25封邀请信,参加会议的共有24人,共有正式代表18人。

荣誉主席:索耳维(比利时)。

会议主席:洛伦兹(荷兰)。

会议秘书:戈德施米特博士、莫里斯·德布罗意(Maurice de Broglie)和林德曼(F. Lindemann)。

会议代表：

拉摩（Larmor）、舒斯特（Arthur Schuster）、J. J. 汤姆孙（J. J. Thomson, 1856－1940）、瑞利勋爵（英国）（J. W. S. Rayleigh, 1842－1919），四人受到邀请但没有参加会议。范·德·瓦尔斯（Van der waals）（荷兰）因为他的健康状况不佳，他没能参加会议。

爱因斯坦（瑞士）、克努森（Knudsen）（丹麦）、布里渊（M. Brillouin）、朗之万（P. Langevin, 1872－1946）、佩兰、彭加勒、布里卢安（法国）、金斯（Jeans）、卢瑟福（英国）、居里夫人（波兰）（M. Curie, 1867－1934）、昂内斯（荷兰）（Heike Kamerlingh－Onnes, 1853－1926）、能斯特、普朗克、维恩、索末菲（Sommerfeld）、鲁本斯（H. Rubens）、瓦尔堡（德国）。

会议来宾：赫尔岑（E. Herzen）与雷斯特莱特，他俩是索耳维的同事。

5、索耳维会议的影响

最初英国人一直顽固地反对量子假设，比如在被邀请的六个英国人中，瑞利勋爵、舒斯特、拉摩和 J. J. 汤姆孙都谢绝了邀请，只有金斯和卢瑟福接受了。六人之中的五个人都对量子论没有好感，第六个人卢瑟福虽说并非不怀好感，而是由于经验论者味道太重而认识不到这个问题的重要性。

第一届索耳维会议的 18 个正式代表中，金斯对量子概念抱明显的反对态度，彭加勒对量子概念十分陌生且存有怀疑，卢瑟福、布里卢安、居里夫人、佩兰和克努森持持中立立场，其余 11 位科学家都表现了基本肯定的态度，瑞利勋爵受到邀请，但没有参加会议，会上宣读了他写的一封短信，不过他对量子论的态度与金斯相似持明显的反对态度。

索耳维会议的讨论异常激烈，会议使一大批物理学家改变了自己原来的信仰，一些对量子论存有疑虑或对量子论持反对意见的物理学家开始支持量子论，如金斯就改变了自己原来的观点，会后彭加勒站出来支持量子论。至于那些原先相信的人，则对量子问题重要性的印象更强烈、认识更深刻。量子概念不再是外行人的观点，而变成了许多第一流科学家所公认的一个具有重要意义的事情，后一代的物理学家一开始就被吸引到这个问题上来。第一届索耳维会议录由朗之万和莫里斯·德布罗意编辑，题目是《辐射和量子理论。在索耳维先生赞助下，从 1911 年 10 月 30 日至 11 月 3 日在布鲁塞尔会议期间的报告和讨论汇集》。会议的成功及会议录的迅速出版，使量子概念从四面八方突破了德语世界的边界，而成为一个在法国和英国一样使人感兴趣的问题。

在量子理论的发展中第一届索耳维会议具有非同寻常的意义，它也成为科学史上的一个里程碑，索耳维也因慷慨捐资支持科学事业而传为佳话。

6、第五届索耳维会议

索耳维会议以后每3年召开一次,但在两次世界大战期间,都因为受战争影响而间断。1927年,第五届索耳维会议在比利时布鲁塞尔召开,这次索耳维会议讨论的核心是量子力学的有关问题。因为发轫于这次会议的爱因斯坦与玻尔(N. H. D. Bohr,1885－1962)两人的大辩论,这次索耳维峰会被冠之以"最著名"的称号。一张汇聚了物理学界智慧之脑的"明星照"则成了这次会议的见证,29位与会者中有17人是诺贝尔奖得主,唯一的女性居里夫人得过两次诺贝尔奖,爱因斯坦、玻尔更是照片的灵魂人物。

第五届索耳维会议与会者合影(1927. 10. 24－29)

索耳维会议和传统的学术性会议不同,后者通常只公布曾经获得肯定效果的科学研究工作,而索耳维会议却致力于讨论物理学发展中有待解决的关键性情况。这个会议的另一个特别之处是每次都只由人数不多地来自世界各国相关方面最杰出的专业人士就一个专题进行讨论。从1911年召开第一次会议起,到1982年已举行过18次。前17次都在布鲁塞尔举行,第18次会议在美国举行,历史上最牛的物理学盛会当属1927年的第五届索耳维会议。

索耳维是一个很像诺贝尔的人,本身既是科学家又是家底雄厚的实业家,万贯家财都捐给科学事业。诺贝尔是设立了以自己名字命名的科学奖金,索耳维则是提供了召开世界最高水平学术会议的经费。

第五节   科学史上著名的实验室——卡文迪什实验室

卡文迪什实验室相当于英国剑桥大学的物理系,剑桥大学建于1209年,历史悠久,与牛津大学遥相对应。卡文迪什实验室创建于1871年,1874年建成,是当时剑桥大学校长 W. 卡文迪什(William. Cavendish,1808－1891)私人捐款兴建的,为纪念卡文迪什家族建室的功绩,该实验室就取名为卡文迪什实验室。当时用了捐款 8450 英镑,除盖成一座实验室楼馆外,还采购了一些仪器设备。

为能建成世界一流的实验室,卡文迪什实验室对实验室主任的选拔格外慎重。剑桥大学为此成立了专门的选拔委员会,选择对象是英国乃至世界上卓越的科学家,并在长期实践中逐渐形成了以下三条不成文的标准:

科学上成就卓著并能够使卡文迪什实验室高效运转;在国际上声誉卓著并具有崇高威望;对剑桥大学的决策能起重要的影响作用。

另外非常重要的条件是,要有突出的组织管理能力,能胜任科研和教学工作,能形成独特和富于创新的学派。

在这样严格的选择标准下,产生了 9 届成就卓著的卡文迪什实验室主任——麦克斯韦、瑞利、J.J 汤姆孙、卢瑟福、W.L.布拉格(W. L. Bragg,1890－1971)、莫特(Nevill Mott,1905－1996)、皮帕德(A. Brian Pippard,1920－)、爱德华(Samuel Frederick Edwards,1928－)和弗伦德(Richard H. Friend,1953－)。就是在他们的带领下,卡文迪许实验室才有如此的辉煌。

在研究方向上,卡文迪什实验室总是瞄准物理学发展前沿,在每个时期都高瞻远瞩地选择了正确的主攻方向,提出具有原创性的思想和课题,从而保持了实验室学术理念的超前性和研究成果的突破性。在卡文迪什实验室的历史上,学科是相对的,而学科交叉壁垒的突破、学科的相互渗透又诱发了许多新的领域和新学科,使实验室成果迭出,从而奠定了电磁理论、物质电结构理论、射电天文学等一系列学科理论的基础。

英国卡文迪什实验室

第一任卡文迪什实验室主任麦克斯韦创立了有系统的教学与科研相结合的制度,注重将研究精神注入到教学过程之中,实行以科研带动教学,使得人才培养硕果累累。该室建立了自制仪器设备、学生自己动手做实验的传统。他们认为,要取得独创的和原创的成果,就要自制仪器和设备做实验,按照麦克斯韦的主张,物理教学在系统讲授的同时,还辅以表演实验,并要求学生自己动手。表演实验要求结构简单,学生易于掌握。麦克斯韦说过:

这些实验的教育价值,往往与仪器的复杂性成反比,学生用自制仪器,虽然经常出毛病,但他们却会比用仔细调整好的仪器,学到更多的东西。他们在研究实践中会得到了更多意想不到的收获,有时简直就是创造。

从那时起,使用自制仪器就形成了卡文迪什实验室的传统。卡文迪什实验室固守这样的信念：只有让研究生投入前沿研究，只有让他们奇思异想地自制实验仪器设备，才能培养出优秀的科学家。这些对卡文迪什实验室来说是一笔难得的财富，对后人产生了重大影响。

麦克斯韦去世后，瑞利继任卡文迪什实验室主任。瑞利在声学和电学方面很有造诣，在他的主持下，卡文迪什实验室系统地开设了学生实验。1884 年，瑞利因被选为皇家学院教授而辞职，由 28 岁的 J. J 汤姆孙继任。

卡文迪什实验室在科学史上以善于选择、培养和造就世界一流科学人才而闻名于世。J. J 汤姆孙对卡文迪什实验室的建设有卓越贡献，他思想开放、学风民主。在他的建议下，1895 年首次面向世界，设立从国外招收研究生的制度，允许其他大学的研究生来卡文迪什实验室研究，并可授予剑桥大学的高级学位，率先实行对女学生开放的制度。这些做法吸引了一批批优秀的年轻学者陆续来到剑桥，在 J. J 汤姆孙的指导下进行学习和研究。卡文迪什实验室建立了一整套培养研究生的管理体制，树立了良好的学风。J. J 汤姆孙培养的研究生中，有许多后来成了著名科学家，例如卢瑟福、朗之万、W. L. 布拉格、C. T. R. 威尔逊（C. T. R. Wilson，1869—1959）、里查森（O. W. Richardson，1879—1959）、巴克拉（C. G. Barkla，1877—1944）等人都对科学的发展有重大贡献，许多研究人员后来成了各研究机构的学术带头人或是著名科学家，多人获得了诺贝尔奖。J. J 汤姆孙领导的 35 年中间，卡文迪什实验室的研究工作取得了如下成果：进行了气体导电的研究，从而导致了电子的发现；放射性的研究，导致了 α、β 射线的发现；进行了正射线的研究，发明了质谱仪，从而导致了同位素的研究；膨胀云室的发明，为核物理和基本粒子的研究准备了条件；电磁波和热电子的研究导致了真空管的发明和改善，促进了无线电电子学的发展和应用。这些引人注目的成就使卡文迪什实验室成了物理学的圣地，世界各地的物理学家纷纷来访，把这里的经验带回去，对各地实验室的建设起了很好的指导作用。

在卡文迪什实验室研究的人，都能发挥自己的作用，从不说谁不行或研究无希望，只要是有兴趣的研究方向，总会受到鼓励。在确保主要研究领域的前提下，坚定的支持一些非共识的奇思妙想，支持富于原创思想的青年人才，鼓励自主创新、倡导学术平等。

1919 年 J. J 汤姆孙的职位由卢瑟福继任，卢瑟福更重视对年轻人的培养。在他的带领下，查德威克发现了中子；考克拉夫特（S. J. D. Cockcroft，1897—1967）和沃尔顿（E. T. S. Walton，1903—1995）发明了静电加速器；布拉开特（B. P. M. S. Blackett，1897—1974）观测到核反应；奥里法特发现氚；卡皮查在高电压技术、强磁场和低温等方面取得硕果。卢瑟福在任期间自始至终贯穿一种理念：认为在自由民主的气氛中，从事自己感兴趣的研究，会有较大的成功机率。他组织开展了不枸形式、独具风格的学术交流活动,如:每天下午 5 时的茶时漫谈会,教授、研究人员、学生都以平等的地位参加,这些不同年龄、不同学科、不同层次的科学工作者在相聚交谈之中,在悠闲的思想交流之中常常会迸发出智慧的火花。有时自发出现的思想,刚好被另一个人的手头工作用上。这种活动形式被认为是卡文迪什实验室一天中"最美好的时刻",在这种良好的氛围下,新的思想和原创性的成果频频涌出,这正是卡文迪什实验室能够成为世界闻名的实验室,并造就出许多诺贝尔奖获得者的原因之一。

1937 年卢瑟福去世,由 W. L. 布拉格继任卡文迪什实验室主任。在他的领导下,卡文迪什实验室的主攻方向由核物理改为晶体物理学、生物物理学和天体物理学,在新的形势下实现了战略转折。以后是固体物理学家莫特和皮帕德主持。20世纪 70 年代以后,古老的卡文迪什实验室大大扩建,仍不失为世界著名实验室之一。

130 多年来,卡文迪什实验室造就了许多科学精英,作出了很多对现代科学有重要意义的发现和发明。卡文迪什实验室之所以取得如此骄人的成绩,是与他们高度重视选拔学术领军人物、瞄准物理学发展前沿、注重学科交叉;面向世界选拔优秀人才、确立科研带动教学的制度、让研究生投入前沿研究;营造独具风格的自由、民主、平等的学术交流;奇思异想地自制实验仪器设备和感兴趣的自由选题是紧密相关的。这些对于我国科技发展、教育改革和人才培养极具启发性。

从卡文迪什实验室出身的诺贝尔奖获得者

姓　名	获奖年代	主要贡献
瑞利第三	1904	研究气体密度,发现氩
J. J. 汤姆孙	1906	气体导电的理论和实验研究
卢瑟福	1908	因放射性研究获诺贝尔化学奖
W. H. 布拉格、W. L. 布拉格	1915	用 x 射线研究晶体结构
巴克拉	1917	发现作为元素特征的二次 X 射线
阿斯顿	1922	因发明质谱仪而获诺贝尔化学奖
C. T. R. 威尔逊	1927	发现用蒸汽凝结的方法显示带电粒子的轨迹
理查森	1928	研究热电子现象,发现理查森定律
查德威克	1935	发现中子

G. P. 汤姆孙	1937	电子衍射
阿普列顿	1947	上层大气的物理特性
布拉开特	1948	改进威尔逊云室，由此在核物理和宇宙线领域中有新发现
鲍威尔	1950	照相乳胶探测技术
考克拉夫特、沃尔顿	1951	用人工加速原子粒子实现原子核嬗变
泡鲁兹、肯德纽	1962	用 X 射线分析大分子蛋白质的结构，获诺贝尔化学奖
克利克、沃森、维尔京斯	1962	发现去氧核糖核酸的双螺旋结构，获生理学或医学奖
约瑟夫森	1973	发现约瑟夫森效应
赖尔	1974	射电天文学
赫维赛	1974	发现脉冲星
莫特	1977	磁性与无规系统的电子结构

第六章　量子力学与相对论

X 射线、放射性和电子的发现

量子力学的创立

相对论的建立与发展

19 世纪末物理学的三大发现动摇了经典物理学的许多基本概念，打开了原子结构的大门，否定了经典物理学的原子不可分、元素不能变的传统观念，这也标志着人类对物质微观结构认识的开始。随后出现的量子力学和相对论是 20 世纪物理学对科学研究和人类文明进步的两大标志性贡献。相对论基本上是爱因斯坦一人建立起来的，而量子力学的建立则是众多物理学家辉煌建树，杰出创造的结晶。德布罗意、海森伯、薛定谔、狄拉克、玻恩等都因在量子力学建立过程中做出卓越贡献而荣获诺贝尔物理学奖。

第一节　X 射线、放射性和电子的发现

19 世纪末 1895、1896、1987 年、连续三年物理学界获得了三项重要的发现：X 射线、放射性和电子的发现。

一、X 射线的发现

1、人们对阴极射线的研究

为了寻找新的电光源和解决高压输电过程中的漏电问题，19 世纪中叶以来，人们开始深入研究气体中的放电现象，阴极射线就是在低压气体放电研究的过程中被发现的。当装有 2 个电极的玻璃管里的空气被抽到相当稀薄的时候，在 2 个电极间加上几千伏的电压，这时在阴极对面的玻璃壁上闪烁着绿色的辉光，这种现象引起许多科学家的浓厚兴趣，对此进行了很多实验研究。当在阴极和对面玻璃壁之间放置障碍物时，玻璃壁上就会出现障碍物的阴影；若在它们之间放一个可以转动的小叶轮，小叶轮就会转动起来。看来确实从阴极发出一种看不见的射线，在人们还没有弄清楚这种射线的庐山真面目之前，只好将它称为"阴极射线"，因为它是由阴极发出的。

关于阴极射线的本质,当时在国际上有两种截然不同的意见。一种观点认为阴极射线是一种带电的粒子流,还有一种观点认为阴极射线不可能是粒子流。现在我们当然已经很清晰的知道,阴极射线就是一种带负电的粒子流,即电子流。

正是因为对阴极射线的研究,导致了 X 射线的发现而且也导致了后来电子的发现。

2、X 射线的发现

伦琴(Wilhelm Conrad Rontgen,1845－1923)是德国物理学家,少年时期一直在荷兰学习,后入荷兰机械工程学院。1869 年毕业于瑞士的苏黎世综合技术学院,获博士学位。

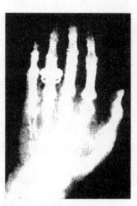

1985 年 11 月 8 日傍晚,伦琴在维而茨堡大学物理研究所进行阴极射线研究时,意外地发现两米远处涂有亚铂氰化钡的荧光屏发出微弱的荧光。这现象使他很惊奇,他知道能使两米远处的荧光屏发光的不可能是阴极射线,因为阴极射线在空气中只能穿越几厘米。经过几个星期的反复实验,他确信这是一种尚未为人所知的新射线。由于这种辐射线的神密性质,他称之为"X 射线",X 在数学上通常用来代表一个未知数。他发现 X 射线可穿透千页书、2—3 厘米厚的木板、几厘米厚的硬橡皮、15 毫米厚的铝板等等,可是 1.5 毫米的铅板几乎就完全把 X 射线挡住了。他偶然发现 X 射线可以穿透肌肉照出手骨轮廓,于是有一次他夫人到实验室来看他时,他请她把手放在用黑纸包严

伦琴拍到的第一张 X 光手骨照片

的照相底片上,然后用 X 射线对准照射 15 分钟,显影后,底片上清晰地呈现出他夫人的手骨像,手指上的结婚戒指也很清楚。这是一张具有历史意义的照片,它表明了人类可借助 X 射线,隔着皮肉去透视骨骼。1895 年 12 月 28 日伦琴向维尔茨堡物理医学学会递交了第一篇 X 射线的论文:"一种新射线——初步报告",报告中叙述了实验的装置、做法、初步发现的 X 射线的性质等等。这个报告成了轰动一时的新闻,几天后就传遍了全世界。

伦琴宣布发现 X 射线之后不久,很快就被医学界广泛利用,成为透视人体、检查伤病的有力工具。

伦琴一生的科学研究工作达 50 年之久,发表了 50 多篇论文,在科学上伦琴最大的功绩,是发现了 X 射线(又名伦琴射线),但他并没申请发明专利,而是无私地把自己的发现公布于众,造福人类。

伦琴因发现 X 射线于 1901 年被授予首届诺贝尔物理学奖。

二、放射性的发现

1、贝克勒尔发现天然放射性

贝克勒尔(A. H. Bacquerel,1852—1908)生于巴黎,1877 年毕业于巴黎公路桥梁学校,1895 年起担任巴黎高等工业学校教授。1896 年,发现了铀的放射性,为此于 1903 年与居里夫妇共同荣获诺贝尔物理学奖。

1896 年初,贝克勒尔得知伦琴刚刚发现了 X 射线,颇感兴趣。他想知道荧光物质发射的荧光中是否含有 X 射线,他把铀矿石放在一张用墨纸包好的照相底板上,用太阳光照射,使铀矿石发荧光,结果底片感光。

1896 年 2 月 26 日和 27 日阴天,实验无法进行。贝克勒尔把包好的底片放到抽屉里,并随手把铀矿石压在上面。3 月 1 日,他想检查一下,便把底片冲洗出来。他意外地发现底片已明显感光,经过研究,他确认这是铀矿石自身发出的一种神秘射线所致,跟太阳光的照射无关。这种神秘射线后来被称为放射线。

2、居里夫人发现放射性元素

居里夫人出生于波兰首都华沙,是法国物理学家和化学家,因发现放射性元素而闻名于世。她是历史上第一个荣获诺贝尔奖的女科学家,也是历史上第一个荣获两项诺贝尔奖的科学家。居里夫人不仅科学功绩盖世,而且人格魅力的美德为世代的人们所传颂,化学元素锔(Curium)就是为了纪念居里夫妇所命名的。

在居里夫人少年时期,就表现出了倔强的性格和发奋图强的精神,她 1891 年进入巴黎大学学习,硕士学业完成后本想回波兰报效祖国,但由于认识了志同道合的法国物理学家彼埃尔·居里(P. Curie,1859—1906),才决定留在了法国,1895 年与皮埃尔结为伉俪。她原名叫玛丽·斯可罗多夫斯卡,后被人们尊称为居里夫人。

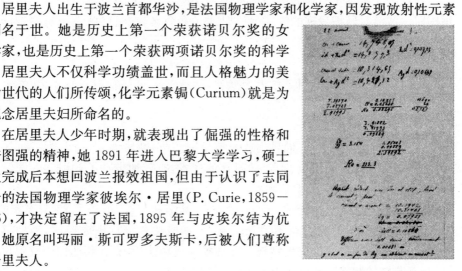

**居里夫人的
实验笔记**

1896 年,法国物理学家贝克勒尔发表了"放射性"的研究论文,这引起了居里夫人的极大兴趣。她把贝克勒尔发现的铀射线作为自己博士论文的选题进行研究,后来皮埃尔也转入到玛丽的工作中,居里夫人通过大量实验发现沥青铀矿渣具有极强的放射性,其强度远远超过铀和钍。她推断在沥青铀矿渣中存在着新的放射性元素,她和丈夫皮埃尔居里经过长期艰苦实验,于 1898 年发现了放射性强度比铀高 400 倍的一种新元素钋(Polonium)。到 1902 年,经过三年多艰苦劳动,居里夫人在极其简陋的条件下,从废矿渣中提炼出氯化镭,从而发现了辐射强度比钍强 200 万倍的放射性元素镭(Radium),初步测定了镭的原子量是 225,并提炼出了 0.1 克纯净的氯化镭,完成了近代科学史上最重要的发现之一。

镭的发现不仅在科学上十分重要,而且在医疗上可治疗可怕的疾病,这被居里夫人认为是对他们至高无上的报酬。她自豪的说:

"我和皮埃尔现在从事工作的时期,就是我们两人共同生活中最伟大英勇的时期。"

居里夫妇和贝克勒尔因发现放射性和放射性元素,共同获得 1903 年诺贝尔物理学奖。八年之后的 1911 年,居里夫人又因成功分离镭元素而获得诺贝尔化学奖。一位女科学家,在不到 10 年的时间里,两次在两个不同的科学领域里获得世界科学的最高奖,这在世界科学史上是绝无仅有的。

居里夫人从青年时代起就远离祖国到法国求学,但她时刻也没有忘记自己的祖国——波兰。她把发现的第一种放射性元素命名为钋,以此表示对惨遭沙俄奴役的祖国的深切怀念。她曾写道:

"有一个胜利让我得到了极大的欣慰,就是波兰获得自由和独立,实在太让我高兴了。"

在一战期间,居里夫人倡导用放射学救护伤员,她培训人员、设计移动 X 射线医疗车、亲临前线救治伤员、实施镭射气治疗术,有效地推动了放射学在医学领域里的运用,用自己的学识报效国家。

在她的一生中,共接受过 7 个国家 24 次奖金和奖章,担任了 25 个国家的 104 个荣誉职位。但居里夫人从不追求名利,一如既往地那样谦虚谨慎,她把献身科学、造福人类作为自己的终生宗旨。在镭提炼成功以后,有人劝他们向政府申请专利权,垄断镭的制造以此发大财。可是居里夫妇却放弃了炼制镭的专利权,毫无保留地将提取镭的方法迅即公布于世,他们把自己的科研成果看作全人类的共同财富,这种作法有效的推动了放射化学的发展。她曾经对一位美国女记者说:

"我们拒绝任何专利。我们的目的是促进科学发展,镭的发现不应该只是为了增加任何个人的财富。它是一种天然元素,应该属于整个人类。"

这位记者问她:"如果世界上所有的东西任你选挑,你最愿意要什么?"她回答:

"我很想有一克纯镭来进行科学研究。我买不起它,它太贵了!"

原来,居里夫人在丈夫去世后,把他们几年艰苦劳动所得,价值百万法郎的镭,送给了巴黎大学实验室。这位记者深为感动。回到美国后,写了大量文章,介绍居里夫妇,并号召美国人民开展捐献运动,赠给居里夫人一克纯镭。1921 年 5 月,美国哈定(W. G. Harding,1865－1923)总统在白宫亲自把这克镭转赠给居里夫人。在赠送仪式的前一天晚上,居里夫人坚持要求修改赠送证书上的文字内容,再次声明:

"美国赠送我的这一克镭,应该永远属于科学,而绝不能成为我个人的私产。"

1934 年 7 月 14 日,长期积蓄体内的放射性物质所造成的恶性贫血夺去了居里夫人宝贵的生命。她虽然离开了人世,但是她为科学所作的贡献将世代造福于人类,她伟大无私、谦虚质朴、热爱祖国、忘我献身、顽强作风……的高贵品格将永远铭记在人们心中。

现在让我们来看看爱因斯坦是怎样高度评价居里夫人的:

"在像居里夫人这样一位崇高人物结束她的一生时,我们不要仅仅满足于回忆她的工作成果对人类已经做出的贡献。第一流人物对于时代和历史进程的意义,在其道德品质方面,也许比单纯的才智成就方面还要大。即使是后者,它们取决于品格的程度,也许超过通常所认为的那样。……我对她的人格的伟大愈来愈感到钦佩。……她一生中最伟大的科学功绩所以能取得,不仅是靠大胆的直觉,而且也靠着难以想象的极端困难情况下工作的热忱。这样的困难,在科学的历史中是罕见的。"

在对放射线进一步研究中,科学家发现放射性物质发出的射线,可以被磁场分为 α、β、γ 三种射线。其中 α 射线是正离子流,β 射线是电子流,γ 射线不带电是一种波长比 X 射线更短的电磁波。

3、约里奥・居里夫妇发现人工放射性

约里奥・居里(F. Joliot Curie,1900－1958)法国物理学家,弗里德里克・约里奥・居里原姓约里奥。在与居里夫妇的女儿伊伦・居里(I. Joliot Curie,1897－1956)结婚后,就把妻子的姓加在自己的姓上。因为居里夫妇没有儿子,这样使居里这个著名的姓氏能够世代相传。

1925 年,经朗之万的介绍,约里奥·居里成为居里夫人的特别助手,并于 1926 年与她的女儿结婚。其后,约里奥·居里夫妇就象当时居里夫妇那样一起工作,并且也致力于居里夫妇所从事的放射性研究。

居里夫人的女儿和女婿
约里奥·居里夫妇

1934 年,约里奥·居里夫妇在研究 α 粒子对轻元素(例如铝)的作用。他们的实验结果和卢瑟福十五年前的情况相类似,也就是在轰击过程中把质子从铝核中轰击出来。然而,约里奥·居里夫妇又发现,中断 α 粒子轰击后,靶上也不再发射出质子了;但是,另一种辐射却还在继续进行。约里奥·居里夫妇断定,这是对铝的轰击使铝变成了磷的缘故。而且,这还不是一般的磷。他们推论这是一种磷的同位素,它具有放射性,但不会天然存在。在他们停止轰击以后,新形成的放射性磷同位素仍在继续分裂,这就是持续辐射的原因。这样,约里奥·居里夫妇便发现了“人工放射性”。由此,人们认识到,放射性并不只局限于一些铀、钍之类的很重的元素,任何元素,只要能制出适当的同位素,都会有放射性。已经证明,这些人工放射性同位素(也称为放射性同位素)在医药、工业和科研方面远比天然放射性物质有用得多。鉴于上述工作。约里奥·居里夫妇荣获 1935 年诺贝尔化学奖,这是居里家庭获得的第三次诺贝尔奖。可惜居里夫人早逝一年,未能见到自己的女儿和女婿获此荣誉。

三、电子的发现

电子是人类认识的第一个基本粒子,是科学家在探讨阴极射线本质问题的过程中被发现的。

电子的发现是德国科学家和英国、法国科学家长达 20 多年的学术争论、探讨的结果。德国科学家认为阴极射线是类似于光的以太振动,受赫兹影响,德国科学家认为是一种电磁波,他们对自己实验结果的解释也是朝着这一方向,结果逐渐远离电子的发现。英国、法国科学家认为阴极射线是一种带负电的离子流,他们把自己的发现称之为“电原子”。

对阴极射线的本性给出正确答案的是 J.J 汤姆孙。1886 年 J.J 汤姆孙开始对气体放电和阴极射线进行探索,他进行了多个方面的实验研究,特别是他设计了一个巧妙的实验,成功地证实了阴极射线在电场和磁场中发生偏转——这是判定阴极射线是否是带电粒子的决定性证据,证明了阴极射线是带负电荷的粒子组成的。1897 年他采用两种方法来测定阴极射线“微粒”的速度和荷质比 e/m,得出了阴极射线粒子比原子小得多的结论,并进一步测出它们的质量约为氢原子质量的1/1837。由此推断,阴极射线粒子比原子要小得多,可见这种粒子是组成一切原子的基本材料。J.J汤姆孙于1897年4月30日宣布了他的发现,后来人们命名这种粒子为电子。

电子被发现以后,这件事情到这里并没有结束。后来,J.J汤姆孙又通过多次实验进一步证明了不论是阴极射线、β射线,还是光电流,它们都是由电子组成的,从而确定了电子存在的普遍性。

为了证实基本电荷的存在,在测出了e/m后,还要测出e值,这其中J.J汤姆孙的几个研究生都做出了贡献。对e值最有说服力的测定是美国物理学家密立根,密立根多次改进测定电子电量e值的方法,于1917年测得电子的电量$e=(4.770\pm0.009)\times10^{-10}$静电单位,并证明了一个电子的电量$e$是电荷的最基本单位,其它所有带电物质的电量都是$e$的整数倍。

由于J.J汤姆孙对电子研究的重要贡献,而被授予1906年的诺贝尔物理奖。

J.J汤姆孙的儿子G.P.汤姆孙(G.P.Thomson,1892—1975)也是英国的物理学家,G.P.汤姆孙因通过实验发现了受电子照射的晶体中的干涉现象,1937年获得诺贝尔物理学奖,这是诺贝尔奖历史上6次"子承父业"的奇迹之一。

四、约里奥·居里夫妇三次失去重大发现的良机

约里奥·居里夫妇虽然对科学发展作出了很大的贡献而声名显赫,然而他们在科学发现过程中却出现了三次重大失误:一次是与中子擦肩而过;一次是视而不见正电子;还有一次是走进了核裂变的大门却又转身离去,否则他们有可能四次荣获诺贝尔奖。

1、与发现中子擦肩而过

1930年,德国物理学家玻特(W.Bothe,1891—1957)等人发现了一个奇怪的实验现象,当用α粒子轰击原子序数为4的元素铍时,出现了一种穿透力很强的射线,当时称其为铍辐射。约里奥·居里夫妇1931年底,也开始研究玻特的实验发现并做出了与玻特相同的实验结果,为了检查石蜡是否会吸收这种铍辐射,他们在铍和辐射检测装置间放了一块石蜡,令他们非常惊奇的是,辐射更加强烈,经过鉴别,从石蜡里飞出的竟是质子,这简直是不可思议。伟大的发现就在眼前,但是他们没能穷根究底。此时,英国物理学家查德威克(J.Chadwick,1891—1974)正在苦苦寻找核物理学家卢瑟福在1920年提出的中子,十年来毫无所获。对于约里奥·居里夫妇观察到的现象,查德威克敏感的意识到这里将会有一种新粒子被发现,经过反复的实验和研究,知道铍辐射原来是一种中性粒子流,这种粒子的质量近似于质子质量,正是卢瑟福十二年前预言的中子。这样,查德威克在短短的一个月内就

发表了论文,摘走了 1935 年诺贝尔物理学奖。查德威克之所以能抓住机遇迅速地取得成果,正如他自己在回忆中所说:"这不是偶然的",而是他早就对中子这一概念有精神上的准备。而约里奥·居里则完全没有朝这方面想,他根本不知道卢瑟福关于中子的假说,因而缺乏作出这一重大发现的敏感性。约里奥·居里后来说到:

"中子这个词早就由卢瑟福这位天才在 1920 年一次会议上用来指一个假设的中性粒子,这个粒子和质子一起组成原子核。大多数物理学家包括我自己在内,没有注意到这个假设。"

2、视而不见正电子的发现

约里奥·居里夫妇由于忽视学术思想的广泛交流,不仅失去了发现中子的机会,而且由于几乎相同的原因,又失去了发现正电子的机会。1928 年英国物理学家狄拉克预言存在一种电子的反物质,即反电子。1932 年美国物理学家安德森(C. D. Anderson,1905—1991)在研究宇宙射线对铅板的冲击时,利用置于磁场中云室所拍的照片,发现了一种奇特的粒子径迹,它与电子的径迹相似,但偏转方向却相反。从偏转方向来看应该带正电荷,那么,会不会是质子呢?安德森经过计算肯定它不是质子,他认为这种粒子是一种带正电荷的电子——即狄拉克预言的反电子。安德森因为这项发现于 1936 年与美籍奥地利物理学家赫斯(V. F. Hess,1883—1964)分享当年诺贝尔物理学奖。当安德森发现正电子的消息传来,使约里奥·居里夫妇吃惊不小,因为他们早在安德森之前也拍过类似的照片,并且在云室中清楚地观察到正电子的径迹。但遗憾的是他们没有认真研究这一奇特的现象,错把从源发出的正电子误判为是流回源的电子,直到安德森提出了正电子的实验报告以后,他们才明白又一次重大发现与自己失之交臂。

3、预言后,又痛失发现核裂变的良机

约里奥·居里在科学发现上的失误,不仅表现中子、正电子上,而且也相当明显地表现在核裂变的发现过程中。哈恩(O. Hahn,1879—1968)之所以能作出发现核裂变这一震撼世界的伟大发现,荣获 1944 年诺贝尔化学奖,正像查德威克能发现中子一样,完全得力于约里奥·居里夫妇的实验发现。在用慢中子轰击铀的产物时,约里奥·居里夫妇发现其中一种放射性元素的半衰期为 3.5 小时,并证明该元素性质近似镧。而按当时"超铀元素"的概念,其性质近似锕,但是镧的原子序数只有 57,而锕的原子序数却是 89,两者相差甚远,他们对此也没有深追下去,而是发表文章简单的认为"它也许是一种超铀元素",但实际上,他们已经发现了核裂变,裂变后半衰期为 3.5 小时的那种元素正是钇。更令人遗憾的是,约里奥·居里是在预见到核裂变的可能后产生上述失误的。他早在 1935 年诺贝尔奖的演讲中就说到：

"我们有理由相信科学家可以随心所欲地聚合或分裂元素，从而使爆炸形式的嬗变成事实……如果这种嬗变一旦能成功在物质中蔓延开来，我们可以看到巨大的、可利用的能量将会被释放出来。"

可见，约里奥·居里夫妇不但预言了核裂变的可能性，而且还勾勒出链式反应和利用原子能的图景。遗憾的是，两三年后仍痛失发现核裂变的良机。

约里奥·居里夫妇对科学研究的献身精神，执着的追求，精湛的实验技术，都是非常可贵的，作为实验物理学家，他们堪称典范。然而中子、正电子、核裂变的三次重大发现与约里奥·居里夫妇失之交臂实在可惜。由于不注重学术思想的交流，不注重理论思维，对实验现象的观察和分析想当然作先入为主的判断，缺乏对实验现象深入和创新的研究，而是拘泥于陈旧的定见，这就使得他们缺乏一种科学发现的敏感性和想像力，从而多次失去重大发现的良机。

第二节　量子力学的建立和发展

一、物理学上空的一朵乌云——"紫外灾难"

1、黑体辐射与"紫外灾难"

物理学发展到 19 世纪末期，可以说是达到相当完美、相当成熟的程度。一切物理现象似乎都能够从相应的理论中得到满意的回答。例如，一切力学现象原则上都能够从经典力学得到解释，牛顿力学以及分析力学已成为解决力学问题的有效工具。对于电磁现象的分析，已形成麦克斯韦电磁场理论，这是电磁场统一理论，这种理论还可用来阐述波动光学的基本问题。至于热现象，也已经有了统计热力学的理论，它们对于物质热运动的宏观规律和分子热运动的微观统计规律，几乎都能够作出合理的说明。总之，以经典力学、经典电磁场理论和经典统计力学为三大支柱的经典物理大厦已经建成，而且基础牢固，宏伟壮观。在这种形势下物理学家感到陶醉，认为物理学已大功告成。但是，有两朵乌云最终酿成了一场大的风暴。一朵乌云是"以太"学说导致了相对论的诞生；一朵乌云是"紫外灾难"导致了量子力学的产生。

19 世纪的最后一天，欧洲著名的科学家欢聚一堂。会上，英国著名理论和实验物理学家开尔文爵士（即 W. 汤姆孙）发表了新年祝词。他在回顾物理学所取得的伟大成就时说：物理大厦已经落成，所剩只是一些修饰工作。同时，他在展望 20世纪物理学前景时，却若有所思地讲道：现在，它的美丽而晴朗的天空却被两朵乌云笼罩了……。他所说的第一朵乌云，主要是指迈克尔孙实验结果和以太漂移说相矛盾；他所说的第二朵乌云，主要是指热学中的能量均分定理在气体比热以及热辐射能谱的理论解释中得出与实验不符的结果，其中尤以黑体辐射理论出现的"紫外灾难"最为突出。开尔文的说法道出了物理学发展到 19 世纪末期的基本状况，反映了当时物理学界的普遍情绪。

在同样的温度下，不同物体的发光亮度和颜色（波长）不同。颜色深的物体吸收辐射的本领比较强，比如煤炭对电磁波的吸收率可达到 80% 左右。所谓"黑体"是指能够全部吸收外来的辐射而毫无任何反射和透射，吸收率是 100% 的理想物体。真正的黑体并不存在，但是，一个表面开有一个小孔的空腔，则可以看作是一个近似的黑体。因为通过小孔进入空腔的辐射，在腔里经过多次反射和吸收以后，不会再从小孔透出。

19 世纪末，卢梅尔（Otto Richard Lummer，1860－1925）等人的著名实验—黑体辐射实验，发现黑体辐射的能量不是连续的，它按波长的分布仅与黑体的温度有关。为了解释黑体辐射实验的结果，物理学家瑞利和金斯认为能量是一种连续变化的物理量，建立起在波长比较长、温度比较高的时候和实验事实比较符合的黑体辐射公式。但是，这个公式推出，在短波区（紫外光区）随着波长的变短，辐射强度可以无止境地增加，这和实验数据相差十万八千里，是根本不可能的。所以这个失败被埃伦菲斯特称为"紫外灾难"。它的失败无可怀疑地表明经典物理学理论在黑体辐射问题上的失败，所以这也是整个经典物理学的"灾难"。

2、普朗克量子假说的建立

为解决"紫外灾难"做出开拓性工作的是德国物理学家普朗克。

普朗克生于德国基尔的一个贵族家庭，他少年时期就显示出了超人的才智，酷爱数学、物理和古典音乐。中学毕业时曾在音乐和物理学之间摇摆不定，不知选择哪样作为自己一生的主攻方向。后来他还是选择了物理学，但作为业余爱好，音乐依然是普朗克的精神家园。正是普朗克的音乐天赋，才造就了他的物理学成就，他因提出"能量子"假说 1918 年获得诺贝尔物理学奖。

从 1894 年起，普朗克花了 6 年的时间研究热辐射问题，在前人研究的基础上，经过反复实验和公式推导，提出了一个新的辐射公式，这一公式在长波区和短波区均与实验相吻合。

后来，普朗克又提出了这一公式理论假说：物体的辐射以一定的数量值的整数倍跳跃式变化,这个"一定数量值",是不可再分的能量单元,称为"能量子",能量子的大小与频率有关。即:$\varepsilon = h\nu$,其中 h 为普朗克常数①。1900 年 12 月 14 日他将这一假说报告了德国物理学会,由此,宣告了量子论的诞生。

由于普朗克的能量子假说与经典物理学几百年信奉的关于自然界的连续的观念直接矛盾,在当时人们不相信这个新理论,新理论也遭到了大多数物理学家的反对。就是普朗克本人,在一个长时期内,也对能量子假说认识不足而犹豫徘徊甚至持怀疑态度,两次试图退回到经典物理学。由于普朗克十几年的犹豫徘徊,致使没能在这一领域深入研究下去,他也没能再取得更大的成就。但是,历史已经将量子论推上了物理学新发展的开路先锋的地位,量子论的发展已是锐不可挡。

第一个意识到量子概念的普遍意义,并将其运用到其它问题上的是爱因斯坦,他用光量子理论成功地解释了光电效应,1905 年提出了光的波粒二象性,并被后来的实验所证实。接着,玻尔用光的量子论解释了氢原子光谱,这些都大大推动了量子理论的发展。

二、量子力学的创立

1、德布罗意提出物质波假说

1923 年,法国物理学家德布罗意提出了物质波理论,将量子论发展到一个新的高度。

德布罗意从小就酷爱读书,中学时代就显示出文学才华,从 18 岁进入巴黎大学学习历史,并且于 1910 年获得历史学学士学位。他的哥哥是研究 X 射线的著名物理学家,就是前面在第五章我们提到的参加第一届索耳维会议的会议秘书莫里斯·德布罗意。在第一届索耳维会议上莫里斯负责整理会议文件,这次会议的主题是关于辐射和量子论。由于便利的条件,莫里斯让他的弟弟阅读索尔维会议的纪录和有关会议文件,这对德布罗意有很大启发。另外,他从他哥哥那里了解到普朗克和爱因斯坦关于量子方面的工作,进一步引起了他对物理学的兴趣。这样,受其兄长的影响,经过一翻思想斗争之后,德布罗意终于放弃了已决定的研究法国历史的计划,选择了物理学的研究道路,并与其兄一起研究 X 射线的波动性与粒子性问题。德布罗意在长期的思考之后,他依照类比推理,类比光的波粒二象性推断实物粒子也应该具有波粒二象性,这就是德布罗意关于物质波的猜测。他把爱因斯坦的光量子理论推广到一切物质粒子,特别是电子。1923 年 9 月至 10 月,他连续发表了三篇论文,提出了电子也是一种波的理论。1924 年德布罗意在他的博士论

---

① 普朗克常数的现代最优值 $h = 6.62606876 \times 10^{-34}$ J·s,在量子力学中 h 是一个非常重要的常数,它的意义非凡,ν 为频率。

文《量子理论的研究》中,完整地阐述了物质波理论并提出了用电子衍射实验来证实物质波存在的预言。德布罗意的物质波理论,最初并未受到物理学界的重视,后经爱因斯坦推荐后,才引起物理学界的广泛重视。1926 年美国的戴维孙(Davisson Clinton Joseph,1881－1958)和革末(Lester Germer,1896－1971),从实验上证实了电子衍射现象,令人信服地证明了物质波的存在,随后接连发现物质波的衍射现象,1929 年获得了原子和分子的衍射,1936 年获得了中子衍射。至此,德布罗意的物质波理论获得了普遍的赞赏,他是因博士论文而荣获诺贝尔物理学奖的第一人。

2、薛定谔创立波动力学

薛定谔(E. Schrdinger,1887－1961)从爱因斯坦的一篇报告中得知德布罗意的物质波概念后,马上接受了这个观点,他通过经典力学与几何光学类比的分析和研究,形成了波动力学的概念。薛定谔还把经典力学的限度和几何光学的限度作了类比,从而大胆地提出了波动力学存在的猜测。他认为经典力学和几何光学的一些规律具有完全相似的数学形式,而波动力学应和波动光学类似,因此也必然存在一个物质波的波动方程和光的波动方程相类似。薛定谔从哈密顿—雅可比方程出发,引入波函数,在类比思维的启迪下建立了薛定谔波动方程和理论,完成了波动力学基本理论结构的创建工作。

薛定谔方程在量子力学中占有极其重要的地位。由于薛定谔对量子理论的发展贡献卓著,1933 年,他同因提出狄拉克方程的狄拉克共同荣获诺贝尔物理学奖。

3、海森伯创立矩阵力学

1925 年,德国青年物理学家海森伯写出了以《关于运动学和力学关系的量子论的重新解释》为题的论文,创立了解决量子波动理论的矩阵方法。它完全抛弃了玻尔理论中的电子轨道、运行周期这种古典的但却是不可观测的概念,代之以可观察量如辐射频率和强度。论文写出后,海森伯请他的老师英籍德国物理学家玻恩审查而自己度假去了,玻恩发现海森伯的方法正是数学家早已创造出的矩阵运算。当年 9 月,玻恩与约丹(P. Jordan,1902－1980)一起,从更严格的矩阵数学的理论出发,深入地探讨了海森伯的思想,写成论文《关于量子力学Ⅰ》。不久,海森伯又与玻恩和约丹合作,共同写成论文《关于量子力学Ⅱ》,把海森伯的思想发展成为量子力学的系统理论,即矩阵力学。

在英国,另一位年轻人狄拉克改进了矩阵力学的数学形式,使其成为一个概念完整、逻辑自洽的理论体系。狄拉克是量子力学的主要创始人之一,对物理学的主要贡献是发展了量子力学,他提出了著名的狄拉克方程(描述费米子的相对论性量子力学方程),并且从理论上预言了正电子的存在,预言磁单极的存在。1932 年,安德森在宇宙射线中发现了正电子。

4、量子力学的诞生

波动力学和矩阵力学的创始者们一开始还互相敌视,认为对方的理论有缺陷。到了 1926 年,薛定谔和狄拉克相继证明了波动力学和矩阵力学的等价性,方才消除了双方的敌意。从此以后,这两种力学得到了和谐的统一,统称量子力学。而薛定谔的波动方程由于更易为物理学家掌握,而成为量子力学的基本方程。

量子力学虽然建立了,但关于它的物理解释却众说纷纭,薛定谔的波动力学提出后,人们普遍感到困惑的是波函数的物理意义还不明确。波恩用波动方程研究量子力学的碰撞过程,提出了波函数的统计诠释,由于有了波恩的诠释,波动力学才为公众普遍接受。波恩由于他的基础研究,特别是由于他对波函数的统计解释而获得了 1954 年诺贝尔物理学奖。

1927 年,海森伯提出了微观领域里的测不准关系,即任何一个粒子的位置和动量不可能同时准确测量,要准确测量一个,另一个就完全测不准。海森伯称它为"测不准原理"。玻尔敏锐地意识到它正表征了经典概念的局限性,因此以之为基础提出了"互补原理"。认为在量子领域里总是存在互相排斥的两套经典特征,正是它们的互补构成了量子力学的基本特征。玻尔的互补原理被称为正统的哥本哈根解释,是哥本哈根学派的重要支柱。但爱因斯坦不同意,他始终认为统计性的量子力学是不完备的,而互补原理是一种"绥靖哲学",爱因斯坦与玻尔之间的争论持续了半个世纪也没有完。

5、玻尔与哥本哈根精神

玻尔是著名的物理学家,因对原子结构和原子辐射的研究 1922 年荣获诺贝尔物理学奖。

1885 年 10 月 7 日玻尔出生于丹麦的哥本哈根,1903 年进入哥本哈根大学数学和自然科学系攻读物理学,先后于 1909 年和 1911 年获得哥本哈根大学的科学硕士和哲学博士学位。后来去英国剑桥大学从师皇家学会会长 J.J.汤姆孙,后又到英国曼彻斯特在卢瑟福的指导下工作。1912 年回到哥本哈根大学,1916 年 4 月被任命为哥本哈根大学物理学教授。1921 年建立了哥本哈根大学理论物理研究所,并在此工作长达 40 年之久,培育了物理学界最宝贵的精神财富——哥本哈根精神。

哥本哈根精神是怎样产生的呢?玻尔运用光谱分析探索原子内部的结构,在 1913 分三次发表了被誉为是"伟大的三部曲"的长篇论文《论原子构造和分子构造》。论文发表之后,邀请书纷纷来到了玻尔的手中:1916 年美国加州大学邀请玻尔去工作;英国曼彻斯特大学校长聘请玻尔去任职;1918 年卢瑟福写出"私人信件,本人亲启"的邀请信,以"把曼彻斯特办成现代物理研究中心",年薪 200 英镑(相当于玻尔在丹麦收入的两倍)为前提,再次请玻尔去英国任职。导师和挚友卢瑟福的邀请,对于玻尔当然具有很大的吸引力,但是玻尔回信道:

我非常喜欢再次到曼彻斯特去。我知道这对我的科学研究会有极大的帮助。但是我觉得不能接受您提到的这一职务,因为哥本哈根大学已经尽全力来支持我的工作,虽它在财力上、在人员能力上和在实验室的管理上,都达不到英国的水平。……我立志尽力帮助丹麦发展自己的物理学研究工作……我的职责是在这里尽我的全部力量。

玻尔一心一意致力于在自己的国土上建立一个物理研究所,经过努力1921年3月3日,在近代物理史上有重大影响的哥本哈根大学理论物理研究所终于宣告成立。在成立大会上玻尔阐述了它的宗旨:

"不仅仅要依靠少数科学家的能力与才华,而且要不断吸收相当数量的年青人,让他们熟悉科学研究的结果和方法。只有这样,才能在最大程度上不断地提出新问题;更重要的是,通过青年人他们自己的贡献,新的血液和新的思想就不断地涌入科研工作"。

研究所正是在这一宗旨的鼓舞下开始了光辉灿烂的历程,为科学发展作出了载入史册的贡献,被许多物理学家誉为"物理学界的朝拜圣地"。许多有才华的年轻物理学家,特别是量子力学的创建者们纷纷应邀来到这里相互切磋,渐渐形成了共同的观点。据资料显示,在研究所成立后的最初10年里,来到哥本哈根访问的物理学家共有来自17个国家的63位学者,其中,后来获得诺贝尔科学奖的有十几位,还有很多为物理学的发展作出了重大贡献。研究所里,既有27岁当教授的海森伯和作为"上帝的鞭子"的泡利(Wolfgang Pauli,1900—1958),又有全能物理学家朗道(Lev D. Landau,1908—1968)以及"几乎把画漫画、做打油诗作为主要职业,而把物理倒变成副业"的伽莫夫(Gamow,George,1904—1968)。

他们在学术思想上都深受波尔的影响。先是泡里提出不相容原理,海森伯提出矩阵力学,接着波恩对波函数提出了几率解释,再就是海森伯提出测不准原理、波尔提出互补原理,于是量子力学的诠释逐步得完善。[①] 在人口不到500万的一个小国里,出现了与英、德齐名的国际物理中心。

波尔喜欢与别人合作的作风,对研究所的研究风格产生了巨大而深远的影响。波尔研究所的特色不是一张给人深刻印象的庞大物理学家名单,而是存在于这个集体中的不寻常的合作精神。每周一次的讨论会和自由交换思想,给每位物理学

---

① 郭奕玲,沈慧君:诺贝尔物理学奖一百年.上海:上海科学普及出版社,2002:390。

家带来了最美好的东西,常常提供一个能引起决定性突破的灵感或源泉。研究所逐渐形成了自己的学派——哥本哈根学派,这个学派不仅创立了划时代的量子力学理论,并且成功地培养了一代科学精英,孕育了一种传世不朽的科学精神和教育精神,人们颂之为"哥本哈根精神"。它是一种平等、自由地讨论和相互紧密地合作的浓厚的学术气氛,一种高度的智力追求和科学探险精神,以自由、直率、激烈而又乐天的争辩为特征,是师生相互合作、相互启发而形成的一种完善的集体智慧。这个充分、直率、自由和不拘形式的学术讨论和交流的波尔研究所风格并不局限于哥本哈根,凡是访问过哥本哈根的物理学家都毫不例外地受到感染,回到自己的国家传播这种精神,在世界物理学界产生了广泛的影响。

哥本哈根精神随着量子力学的建立而诞生,但是,它已超越了量子力学诞生的集体智慧,而成为世界科学界最宝贵的一种精神财富。我们应从中受到启发:科学没有国界,但科学家都有自己的祖国,在中华民族复兴的伟大事业中,我们要培育热爱祖国的情操,培养为祖国服务的意识;加强国际科技交流与合作,营造民主、自由、合作、宽松的学术氛围,创造让青年学者脱营而出的环境和条件;在科学界有意识地培育我国的科学学派,充分发挥其社会整合与调适功能,使哥本哈根精神扎根于我们的科学、教育事业之中。

6、量子完备性的争论

量子力学是很奇特的科学,盖尔曼(MurrayGeli—Mann,1929—)说,量子力学神秘而又模糊,没有人了解他,但都知道如何使用它。波尔还说:"如果你认为自己完全理解了,那只说明你对它一无所知。"[①]玻恩、海森伯、玻尔等人提出了量子力学的诠释以后,不久就遭到爱因斯坦等人的批评,他们不同意对方提出的波函数的几率解释、测不准原理和互补原理。双方展开了一场长达半个世纪的大论战,许多理论物理学家、实验物理学家和哲学家卷入了这场论战,这一论战至今还未结束。早在1927年10月召开的第五届索耳维会议上就爆发了公开论战。那次会议先由德布罗意介绍自己对波动力学的看法,提出了所谓的导波理论。在讨论中泡利对他的理论进行了激烈的批评,于是德布罗意声明放弃自己的观点。接着,玻恩和海森伯介绍矩阵力学波函数的诠释和测不准原理。最后他们说:"我们主张,量子力学是一种完备的理论,它的基本物理假说和数学假设是不能进一步被修改的。"玻尔也在会上发表了演讲。这些话显然是说给爱因斯坦听的,但爱因斯坦一直保持沉默。只是在玻恩提到爱因斯坦的工作时,才起来作了即席发言,他用一个简单的理想实验来说明他的观点。爱因斯坦实际上是反对玻尔等人对量子力学的诠释,

---

①　林德宏:科学思想史.南京:江苏科学技术出版社,2004.270。

他的反对意见引起了热烈讨论。会议本来的主题是《电子和光子》,实际上却变成了对量子力学诠释的一次全面讨论会。讨论的结果是玻尔、海森伯等人经过仔细分析,批驳了爱因斯坦的意见。爱因斯坦没有坚持己见,但他在内心是不服气的。

普朗克认为把几率概念引进量子力学就等于放弃严格的因果性。薛定谔同普朗克一样,认为自然界的终极规律不是统计规律而是动力学规律,统计规律是由于知识不完备而采取的一种临时性的、不完美的方法,他是反对波函数的几率解释的。爱因斯坦是反对哥本哈根学派的主要代表,[①]1930 年 10 月,第六届索耳维会议召开。爱因斯坦主动出击,用一个被人们称为《爱因斯坦光子箱》的理想实验为例,试图从能量和时间这一对正则变量的测量上来批驳测不准原理。为了提高测量时间和能量精确度,爱因斯坦想出了一个办法。他考虑一个具有理想反射壁的箱子,里面充满辐射。箱子上有一快门,用箱内的时钟控制,快门启闭的时间间隔 $\triangle t$ 可以任意短,每次只释放一个光子,能量可以通过重量的变化来测量。只要测出光子释放前后整个箱子重量的变化,就可以根据相对论质能转化公式 $E = mc^2$ 计算出来,箱内少了一个光子,能量相应地减少 $\triangle E$,$\triangle E$ 可以精确测定。这样,$\triangle t$ 和 $\triangle E$ 就都可以同时精确测定,于是证明了测不准原理不能成立。辩论中玻尔用爱因斯坦自己的理论解决了这个问题,爱因斯坦再次败下阵来。

1935 年,爱因斯坦与波多尔斯基(B. Podolsky)以及罗森(N. Rosen)合作,三人联名发表《能认为量子力学对物理实在的描述是完备的吗?》一文,提出:"波函数所提供的关于物理实在的量子力学描述是不完备的",表示相信会有比量子力学更充分的描述。他们通过理想实验提出一个著名的悖论,人称 EPR 悖论。他们的论点是,完备理论的必要条件应该是:物理实在的每一要素在理论中都必需具有对应的部分,而要鉴别实在要素的充分条件则应是:"不干扰这个体系而能够对它做出确定的预测。"量子力学中一对共轭的物理量,按照海森伯的测不准原理,精确地知道了其中一个量就要排除对另一个量的精确认识。对于这一对共轭的物理量,在下面两种论断中只能选择一个:或者认为量子态 ψ 对于实在的描述是不完备的;或者认为对应于这两个不能对易的算符的物理量不能同时具有物理的实在性。玻尔立即以同一题目作答。他认为:物理量本来就同测量条件和方法紧密联系,任何量子力学测量结果的报导给我们的不是关于客体的状态,而是关于这个客体浸没在其中的整个实验场合。这个整体性特点保证了量子力学描述的完备性。

以爱因斯坦为代表的 EPR 一派和以玻尔为代表的哥本哈根学派的争论,促使量子力学完备性的问题得到了系统的研究。1948 年爱因斯坦对这个问题又一次

---

①　林德宏:科学思想史.南京:江苏科学技术出版社,2004.272—273。

发表意见,进一步论证量子力学表述的不完备性。1949
年,玻尔发表了长篇论文,题为《就原子物理学的认识论
问题和爱因斯坦商榷》,文中对长期论战进行了总结,系
统阐明了自己的观点。而爱因斯坦也在这一年写了《对
批评者的回答》,批评了哥本哈根学派的实证主义倾向。
双方各不相让,论战持续进行,直到爱因斯坦去世后,玻
尔仍旧没有放下他和爱因斯坦的争议,甚至在他去世的
前一天,还在思考这个问题。他在办公室黑板上画的最
后一张图,就是爱因斯坦 1930 年提出的那个光子箱。
这两位大师的思想始终未能接近,这使很多人感到遗
憾。一代科学伟人,他们既是严肃论战的对手,又是追
求真理的战友,争论时不留情面,生活中友谊真诚,这样

爱因斯坦与玻尔走
在布鲁塞尔的大街上

的事例在科学史中实在难得。波恩曾经这样谈论他们同爱因斯坦的争论:

    "我们中间有许多人认为这对他来说是个悲剧,因为他在孤独的摸索他的道
理,而这对我们来说也是一个悲剧,因为我们失去了一位导师和旗手。"[1]

第三节　相对论的建立和发展

相对论是 20 世纪物理学史上最重大的成就之一,它包括狭义相对论和广义相
对论两个部分。狭义相对论颠复了从牛顿以来形成的时空概念,提示了时间与空
间的统一性和相对性,建立了新的时空观。广义相对论把相对原理推广到非惯性
参照系和弯曲空间,从而建立了新的引力理论。

一、相对论产生的背景

经典物理学经过 300 多年的发展,到 19 世纪末,许多人把经典物理学看成是
万能的体系和终极的真理,习惯于用经典物理学的观点去解释一切自然现象。认
为空间是与外界任何事物无关而永远是相同的和不动的,时间是自身在均匀地、与
任何外界事物无关地流逝着,这是经典力学的一个理论基础。

1、迈克耳逊—莫雷实验与"以太灾难"

水波的传播要有水做媒介,声波的传播要有空气做媒介,它们离开了介质都不

---

[1]　林德宏:科学思想史.南京:江苏科学技术出版社,2004.273。

能传播。太阳光穿过真空传到地球上，也应该有介质。

　　在麦克斯韦电磁理论建立以后，人们就试图用经典力学理论解释麦克斯韦方程，认为光和电磁波的传播都必须有媒介的物质，但这种介质是什么，人们一直没有搞清楚。

　　17世纪，法国哲学家、物理学家笛卡尔（Rene Descartes，1596—1650），用"以太"表示一种充满宇宙的、能传递相互作用的无质量的物质。认为"以太"弥漫整个空间，并做旋转运动，这一理论很快被人们接受。

　　肯定了"以太"的存在，新的问题又产生了：地球以每秒30公里的速度绕太阳运动，就必须会遇到每秒30公里的"以太风"迎面吹来，同时，它也必须对光的传播产生影响。这个问题的产生，引起人们去探讨"以太风"存在与否。

　　如果"以太"存在，那么根据1725年英国天文学家布拉德雷（James Bradley，1693—1762）发现的光行差现象，可以认为"以太"相对于太阳静止而相对于地球运动。如果"以太"相对于地球运动，那就应该可以通过某种方式探测到。

迈克尔逊干涉仪
工作原理图

　　1879年，著名物理学家麦克斯韦提出了一种测定方法：让光线分别在平行和垂直于地球运动方向等距离往返传播，平行于地球运动方向所花的时间将会略大于垂直方向的时间。

　　1881年，美国物理学家迈克尔逊（Albert Abraham Michelson，1852—1931）根据麦克斯韦提出的原理设计了一个极为精密的实验，但是实验的结果是未发现任何时间差。

　　1887年，迈克尔逊再度与化学家莫雷（E. W. Morley，1836—1923）合作，以更高精度重复实验。始终没有观察到预期的干涉条纹，即不论地球运动的方向同光的射向一致或相反，测出的光速都相同，在地球与设想的所谓"以太"之间没有相对运动，没有观测到"以太"和"以太风"的存在。实验结果和"以太"漂移说相矛盾，使科学家处于左右为难的境地。他们须放弃曾经说明电磁及光的许多现象的"以太"理论，如果他们不敢放弃"以太"，那末，他们必须放弃比"以太学"更古老的哥白尼的"地动说"。

　　人们称"以太"漂移实验的"零"结果为"以太灾难"。

　　2、为解释"以太灾难"的努力

　　为解释"以太灾难"，世界上许多著名物理学家进行了不懈的努力和探索。爱尔兰物理学家菲茨杰拉德（G. Fitzgerald，1851—1901）、荷兰物理学家洛仑兹、法国数学家彭加勒都进行了研究和探索。

1889 年,物理学家菲茨杰拉德提出了物体在"以太风"中的收缩假说,他认为在运动方向上,物体长度将会缩短,以致我们无法在光学实验中探测出"以太"漂移的迹象。

洛仑兹是一位具有卓越理论研究才能的科学家,因研究磁场对辐射现象的影响取得重要成果,与塞曼共获 1902 年诺贝尔物理学奖。他的一系列重要研究成果,与相对论的建立有着密切的关系。

1892 年,洛仑兹独立提出了收缩假说,并且推导出不同运动状态的惯性参考系之间时空坐标的变换关系,即著名的"洛仑兹变换"。但是,洛仑兹没有能够摆脱经典时空观的束缚,始终没有放弃存在静止"以太"的假说,也没能深刻认识到他所发现的变换的真正意义。可以说,洛仑兹一直徘徊在相对论理论的大门口。

彭家勒提出:"光具有不变的速度,它在一切方向上都是相同的",他主张针对"以太"漂移实验的"零"结果,引入更普遍的观念,而不是像洛仑兹那样提出太多的假设。

1904 年,彭加勒提出应建立一门全新的力学,并论述了后来爱因斯坦相对论的部分内容,阐述了相对论的部分思想。他提出,物体的惯性随着速度的增加而增加,光速是不可逾越的界限,并推测电磁场能量可能具有质量。他的这些观点已是相对论的雏形,但他却没有从牛顿绝对时空观中解脱出来,因此未能作出根本性的理论突破。

二、狭义相对论的创立

1905 年 9 月,爱因斯坦发表了题为《论动体的电动力学》的论文,提出了狭义相对论的两条基本假设——相对性原理和光速不变原理。

相对性原理:所有惯性参照系都是等价的,物理规律对于所有惯性参照系都可以表示为相同形式。

光速不变原理:真空中的光速相对于任何惯性系沿任一方向都为 C(每秒 30 万千米),并与光源运动无关。

爱因斯坦认为,根本不存在绝对静止的以太坐标系。同时性是相对的而不是绝对的。在此基础上,他推导出了一个变换式——洛仑兹变换式,并给予了全新的解释。

狭义相对论的几个结论:

(1)运动着的尺子要缩短;

(2)运动着的时钟要变慢;

(3)运动的物体质量增大;

（4）在任何惯性系中，物体的运动速度都不能超过光速；

（5）同时性并不是绝对的。

提起狭义相对论，很多人马上就想到钟表慢走和尺子缩短现象。许多科学幻想作品用它作题材，描写一个人坐火箭遨游太空回来以后，发现自己还很年轻，而儿子已经变成了老头。其实，钟表慢走和尺子缩短只是狭义相对论的几个结论之一，它是指物体高速运动的时候，运动物体上的时钟变慢了，尺子变短了。钟表慢走和尺子缩短现象就是时间和空间随物质运动而变化的结果。

狭义相对论还有一个非常重要的结论：质量随运动速度而增加。实验中发现，高速运动的电子的质量比静止的电子的质量大。

狭义相对论最重要的结论是使质量守恒失去了独立性。它和能量守恒原理融合在一起，质量和能量可以互相转化。如果物质质量是 M，光速是 C，它所含有的能量是 E，那么 $E=MC^2$。这个公式只说明质量是 M 的物体所蕴藏的全部能量，并不等于都可以释放出来，在核反应中消失的质量就按这个公式转化成能量释放出来。按这个公式，1 克质量相当于 $9×10^{13}$ 焦耳的能量，这个质能转化和守恒原理就是利用原子能的理论基础。

根据狭义相对性原理，惯性系是完全等价的，因此，在同一个惯性系中，存在统一的时间，称为同时性，而相对论证明，在不同的惯性系中，却没有统一的同时性，也就是两个事件（时空点）在一个惯性系内同时，在另一个惯性系内就可能不同时，这就是同时的相对性。

爱因斯坦的老师著名数学家明可夫斯基（H. Minkowski，1864—1909）不仅到处宣传狭义相对论思想，而且自己也进行了深入研究。他引进了四维时空的概念，取代了孤立的三维空间加一维时间的不相容概念，用四维空间用来描述物理事件，为狭义相对论找到了比较完美的数学形式，并进一步揭示了时空的统一关系。明可夫斯基的工作还为狭义相对论发展到广义相对论提供了数学方法。后来，爱因斯坦着重强调了明可夫斯基的贡献，他说，如果没有明可夫斯基，广义相对论也许还在襁褓中。

狭义相对论的建立是物理学发展史上的革命，它改变了经典力学的许多基本概念和基本观点，把空间、时间和物质的运动联系起来。但它并不是全盘否定经典力学。相反，它是把经典力学作为一种特殊情况包括在自身中，狭义相对论所揭示的时空观在哲学上也有其重要意义。

三、广义相对论的创立

狭义相对论建立以后，爱因斯坦看到了它的局限性（狭义相对论无法描述引力现象），他继续探求一种更普遍的理论。爱因斯坦经过多年思考和准备，他用整整七年的时间,甚至大大超出读完一届大学所需的时间,学习了非欧几何。最后,他从德国数学家黎曼(Riemann,George Friedrich Bernhard,1826－1866)的协变理论获得了新的创造动力。经过前后共 10 年的潜心研究,他终于在 1915 年把狭义相对论推广为广义相对论。

爱因斯坦曾经说过,即使他没有来到过这个世上,狭义相对论也会出现,因为时机已经成熟。但广义相对论则不然,他感到怀疑,如果他未建立广义相对论,它是否会出现在世人面前。

1916 年初,爱因斯坦发表了《广义相对论基础》,对他的研究进行了系统的理论总结。这个理论的建立基于三个主要问题的处理:引力、等效原理、几何学和物理学的关系。理论的核心就是新的引力场定律和引力场方程。①

广义相对论有两个基本原理。一是,广义相对性原理:在广义相对论中,爱因斯坦把相对性原理从匀速运动系统推广到加速运动系统,认为物理定律的形式在一切参考系都是不变的。二是,等效原理:提出惯性质量同引力质量的等效性,即把加速系统视为同引力场等效,惯性力和引力是等效。等效原理还认为,两个空间分别受到引力和与之等大的惯性力的作用,在这两个空间中从事一切实验,都将得出同样的物理规律。

在爱因斯坦的场方程中,他把包括加速系统的空间几何结构和引力场视为一体,成为几何的结果。就是说,在广义相对论中,引力被描述为时空的一种几何属性(曲率)。物质质量的存在会造成时空的弯曲,在弯曲的时空中,物体仍然顺着最短距离进行运动(即沿着测地线运动——在欧氏空间中即是直线运动),如地球在太阳造成的弯曲时空中的测地线运动,实际是绕着太阳转,造成引力作用效应。正如在弯曲的地球表面上,如果以直线运动,实际是绕着地球表面的大圆走。广义相对论所用的几何就是非欧几何的黎曼几何。

在爱因斯坦本人看来,这是他一生中最重要的科学发现,也是他一生中最愉快的事情。

广义相对论提出了三项可供检验的预言:

(1)水星近日点异常进动;

(2)引力红移;

(3)强引力场附近光线弯曲。

这三项广义相对论的预言先后都得到了验证:

(1)水星近日点的伸展方向发生着缓慢的转动,这个现象叫做水星近日点进

---

① 　江晓原:科学史十五讲.北京:北京大学出版社,2006,311。

动。天文学家已经比较精确测定了其进动速率为每 100 年 1°33′20″。根据牛顿万有引力定律,可以算出进动速率为每 100 年 1°32′37″,这两者之差为每 100 年 43″。牛顿力学解释不了其原因,这在当时是一个不解之谜。1916 年爱因斯坦把这一现象解释为空间弯曲和光速变慢的结果,根据广义相对论,对于水星太阳周围空间弯曲所带来的影响正好是 43″。这就合理的解释了水星近日点的异常进动,同时也检验了广义相对论。

(2)根据广义相对论,光在引力场中前进时频率会发生改变,向光谱红端移动,即所谓光的引力频移。这是因为光子具有引力质量,当光从引力场往上走时,它就要消耗一定的能量,光子的能量与频率成正比,如果能量损失,其频率也就下降。红光的频率低,所以谱线向红端移动。另一种解释就是"时间在引力场中变慢了",场越强时,钟走的越慢。这就使得光在引力场中的震荡周期慢一些。1925 年,天文学家亚当斯通过对天狼星伴星的观察,证实了这一预言——引力频移的红移现象。上世纪 60 年代,人们在地球的引力场中证实了引力的红移效应。

(3)1916 年,爱因斯坦根据广义相对论,计算出光线在强引力场中要产生偏移,并计算出恒星光线经过太阳边缘的偏转度为 1.75″。右图表明从远处恒星发出的刚好通过太阳附近(强引力场)的光线会被折弯很小的角度,对于地球的观察者而言,该恒星显得不是原来的位置。1919 年 5 月,由英国天文学家物理学家爱丁顿(A. S. Eddington,1882－1944)率领的一支考察队在西非的普林西比岛对日全食进行了观测,发现光线经过太阳边缘时发生了 1.61″的偏转。与此同时,另一支

强引力场附近光线弯曲

英国科学考察队在巴西的索布拉尔进行了日全食观测,其结果为 1.98″。把当时测到的偏角数据跟爱因斯坦的理论预期比较,基本相符。可是,这种观测精度太低,而且还会受到其他因素的干扰。人们一直在找日全食以外的可能。20 世纪 60 年代发展起来的射电天文学带来了希望,用射电望远镜发现了类星射电源。1976 年得到太阳边缘处射电源的微波偏折为 1.761″±0.016″,最终天文学家用误差小于 1%的精度证实了广义相对论的预言。[1]

---

① 江晓原:科学史十五讲. 北京:北京大学出版社,2006,314。

第七章　三次技术革命

蒸汽技术革命
电力技术革命
信息技术革命

科学是技术发展之根,科学给人类提供了一个崭新的认识方法和观念,加深了人类对自然界和人类社会包括人类自身的认识,使人类进入了理性社会。没有科学就没有技术,没有科学的发展就没有现代的技术。追溯历史,可以看到科学对技术革命给于了强大支撑,技术对每一时期的人类生活和社会面貌都带来巨大影响,构成了人类认识自然和改造自然的巨大力量,尤其以蒸汽技术、电力技术和信息技术三次革命对经济、社会发展的影响最为深刻和巨大。

第一节　蒸汽技术革命

时间:18世纪中期—19世纪。
地点:开始于英国,后遍布整个欧洲。
标志:纺织机械革新、蒸汽机的发明和广泛应用。
特点:历史上首次出现了技术革命促进自然科学的发展。

一、蒸汽技术革命发生的背景

英国位于欧洲大陆西北海岸以西,英国的全称是大不列颠及北爱尔兰联合王国。"大不列颠"由英格兰、苏格兰和威尔士组成。

英国在18世纪末及19世纪初就已成为世界上第一个工业化国家。其社会财富正是植根于钢铁制造业、机械重工业、棉纺织业、煤炭采掘业、造船业及贸易之上。蒸汽技术革命的发生能开始于英国,应该说是有其原因和背景的。

1、从社会经济方面来看

资本主义生产方式的产生和发展需要有两个必要的前提条件:一是大量资本的积累;二是自由雇佣劳动大军的存在。18世纪的英国比其他任何国家都更早地具备了这两个条件,因而在英国发生技术革命和工业革命也就不是偶然的。

英国比较早地完成了资本积累,在殖民地和海外贸易中掠夺和积累了巨额资本;著名的"圈地运动"是以暴力的手段剥夺农民的土地,实质上是在农村进行的资本的原始积累。

"圈地运动"为英国资本主义发展提供了有力条件:15世纪末开始,英国贵族地主用暴力把原来租种他们土地的农民赶走,把土地圈占起来,养殖羊以获得羊毛,赚取纺织业的高额利润。到16世纪,圈地面积占到英国土地的1/2以上。失去家园的农民,被迫进入城市谋生,成为未来产业工人的储备。

2、从科学技术方面来看

弗兰西斯·培根的科学思想:"知识就是力量"影响巨大。

1623—1624年,英国专利法的制定和实施,促进了科技发展;

1662年,英国皇家学会的成立,推动了科技发展;

17世纪,英国进行教育改革,培养了一大批科学家发明家;

1754年,英国"技艺、制造业及商业奖励会"成立,有利于科技发展;

1660—1730年,英国成为世界科学的中心。取得了一大批科技成果,为蒸汽技术革命的发生创造了良好的科技环境和条件。

(1)牛顿成为英国屹立于世界科学技术最高水平的象征,他的《原理》奠定了经典力学的理论基础,也成为技术革命发生和发展的理论指导。

(2)从这一时期开始,对于真空和气体压力的研究也取得了很大的发展,为蒸汽机的改进和发展提供了理论基础。

(3)英国人波义耳(R. Boyle,1627—1691)以他的科学理论为后来的蒸汽机制造指明了方向。他说到,

"当气体在一个密闭的容器中被加热时,它的压力会升高,如果紧接着把这些气体释放出来,它可以驱动一台机器。"

1654年,德国物理学家格里凯在马德堡进行了关于大气压力的著名的马德堡半球实验:他在德皇斐迪南三世和众多观众面前,将两个直径约1.2英尺的铜制半球涂上油脂对接上,用他发明的真空抽气机抽出空气,然后用16匹马才将两个半球拉开。显示出大气压力的威力,这个著名的实验使真空和大气压力的概念为世人所接受。

二、蒸汽技术革命

1、纺织业的兴盛

英国的产业革命起源于纺织业的发展,实际上在产业革命发生之前,英国的毛

纺织业已经有了相当的基础,产品占据了国际市场,生产技术也有一定的积累,从1733年开始不断地有一些发明出现。

飞梭的发明:1733年,英国兰开夏29岁的织布工凯伊(J. Kay,1704-1764)发明了织布用的"飞梭"。不仅能织出宽度加倍的织物,而且使织布机效率提高一倍。"飞梭"的发明意义重大,它开启了纺织业技术革新和发明创造的潮流。

发明珍妮纺纱机:1765年,英国兰开夏织布工兼木匠哈格里沃斯(J. Hargreaves,1720-1778)发明了一种由一个手摇转轮同时带动8个直立纱锭的纺纱机,并以他的女儿的名字命名为"珍妮纺纱机"。这项发明大大提高了纺纱的速度,成为产业革命的一个标志性事件。

发明水力纺纱机:1769年,英国理发师阿尔克莱特(S. D. Arkwright,1732-1792)发明了用水力带动的"水力纺纱机"。

发明走锭精纺机:1779年,英国童工身出身的克隆普顿(S. Crompton,1753-1827)综合了阿尔克莱特水力纺纱机和珍妮多轴纺纱机的优点,发明了"走锭精纺机"——俗称"骡机"。该机纺出的纱线既结实又精细,马克思称赞它是"现代工业中一个最重大的发明"。

"走锭精纺机"可以同时转动三、四百个纱锭,刚开始时用水力带动,1790年左右用蒸汽机带动,"走锭精纺机"的出现标志着纺纱机械的革新已初步完成。

发明卧式自动织布机:1785年,英国的乡村教师卡特莱特(E. Cartwright,1743-1823年)发明了水力推动的"卧式自动织布机"。他偶然了解到由于纺纱机革新,棉纱过剩,织布机跟不上,便决心从事织布机的发

走锭精纺机

明。他亲自到工厂参观、调查,并请了一个木匠和一个铁匠当助手,潜心钻研、实验,才搞成功,提高效率四十倍。

2、蒸汽机的发明和改进

在产业革命过程中,由于科学技术的发展以及社会生产的迫切需求,导致了蒸汽机的发明,并使之不断得到改进和提高。

1695年,法国物理学家巴本设计了一种活塞式蒸汽机,这就是后来广泛应用的蒸汽机的雏形。

1698年,英国工程师塞维利发明了第一台适用于矿井抽水的无活塞式蒸汽机,成为最早的实用蒸汽机。

1705年,英国铁匠纽可门(T. Newcomen,1663-1729)综合了巴本和塞维利发

明的优点，发明了大气压力活塞式蒸汽机。纽可门蒸汽机的优点是把抽水机和蒸汽机分开了，广泛应用于矿山。

蒸汽机要真正成为推动产业革命的动力之源，它必须满足各类工厂作为驱动机械的动力的需要，这需要克服以往设计制造的蒸汽机的许多不足。而跨出这一步的是英国的发明家——瓦特(J. Watt, 1736－1819)。

瓦特出生于苏格兰西部的格里诺克一个工人家庭，从小受贫穷和疾病的折磨，十几岁来到伦敦当学徒，学习机械制造。1756年，瓦特回到苏格兰的格拉斯哥，想自己开业，但因学徒年限不够，只得在格拉斯哥大学谋得了一个机修工的职位。在格拉斯哥大学里，瓦特认识了著名的物理学家布莱克，从他那里学到了许多热学知识。

1763年，瓦特在格拉斯哥大学修理纽可门蒸汽机的过程中，集中精力研究了效率低的原因。他在布莱克教授的帮助下，具体应用关于"比热"和"潜热"的理论，找到了效率低的主要原因。

从1765年开始，瓦特对纽可门蒸汽机进行一系列改进，制成了第一台蒸汽机，并于1769年申请了专利。

1782年，瓦特改变了蒸汽机只能直线做功状态，用一个齿轮装置将活塞的直线往复运动转化为轮轴的旋转运动，发明旋转式蒸汽机。

瓦特对蒸汽机所作的这一系列改进，不仅使蒸汽机可使用于矿井抽水，且能在各类工厂作为驱动机械的动力。

瓦特设计旋转式
齿轮机构蒸汽机

3、蒸汽动力的广泛应用

随着蒸汽机在工厂的广泛使用，英国工业的生产力大大提高，极大的推动了英国的工业化进程。

在采矿业中，所有的纽可门蒸汽机被瓦特蒸汽机所取代。

在纺织业中，瓦特蒸汽机的采用，使纺织厂打破了原先依靠水力必须建在河流地带的限制，纺织业得到了的发展。

在冶金业中，人们利用瓦特蒸汽机发明了蒸汽鼓风法炼铁，利用蒸汽机带动气锤、碾压机、切铁机和轧钢机等。

交通运输业更是在蒸汽机的广泛应用中，得到了迅速发展，以蒸汽机为动力的轮船和以蒸汽机为动力的火车使水陆交通进入了新的发展时代。

第一个将蒸汽动力用于船运的是美国工程师菲奇(1743－1798)，他从1785年开始将双向式蒸汽机装在帆船上，用了三年时间，制造出四艘第一代汽船。但他的汽船并没有引起关注,1790 年,菲奇最好的一艘汽船在从费城到特灵顿的途中操作失灵,宣告菲奇所从事事业的失败。

1802 年,英国人赛明顿制造了一艘轮船"查托特·邓达斯号",拖着两艘驳船顶风而上,成绩可喜。但是,内河航运公司以汽船掀起的水浪会损坏河堤为理由,拒绝了赛明顿的计划。

最终使蒸汽动力用于水运的是美国工程师富尔顿(R. Fulton,1765－1815),1803 年,富尔顿发明的汽船在法国塞纳河上行驶,逆水而上可达到陆上步行的速度。

1785 年,英国工程师墨多克(W. Murdock,1754－1839)发明过一种用蒸汽驱动的无轨机车,由于机器和燃料所占有的空间和自身的重量与有效负载之比不合理,没有使用价值。看来无轨的蒸汽机没有什么用途,后来人们就转向了有轨的火车。

英国工程师特里维西克(R. Trevithick,1771－1833)首先研制了铁路机车,并于 1800 年获得专利。1801 年制造了第一台机车,刚点火就坏了。1804 年又制造了一台"新城堡号",用的是单汽缸、大飞轮,可拉 10 吨货物,时速 8 公里,没有驾驶室,人要跟着火车跑。

1814 年,英国工程师斯蒂芬森(G. Stephenson,1781－1848)制造了一台实用蒸汽机车,牵引 30 吨货物,成功行驶。但是速度比马还慢,震动太大,烟囱冒火,把路旁的树木烧焦了。

**特里维西克研制的
铁路机车**

1823 年,斯蒂芬森负责建造斯托克顿至达林顿铁路(40 公里长),并提供机车。1825 年,斯蒂芬森驾驶自己制造的蒸汽机车(两汽缸,8 马力)载重 90 吨,以时速 20 公里的速度,安全行驶,这台机车现在陈列在达林顿。

由此可见,蒸汽机从发明到作为动力而得到广泛应用,特别是蒸汽机作为动力在水陆交通工具上的应用,也是经历了一个艰难的过程。但是,无论如何新的重要技术或新的重大创新势不可挡必将迎来他高速发展的时代。

三、蒸汽技术革命的意义

蒸汽动力的使用和机械化大生产的开展,使社会生产力以前所没有的速度迅速提高。英国从工业革命开始的 18 世纪 60 年代,到工业革命基本结束的 19 世纪 40 年代,前后 80 年的时间里,纺织品产量提高了 100 多倍,煤炭产量提高了 10 多倍,生铁产量提高了近 100 倍。发展速度是惊人的,到 19 世纪中叶,英国已经成为第一个发达的工业化国家,形成了较为完备的工业生产体系。

由英国开始的这场蒸汽技术革命,很快就打破了国界、洲界,越过大西洋向西欧和北美扩展,比利时、荷兰、法国、德国、美国等国家的工业化进程也接续展开,很快跨入到世界先进国家的行列。技术革命的浪潮也扩散到了东欧和亚洲,俄国和日本此后也出现了工业革命的高潮。其他一些落后的国家也纷纷把实现工业化当做追求的目标,世界进入了工业化时代。

蒸汽技术革命引起了社会的全面变革,它把劳动力从农村引导了城市,开始了城市化进程。这个过程人们的生活方式、思想形态、价值观念也都发生了较大的变化。

蒸汽技术革命极大推动着自然科学和教育的发展。如,蒸汽机的发明和改进,为能量守恒和转化定律的发现及热力学的完成奠定了基础。

蒸汽技术革命也造成了近代环境的污染。蒸汽技术革命是建立了以煤炭为主要能源,以蒸汽技术为主要动力的近代大机器工业体系,它加速了煤炭和各种金属矿藏等自然资源的开发利用。由于煤炭的大量燃烧以及煤烟和其他工业废物的集中和直接排放,在一定范围内造成了一定程度的环境污染,至 19 世纪末,在英、美等国,先后爆发了"公害"事件,对人们的生命造成了极大危害。[1]

第二节　电力技术革命

时间:发生在 19 世纪下半叶。

标志:电能的开发和广泛应用。

特点:电磁理论的建立为电力技术革命提供了重要的理论准备。

影响:提高了人们认识自然和改造自然的能力,使人类社会步入电气化时代。

1、电力技术革命的特点

蒸汽技术革命(第一次工业革命)的特点:生产发展的需要促进技术的发展和科学的进步。其发展模式:生产——技术——科学。

电力技术革命(第二次工业革命)的特点:电磁学的创立为电能的开发和利用奠定了理论基础,促进了生产和技术的进步。其发展模式:科学——技术——生产,而且这一新趋势日益成为科技发展的主导形式。

---

① 　刘兵.科学技术史二十一讲.北京:清华大学出版社,2006.156-172。

电力技术革命的基本发明:发电机、电动机、变压器、电力传输……电灯、电话、电报、无线电通讯……。

电力技术革命中人类开发了三大技术:钢铁、化工和电力生产;建立了三大产业:汽车、飞机和无线电技术。[①]

2、电磁学的发展历程

1820 年,奥斯特发现了电流的磁效应。

1820－1826 年,安培发现了电流之间的相互作用力。

1826 年,欧姆确定了欧姆定律。

1831 年,法拉第发现了电磁感应现象。

1832 年,亨利发现了自感现象。

1865 年,麦克斯韦建立了电磁理论,预言了电磁波。

1888 年,赫兹用实验验证了电磁波的存在。

3、电机的发明和改进

电动机的发明和改进:法拉第在电磁感应的基础上,制成了一架仪器,能使通电的导线绕磁铁旋转以及磁体绕载流导线运动,第一次实现了电磁运动向机械运动的转换,建立了电动机的实验室模型,被认为是世界上的第一台电机。

1834 年,德国电学家雅可比(K. Jacobi)将亨利的电动机模型中的水平电磁铁改为转动的电枢,加装了脉动转矩和换向器,试制出了第一台实用的电动机。

发电机的发明和改进:1831 年法拉第做铜盘旋转实验,制成了第一台最原始的直流发电机。1832 年,法国工程师皮希克(H. Pixii,1808－1835)试制成功一台手摇永久磁铁旋转式脉流发电机。这台发电机上安装了一种原始的换向器,使得发电机所产生的交流电可以转变为当时工业生产所需要的直流电。

1857 年,英国电学家惠斯通制成了用电磁铁的发电机,供应电磁铁的电流是靠电池提供的。这种靠外加电源来励磁的它激式发电机,仍有局限性。

1866 年,德国著名电气工程师西门子(W. Siemens,1816－1892)发明了自激式直流发电机,靠发电机自身发出的电流为自己的磁铁励磁,并于 1867 年向柏林科学院提交了一篇论文《关于不用永久磁铁而把机械能转换为电能的方法》。这就为建造大容量电机,获得强大电力,提供了技术上的现实可能性,意味着电气技术最重要阶段的开始。

后来的发电机,几乎都是在西门子电机的原型基础上改进的。所以,西门子的发明在技术上相当于瓦特发明蒸汽机,有着划时代的重大意义,而西门子被称为近

---

① 　刘兵.科学技术史二十一讲.北京:清华大学出版社,2006,232。

代德国科学技术之父。

4、电能的广泛应用

由于变压器的出现，从 19 世纪 80 年代起，交流电的发展和应用迅速扩大。1878 年俄国科学家亚布洛契可夫制成一部多相交流发电机。

1885 年意大利物理学家法拉里（G. Ferraris，1847－1897）提出旋转磁场原理，并研制出二相异步电动机模型。

1889 年，俄国科学家多里沃·多布洛夫斯基研制成了第一台实用的三相交流鼠笼异步发电机，1890 年他发明了三相变压器，1891 年完成了世界上第一条长达170km，电压为 1500V 的三相交流输电线。

1888 年，前南斯拉夫美籍科学家特斯拉（N. Tesla，1856－1943 年）发明了交流感应电动机和交流输电系统。1891 年，他发明了特斯拉线圈，解决了电力传输与配置的关键问题，大大提高了人类使用电力的能力。

1860 年，英国化学家斯万（Swan，1824－1914）开始进行白炽灯的研制，并于1878 年用铁丝制成了一种可以实际使用的真空白炽灯，还当众作过表演。1875 年，英国的克鲁克斯（W. Crookes，1832－1919）也制成了一种真空灯泡。

电灯的发明，还应该首推美国发明家爱迪生（T. A. Edison，1847－1931），爱迪生少年时代就喜欢冥思苦想，爱提古怪的问题。上小学时，老师常被他古怪的问题问得张口结舌，老师当着他母亲的面说他是一个傻瓜，将来不会有什么出息。母亲一气之下让爱迪生退了学，由她指导爱迪生的教育。在母亲的指导下，爱迪生阅读了大量的书籍，并在家中自己建立了一个小实验室。后来，爱迪生得到和阅读了法拉第的电学著作，很快投入了研究开发之中。

爱迪生发明
的灯泡

1878 年，爱迪生将兴趣转到电灯的研制上来。经过一次又一次的实验，终于发现竹子纤维在炭化后可以做灯丝，其寿命可达 1200 小时。爱迪生马上大批量生产这种灯泡，并且为此专门开直流电站、架设电网。

电报的发明，美国画家莫尔斯改进了前人字母发报的方式，发明了一套新的莫尔斯电码。新电码废除了 26 个字母符号，只有点和横两种符号组成，大大简化了电报系统。在莫尔斯的努力下，电报由实验阶段进入实用阶段。

电话是贝尔在 1876 年发明的，1877 年贝尔建立了贝尔电话公司，开始电话机的商业性生产。

在无线电通讯的历史上，波波夫是一位伟大的开拓者。在无线电发明权上与意大利物理学家马可尼存在着争论，但其实他们各自独立发明了无线电通讯。

第三节　信息技术革命

时间：开始于 20 世纪 40、50 年代。

地点：开始于美国，后遍布整个欧洲、日本和世界其它地区。

标志：原子能、电子计算机、航天空间技术的发明和应用。

特点：相对论和量子力学的建立为信息技术革命提供了强大的理论支持。

影响：为人类创造了崭新的工作和生活方式，使人类社会步入信息化时代。

信息技术革命是人类文明史上继蒸汽技术革命和电力技术革命之后科技领域里的又一次重大飞跃。它涉及信息技术、新能源技术、新材料技术、生物技术、空间技术和海洋技术等诸多领域的一场信息控制技术革命。这次技术革命不仅极大地推动了人类社会经济、政治、文化领域的变革，而且也影响了人类生活方式和思维方式，是影响最为深远的一次技术革命。

这场震撼人心的新科技革命发源于美国，之后迅速扩展到西欧、日本、大洋洲和世界其它地区，涉及到科学技术各个重要领域和国民经济的一切重要部门。从上个世纪 70 年代初开始，又出现了以微电子技术、生物工程技术、新材料技术为标志的新技术革命，其规模之大、速度之快、内容之丰富、影响之深远，在人类历史上都是空前的。

过去的技术革命，均是为了把人类从沉重的体力劳动中解放出来，而这次技术革命，却是把人类从繁杂的脑力劳动中摆脱出来，是人类脑力的一次解放。

以往的技术革命，科学和技术是相对分离的，这就造成研究成果要经历相当长的时间才能导致生产过程的深刻变化，或者是在技术革新后的相当一段时间才能有科学理论的概括。例如，在蒸汽技术革命中蒸汽机的发明促进了热学理论的发展，技术发明成果在先、科学发现总结在后。在信息技术革命中，科学与技术之间的相互关系发生了巨大变化，科学、技术、生产形成了统一的革命过程。一般来说，二次大战后的重大技术突破，都是在自然科学理论最新突破的基础上和指导下实现的。例如，电脑、手机等电子产品都是基于大规模的集成电路，集成电路制造的基础理论是半导体物理，半导体物理的基础又是固体物理中的能带理论，而固体物理的基础正是量子力学；原子能的开发利用是要研究物质微观世界的情况，而量子力学就是研究了微观世界物质的运动规律；空间技术的发展更是需要量子力学和相对论来作支撑。可见，20 世纪的两大物理理论：量子力学和相对论，为信息技术革命提供了发展和支撑。

信息技术革命导致了科学技术转化为直接生产力的周期大大缩短。例如,从蒸汽机的研制到 18 世纪定型投产用了 84 年,从电磁理论的建立到电动机的使用经过 65 年,而信息技术革命中的技术大多在 10 年内就投入应用。从发现雷达原理到制造出雷达用了 10 年,从原子核裂变理论的建立到制造出原子弹只经过了 6 年,晶体管 4 年,移动电话 4 年,激光从发现到应用不足 2 年。

下面我们以原子能技术为重点来介绍一下高新技术的情况。

1、原子能技术

原子能即原子核能,又称核能,是原子核结构发生变化时放出的能量。20 世纪初发现原子核里蕴藏着的核能,为人类开辟了一种极其重要的新能源,这是人类历史上划时代的重大成就。

让我们先从物质的微观结构来谈起。

我们知道,物质是由分子—原子(原子核和电子)—原子核—质子和中子—夸克来组成的。

J. J. 汤姆孙于 1903 年 12 月,提出了第一个原子结构模型:"西瓜模型"或称"葡萄干蛋糕模型"。他认为原子是一个实心的球体,它象个西瓜,其中电子象是瓜子,带负电;带正电的物质象瓜瓤一样均匀分布在原子内。电子在静电的吸引与排斥作用下,达到某种平衡位置,并以一定频率在平衡位置附近振动,从而发出电子辐射。这种"西瓜模型"认为电子在原子内部的分布也不是任意的,它们排列在各个同心圆上,并且各个同心圆上只有有限的电子位置。这种模型可解释元素周期律,但解释不了原子谱线的和谐性,但它对后来进一步研究原子结构是有启发作用的。

卢瑟福受哥白尼"日心说"启发,在 α 粒子大角度散射实验的基础上,放弃了老师 J. J. 汤姆孙的"西瓜模型",于 1911 年提出了原子结构的有核模型:"微太阳系模型"。他认为原子中的正电荷集中于原子的中心部分,即为原子核,它集中了原子的全部正电荷和几乎全部质量。电子则很轻,很小,它们分布在原子核外的空间里绕核运动,就象行星绕太阳运动一样。

当卢瑟福指出原子由原子核与电子两部分组成以后,不少人认为原子核与电子都不可再分了。但是,物质结构的问题仍吸引着不少的科学家从事着研究工作。

1919 年卢瑟福通过实验发现了原子核的一个重要组成部分——质子,并在1920 年预言了在原子核的内部存在一种中性粒子的可能。

1932 年卢瑟福的学生查德威克发现这种粒子,命名为中子。

在质子、中子发现的基础上,德国物理学家海森伯和前苏联物理学家伊凡宁科分别独立地提出了原子核是由质子和中子组成的理论,这是原子核结构认识上的又一次飞跃。

20 世纪 60 年代,美国物理学家盖尔曼和茨威格(GeorgeZweig,1937—),各自独立提出了中子、质子这一类强子是由更基本的单元夸克组成的。当时,很多中国物理学家称其为"层子"。它们具有分数电荷,是电子电量的 2/3 或 1/3 倍,自旋为 1/2。

六种夸克:上夸克、下夸克、奇夸克、粲夸克、顶夸克、底夸克。

华裔科学家丁肇中就是因发现粲夸克而获 1976 年诺贝尔物理学奖。

核聚变是指由质量小的原子,主要是指氕或氘,在一定条件,如超高温和高压下,发生原子核互相聚合作用,生成新的质量更重的原子核,并伴随着巨大的能量释放的一种核反应形式。原子核中蕴藏巨大的能量,原子核的变化(从一种原子核变化为另外一种原子核)往往伴随着能量的释放。

如果是由重的原子核变化为轻的原子核,叫核裂变,如原子弹爆炸;

如果是由轻的原子核变化为重的原子核,叫核聚变,如太阳发光发热的能量来源。比原子弹威力更大的核武器——氢弹,就是利用核聚变来发挥作用的。

根据爱因斯坦质能方程 $E = MC^2$,原子核发生裂变和聚变时,有一部分质量转化为能量释放出来,只要微量的质量就可以转化成很大的能量。

1934 年,费米(Enrico Fermi,1901—1954)等人用中子去逐个轰击元素表上的元素原子,从氟开始,后面几乎所有的元素都发生核反应,且生成放射性元素大多具有 β 放射性,经过 β 蜕变后变成原子序数更高的元素。在费米实验中,意义最大的是用

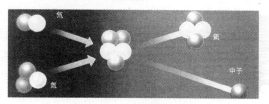

核聚变示意图

中子轰击原子序数为 92 的铀,产生了新的放射性元素。这个结果和用中子轰击其它重元素不一样,使费米等人大为惊异。实际上,这是最早出现的重核裂变现象。但从费米当时掌握的实验数据还难以作出这一判断。

哈恩(O. Hahn,1879—1968)是放射化学研究的创始人之一,他最重要的贡献是发现了核裂变现象,并因此荣获诺贝尔化学奖。奥地利女物理学家迈特纳(L. Meitner,1878—1968),仔细思考了哈恩的实验结果,大胆提出了一种假设:铀核在俘获 1 个中子后会立即分裂成大致相等的 2 个原子核,她称这一过程为"分裂核",玻尔后来改称为"核裂变"。根据爱因斯坦的质能关系公式,迈特纳还预言每次裂变将放出 200MeV(兆电子伏特)的高能量。

费米在得到核裂变的消息后,当即提出了链式反应的设想,并预言一个重核裂变后变成两个轻核时一定会出现多余的中子。紧接着,约里奥·居里、费米和匈牙利物理学家西拉德(L. Szilard,1898—1964 年)就证实了每次铀核裂变可放出 2 到

3个新的中子,表明链式反应是可能的。

铀核裂变的发现和链式反应的实现,是一项具有划时代意义的发现,它揭开了原子能时代的序幕,标志着原子核物理学进入了一个新的发展阶段。

重核裂变和链式反应发现后,首先被应用于军事。

1939年12月6日,美国政府正式大量拨款研制原子弹。1942年夏,在美国、英国和加拿大的合作下,一个代号为"曼哈顿工程"的大规模的利用原子能计划全面展开。

1942年6月,美国物理学家奥本海默(J. R. Oppenheimer,1904－1967)被指派负责主持原子弹的研究设计工作。1942年12月2日,费米首次实现了人工控制的链式核裂变反应,宣告了人类利用原子能时代的开始。费米反应堆的建成为原子弹的研制提供了大量有用的数据。从1943年到1945年7月,美国为"曼哈顿工程"调集了15万科技人员(包括英国、加拿大的科学家),动员了50多万人,动用了全国近1/3的电力,前后花费约22亿美元。1945年7月15日,美国第一颗铀原子弹试爆成功。

在德国已经投降,日本的覆灭就在眼前之际,美国政府出于战后称霸世界的政治需要,不顾许多善良的参加研制的科学家的强烈反对,在1945年8月6日和9日先后将一颗铀弹和一颗钚弹分别投到日本的广岛和长崎,这两颗原子弹共有3.5万吨TNT的爆炸力。伤亡总数约20万人,死亡约10万人,广岛和长崎的惨剧使许多人直到今天仍然是一提起核能就联想到毁灭和伤亡。

1942年,美国物理学家特勒(E. Teller,1908－)提出利用原子弹爆炸产生的高温引发氢核聚变。依照这种设想,在原子弹外层包上一层聚变燃料,利用原子弹爆炸时产生的高温、高压来点燃聚变燃料,就可以制成比原子弹威力大1000倍的氢弹。

在1952年10月31日,美国在马绍尔群岛的一个珊瑚岛上爆炸了第一颗氢弹。它是以液态的氘和氚为热核燃料,爆炸力相当于300万吨TNT。

2、微电子技术

微电子技术是微小型电子元器件与电路的研制、生产及用它们实现电子系统功能的技术领域,在这个领域中最主要的就是集成电路技术。

所谓集成电路,是将某一单元电路用集成工艺技术制作在同一基片上。标志集成电路水平的指标之一是集成度,集成度是指在一定尺寸的芯片上能做出多少个晶体管。

1957年,美国物理学家基尔比(Kilby, JackS, 1923－2005)发明集成电路。1958年,美国仙童公司的诺伊斯等发明用平面工艺制作硅集成电路技术,奠定了半导体集成电路发展的基础。

3、激光技术

激光的最初的中文名叫做"镭射"、"莱塞",后在钱学森的建议下改称"激光",是一种因刺激产生辐射而强化的光。激光是 20 世纪 60 年代的新光源,由于激光具有方向性好、亮度高、单色性好等特点而得到了广泛应用。如:激光切割、激光焊接、激光雕刻、激光打孔、激光手术、激光武器等。

激光技术的核心是激光器,它的原理早在爱因斯坦对黑体辐射的研究中得到了阐述:自然界存在着两种不同的发光方式。一种叫自发发射,另一种叫受激发射。爱因斯坦认为,一个处于高能态的粒子在一个频率适当的辐射量子作用下会跃迁到低能态,同时发射出一个频率和运动方向同入射量子完全相同的辐射量子。量子力学建立后,这种发光方式的物理内容得到更为深刻的阐明,这些都为激光技术的产生奠定了理论基础。

1954 年,美国物理学家汤斯等人提出了用原子和分子的受激辐射来产生和放大微波的设计方案。1957 年,C. H. 汤斯和他的助手经过三年的试验,研制成功了最早的微波激射器。与此同时,前苏联物理学家巴索夫与普罗霍洛夫也独立研制发明了微波激射器。1958 年 A. L. 肖洛和 C. H. 汤斯把微波量子放大器原理推广应用到光频范围。

1960 年,美国加利福尼亚休斯研究所的梅曼(T. H. Maimen,1927 —)制成了世界上第一台红宝石激光器。

4、空间技术

空间技术是探索、开发和利用宇宙空间的技术,又称为太空技术和航天技术。通常指人类研究如何进入外层空间、开发和利用空间资源的一项综合性工程技术。目的是利用空间飞行器作为手段来研究发生在空间的物理、化学和生物等自然现象。

空间技术是一门高度综合性的科学技术,是很多现代科学和技术成就的综合集成。它主要依赖于电子技术、自动化技术、遥感技术和计算机技术等众多先进技术的发展。

地球空间探测是人类目前空间探测的重点。1957 年 10 月 4 日,原苏联成功地把世界上第一颗人造地球卫星"斯普特尼克"号送入太空,标志着空间时代的开始。人造地球卫星的出现打开了通往地外世界的航道,使人类对太阳系内的天体进行直接观测成为可能,从那一刻起,人类对地球空间探测就从未停止过,当然了,在这一过程中空间技术得到了快速发展,人类不仅发射了人造地球卫星而且进行了载人航天飞行,发射了宇宙飞船、航天飞机、空间站和空间探测器,空间探测能力大大提高。

5、生物工程技术

生物技术是应用现代生物科学及某些工程原理,将生物本身的某些功能应用于其他技术领域,生产供人类利用的产品的技术体系。现代生物技术主要包括基因工程、细胞工程、酶工程、发酵工程和蛋白质工程。生物技术,被认为是有可能改变人类未来的最重大的高新技术之一。

6、新材料技术

新材料技术主要研究新型材料的合成,新材料技术在高新技术中处于关键地位,高新技术的发展紧密地依赖于新材料的发展。

7、海洋技术

海洋技术包括进行海洋调查和科学研究、海洋资源开发和海洋空间利用,涉及到许多学科和技术领域。它主要包括:海底石油和天然气开发技术、海洋生物资源的开发和利用、海水淡化技术、海洋能发电技术等方面。

总之,三次技术革命的发展一方面扩大了人类改造自然的活动领域,提高人类改造自然的能力,把人类社会的物质文明和精神文明推进到一个新高度;另一方面也带来一系列棘手的社会问题,如:生态环境的恶化、自然资源和能源的过度消耗以及核灾难的威胁,这些问题如果得不到解决,将使人类的生存环境受到越来越严重的挑战和威胁。

第八章　宇宙的起源与演化

宇宙学的早期发展阶段
大爆炸与暴胀宇宙模型
霍金与量子宇宙论

　　宇宙是如何起源的？空间和时间的本质是什么？这是从 2000 多年前的古代哲学家到现代天文学家一直都在苦苦思索的问题。针对宇宙的起源,学者们提出了不少的宇宙模型和天体演化的思想。大爆炸宇宙学是较有影响的一种学说,谱线红移和宇宙微波背景辐射给大爆炸理论以有力的支持。现在,大爆炸理论已广泛地为人们所接受。而量子宇宙论又是一种更具说服力的理论,它越来越受到人们的高度关注。

第一节　宇宙学的早期发展阶段

　　宇宙是广漠空间和其中存在的各种天体以及弥漫物质的总称。宇宙是物质世界,他处于不断的运动和发展之中。

　　关于宇宙本原和天体演化思想,中国古代的思想家认为:天和地是从一种朦胧不分、浑浑噩噩、深沉幽暗的"浑沌"状况中诞生出来的。这一团"浑沌"究竟是些什么？有人认为"水"是最基本的元素,有人把"气"作为宇宙万物的本原,在春秋战国时期,还产生了天地都在不断运动发展的观点。这应该说是我国古代天体演化思想的精髓。

　　关于宇宙的结构,在中国古代主要有盖天、浑天和宣夜三种学说。

　　"盖天说"认为大地是方形或中央隆起的覆盘似的实体,在它上面罩着半圆形的天穹。"浑天说"是一种以大地为中心、有一个浑圆的天壳绕它旋转的宇宙结构模式。"宣夜说"认为宇宙中充满着气体,所有天体都在气体中漂浮运动,这是一种朴素的无限宇宙观念。

　　古希腊学者泰勒斯及其学生认为地是薄薄的圆片,漂浮在空气的旋涡里,孤立在球状宇宙的中心,日、月与行星在它的周围循圆周而运行。

毕达哥拉斯学派认为等速圆运动是最完美的,因而天体的运动必须遵循这一形式,日、月、星均遵循同心的圆周轨道绕地球运动。

柏拉图学派主张一切天体分别以不同的半径绕地作圆周运动,并通过自己的观察和概括,初步形成了地为中心、地为球形的宇宙观念。

亚里士多德认为宇宙的运动是由上帝推动的。他说,宇宙是一个有限的球体,分为天地两层,地球位于宇宙中心,所以日月围绕地球运行,物体总是落向地面,地球之外有九重天。

托勒密是古希腊天文学的集大成者,他于公元二世纪,把前人的全部"地心"思想系统化,并巧妙地运用几何模型方法,建立了一个完整的"地心体系",提出了自己的宇宙结构学说,认为地球是宇宙的中心,其他的星体都围着地球这一宇宙中心旋转。

哥白尼摆脱了托勒密的宇宙模型,经过30多年的深入研究,于1539年写出了天文学史上的伟大著作《天体运行论》系统论述了他的"日心地动说"。

开普勒从第谷的观测资料中总结了经验的行星三定律。

牛顿对行星及地面上的物体运动作了整体的考察和研究,提出了万有引力定律,建立了经典力学体系。同时奠定了天体力学研究的出发点,使人们认识到支配宇宙中天体运动的力是万有引力。

牛顿的经典宇宙观认为宇宙的空间没有边界,在这无限的宇宙中,无论向前向后,向上向下,向左向右都可以一直走下去,没有一个方向是有终点的。也就是说,宇宙空间是三维欧几里得几何的无限空间,无限的天体则布满在无限的空间之中。

直到1917年爱因斯坦率先把他的广义相对论应用于宇宙学的研究才正式揭开了科学宇宙学的序幕。

第二节　大爆炸与暴胀宇宙模型

一、自然界的四种基本相互作用力

1、强力　原子核由带正电的质子和中子组成,为什么质子正电荷之间的库仑排斥力没有使核子飞散开来呢?那是因为核子之间还存在一种能压服库仑斥力的强相互作用力即强力(核力)。在原子核的尺度内强力比库仑力大得多,但强力是短程力,核子间的距离太大时,强力很快下降消失。

2、弱力　在基本粒子之间还存在另一种短程相互作用力,弱力的作用距离比强力更短,作用力的强度也比强力小得多,弱力在β衰变中起重要作用,β衰变中放出电子和中微子，电子和中微子之间只有弱力作用，弱力也存在其它基本粒子之间。

3、**电磁力**　电力是两个带电粒子或物体之间的相互作用力，两个相互运动的电荷之间存在磁力。

4、**万有引力**　它是任何物体之间存在的相互吸引力，相比之下，对一般物体，万有引力是很微弱的。但它是长程力，在宇宙的形成和天体的系统中起着决定性的作用，如太阳系、银河系的形成靠的是万有引力，宇宙论离不开引力论。

强力和弱力是短程力，电磁力和万有引力是长程力。

二、爱因斯坦的宇宙模型与膨胀宇宙说

1、爱因斯坦的宇宙模型

爱因斯坦是现代宇宙学的奠基人，他 1915 年提出的广义相对论成了现代宇宙学的理论工具。1917 年他提出了一个全新的宇宙模型：宇宙没有中心，宇宙有限无边，宇宙还是静态的。即，建立了一个"有限、无边、静态"的宇宙模型。

有限无边：看一个篮球，它的表面积的大小是有限的，但篮球是无边的。

所谓静态：宇宙在小范围内有运动，但从大范围来看则是静止的，现在的宇宙和过去是相同的。

科学界一时非常兴奋，认为人类关于宇宙有限还是无限的争论终于可以画句号了。不想，爱因斯坦几年之后却因一位名不见经传的苏联数学家弗里德曼（1888－1925），不得不坚决修改自己的场方程。

2、膨胀宇宙说

1924 年苏联数学家弗里德曼在广义相对论的框架下，从理论上论证了宇宙或者膨胀、或者收缩、而不会保持静止。

弗里德曼对这两种情况作了区分，并进一步提出宇宙应该是一直在不断地膨胀。当时哈勃定律还没有提出，在此之前，爱因斯坦也只是描述了一个静态宇宙。

弗里德曼指出，爱因斯坦静态宇宙是极不稳定、不可能维持的。一个膨胀的宇宙虽然听上去有些古怪，却更为合理。

现在宇宙在膨胀，星系在以一定的速度远离，阻止这一过程的力量来自星系之间的引力。第一种情况，当整个宇宙的密度很大时，万有引力也很大，因此星系退行的速度会不断减慢直到星系的退行停止，也就是宇宙的膨胀停止了。这个停止的过程不会很久，使宇宙慢下来的力导致宇宙逆转其进程，就像反着放电影胶片一样，宇宙开始收缩，直到成为一点。这种宇宙模型叫做封闭式模型。开放式模型在宇宙开始时体积为零，一旦开始膨胀，便不停地膨胀下去，因为宇宙的物质密度不足以提供使它停下的万有引力。这两种模型就像人类发射火箭的情景。当火箭耗尽燃料后速度小于第一宇宙速度时,火箭升空的速度越来越慢,最终在重力的吸引下落回地面;如果火箭在燃料耗尽后达到了第一宇宙速度,它就会飞向太空,与地面永久地告别。目前我们在宇宙中观察的现象是,星系是相互飞离的。

3、稳恒态宇宙模型

天文学家邦迪(H. Bondi,1919－)、戈尔德(T. Gold,1920－)以及霍伊尔(F. Hoyle,1915－2001)等人在1948年提出了稳恒态宇宙模型。他们认为,宇宙的性质,在大尺度时空范围内稳恒不变。不仅在空间上是均匀的、各向同性的,而且在时间上也处于稳定状态。宇宙虽然在不断膨胀,但其物质密度永恒不变。原因是,在宇宙膨胀过程中,物质不断创生,补足了由膨胀造成的密度减小。宇宙中的物质密度始终是相同的,过去没有一个高度集中的时期,将来也不会发生物质消失的情况。就整个宇宙来讲,现在同过去是一样,将来也同现在一样。[①]

三、大爆炸宇宙模型

大致说起来,大爆炸模型是这样的:宇宙是不断膨胀的,而且由于引力的作用,膨胀的速度会随时间发生变化。万有引力作用于宇宙一切物质与能量之间,起到刹车的作用,阻止星系往外跑,从而使膨胀速度越来越慢。在诞生初期,宇宙从高密度状态迅速膨胀,随着时间的推移,宇宙体积越来越大,膨胀速度越来越小。将此过程回溯到宇宙创生的那一刻,可以发现当时宇宙体积为零,而膨胀速度为无限大,这就是大爆炸。

1948年,美籍俄国物理学家伽莫夫和他的学生阿尔费尔(R. A. Alpher)、赫尔曼(R. Herman)等开始研究宇宙膨胀论中的早期密集状态,提出了热大爆炸宇宙模型。

1964年,当宇宙背景辐射的发现,证实了大爆炸学说的预言,也使大爆炸模型得到了人们广泛认可。

1、多普勒效应

火车从远而近时汽笛声变响,音调变尖,声音频率变高(蓝移)。

火车从近而远时汽笛声变弱,音调变低,声音频率变低(红移)。

这是由于振源与观察者之间存在着相对运动,使观察者听到的声音频率不同于振源频率的现象,这就是频移现象。人们把它称为"多普勒效应",是为纪念奥地利物理学家多普勒(Christian Johann Doppler,1803－1853)的。

多普勒效应不仅仅适用于声波,它也适用于所有类型的波,包括电磁波。

美国天文学家哈勃(Hubble Edwin Powell,1889－1953)使用多普勒效应得出

---

① 　林德宏:科学思想史.南京:江苏科学技术出版社,2004.306。

宇宙正在膨胀的结论。

2、哈勃定律

光谱学告诉我们：红光的频率低；蓝光的频率高。

哈勃发现远离银河系的天体发射的光线频率变低，即移向光谱的红端，称为红移，天体离开银河系的速度越快红移越大，这说明这些天体在远离银河系。反之，如果天体正移向银河系，则光线会发生蓝移。

哈勃定律：哈勃发现河外星系视向退行速度 V 与距离 D 成正比。即：

$V = H \times D$ 其中，V(Km/s)是远离速度；H(Km/s/Mpc)是哈勃常数，为 50；D(Mpc)是星系距离。1Mpc＝3.26 百万光年。

美国天文学家哈勃在 1929 年发现谱线红移，为弗里德曼的宇宙学模型提供了观测依据。

哈勃定律描述了所有测到谱线的星系在大尺度规模上退行，距离愈远退行愈快，这表明整个宇宙不可能像人们后来所想象的那样处于静态，而实际上是处于膨胀的状态。

3、宇宙大爆炸过程

宇宙既然是在膨胀，那么回过头来看，必定有一个时候整个宇宙都压缩在一个极小的范围里，密度极大，温度极高（称为奇点），必定在那时候发生了一次"大爆炸"，启动了宇宙膨胀，这大约是在 150－200 亿年前。

在现代宇宙学中，应该说大爆炸宇宙学是较有影响的一种学说。根据大爆炸宇宙学的观点，在大爆炸后的一秒钟：

(1)宇宙的温度约为 100 亿度，物质密度也相当大，那时宇宙只有中子、质子、电子、光子和中微子等基本粒子形态的物质。因为整个体系不断膨胀，结果温度很快下降。

(2)当温度降到 10 亿度时，质子和中子合成氘核的反应开始，类似氢弹爆炸时发生的聚变过程迅速把氘核和更多的质子和中子相结合形成氦核，它包含二个质子和二个中子，还产生了少量的更重的元素锂和铍。另外还有重氢和其他元素，所余下的中子会衰变成质子，这正是通常氢原子的核。

(3)当温度进一步下降到 100 万度后，早期形成化学元素的过程结束，宇宙间的物质主要是质子、电子、光子和一些比较轻的原子核。之后的 100 万年左右，宇宙仅仅是继续膨胀。

(4)当温度降低到几千度时，电子和核子就开始结合形成稳定的原子，光子不再被自由电子散射，从此宇宙变成透明。

(5)宇宙作为整体，继续膨胀变冷，又过了几十亿年逐渐形成了千千万万个恒星。恒星的光和热是靠燃烧自己的核燃料提供的，其后果是合成碳、氧、硅、铁这些早期宇宙条件下不能产生的重元素。在恒星生命即将结束时，它以爆发的形式抛出含有重元素的气体和尘粒，这些气体和尘粒是构成新一代恒星的原料。在一些恒星周围，冷的气尘会逐渐形成大小不等的形形色色的天体，成为我们今天看到的宇宙。

4、大爆炸模型的观测事实证明

(1)天体年龄不超过"宇宙龄"

理论主张所有恒星都是在温度下降后产生的，因而任何天体的年龄都应比自温度下降至今天这一段时间为短，即应小于 200 亿年，各种天体年龄的测量结果大约是 100 亿年左右，证明了这一点。

(2)各种不同的天体上氦丰度大都为30%

各种不同天体上，氦丰度（氦的含量）相当大，而且大都是 30%。

用恒星核反应机制不足以说明为什么有如此多的氦。而根据大爆炸理论，早期温度很高，产生氦的效率也很高，根据对宇宙膨胀速度和热辐射温度的测定，可以计算出宇宙早期产生的氦丰度，这个数字恰好是 30%左右。

(3)河外天体有系统的谱线红移

观测到河外天体有系统性的谱线红移，而且红移与距离大体成正比。如果用多普勒效应来解释，那么红移就是宇宙膨胀的反映。

(4)宇宙微波背景辐射

特别是伽莫夫在 1948 年有一惊人的预言：宇宙的热的早期阶段的辐射（以光子的形式）今天应在周围存在，但是其温度已被降低到只比绝对零度高几度。1965 年果然被彭齐亚斯（A. Penzias，1933－）和威尔逊（R. W. Wilson）在微波波段上探测到具有热辐射谱的微波背景辐射，温度大约为 3K①。这是大爆炸宇宙学模型令人信服的证据之一。

四、暴胀宇宙模型

宇宙大爆炸处是一个奇性的状态，这大爆炸奇性从何而来就摆到了宇宙学家的面前。20 世纪 80 年代科学家们提出了暴胀宇宙模型。

暴胀宇宙模型要解决大爆炸一秒钟以前的情况。

在大爆炸的一瞬间，不仅没有任何天体，也没有粒子和辐射，只有一种单纯而对称的真空状态以指数方式膨胀着，称为"暴胀"。今天我们所知道的自然界中四种基本相互作用力，即引力、强力、弱力、电磁力，那时是不可区分的。随着宇宙的

① K 是热力学温度（又叫热力学温标）T 的单位。热力学温度 T 与人们惯用的摄氏温度 t 的关系是：T(K)＝273.15＋t(℃)。

膨胀和降温,真空发生了一系列相变,力之间的对称性被破坏了。

在大爆炸的 10^{-44} 秒,发生超统一相变,引力作用首先分化出来,但强、弱、电三种作用仍不可区分,夸克和轻子可以互相转变;空间和时间开始分化,起初这个超小宇宙只有 10^{-33} 厘米。

到大爆炸 10^{-36} 秒,大统一相变发生,强作用同电、弱作用分离,物质和反物质之间的不对称性开始出现。10^{-10} 秒以后,弱电相变发生,弱作用和电磁作用分离,于是完成了四种相互作用逐一分化出来的过程。到这个阶段,宇宙间已具备了构成我们所熟悉的物理世界的最原始和最基本的素材和条件。

1 秒以后就是大爆炸宇宙学的情况了。

第三节　霍金与量子宇宙论

一、量子宇宙论的创始人——霍金

霍金(Stephen William Hawking)1942 年 1 月 8 日出生于英国的牛津,那一天刚好是伽利略逝世 300 周年纪念日。

1959 年他入读牛津大学,1962 年去剑桥大学攻读博士学位,研究宇宙学。不久他被诊断患上了会使肌肉萎缩的"卢伽雷"病,导致全身瘫痪。他勇敢地面对这次不幸,继续醉心研究宇宙学。

霍　金

20 世纪 70 年代,他和彭罗斯证明了著名的奇性定理,并以此获得 1978 年的爱因斯坦奖和 1988 年的沃尔夫物理奖。他还证明了黑洞的面积定理,1973 年首部著作《空时的大型结构》出版,1974 年宣布发现黑洞辐射,成为英国皇家学会最年轻的会员。

1974 年以后他的研究转向量子引力论,1977 年被任命为剑桥大学引力物理学教授。1979 年担任剑桥大学有史以来最为崇高的教授职务,那是牛顿和狄拉克担任过的卢卡逊数学教授。

1980 年他把主要精力转向量子宇宙论的研究,1988 年他的代表作《时间简史》一出版即在全世界引起巨大反响,《时间简史》已发行 1000 万册,当时在南京书城最醒目的地方陈列着他的书,书的上方悬挂着一句话:即使看不懂,也会有收获。

作为宇宙学无可争议的权威,霍金的研究成就和生平一直吸引着不少的科技工作者和热心于科学的人们。

二、量子力学的测不准原理

测不准原理是量子力学的一个基本原理,该原理表明:一个微观粒子的某些物理量,如位置和动量或时间和能量等,不可能同时具有确定的数值,其中一个量越确定,另一个量的不确定程度就越大。

测量一对共轭量的误差的乘积必然大于常数 $h/4\pi$,它们的精度存在着一个终极的不可逾越的限制。h 是普朗克常数,普朗克常数的值为:6.6260876×10^{-34} J·s

$\triangle x\triangle Px\geqslant h/4\pi$ 表示位置测定得越准确,动量的测定就越不准确。

$\triangle E\triangle t\geqslant h/4\pi$ 表示时间测定得越准确,能量的测定就越不准确。

这是德国物理学家海森伯在 1927 年首先提出的,它反映了微观粒子运动的基本规律,是物理学中一条重要原理。海森伯由此获得了 1932 年的诺贝尔物理学奖。

考虑到量子力学的测不准原理,一些基本量度,譬如长度和时间具有测不准性。测不准的程度由普朗克常数确定,从该常数可以定出最小的长度量子和时间量子。

普朗克长度:10^{-33} 厘米。这个值远远小于原子核的尺度,测量任何长度不可能比这个更精确,而且比普朗克长度更短的长度是没有意义的。

普朗克时间:10^{-44} 秒。没有比这个值更短的时间存在。

这就是说,我们不可能把黑洞缩减为数学上的一个点,同样也不能追溯到大爆炸的真正开始时刻。

三、封闭的宇宙模型

1、黑洞问题

在对黑洞问题的研究中,霍金证明了黑洞的面积定理,即随着时间的增加黑洞的面积不减。

但在考虑黑洞附近的量子效应后,霍金又指出,黑洞会像黑体一样发出辐射,其辐射的温度和黑洞质量成反比,这样黑洞就会因辐射而慢慢变小,而温度越变越高,并以最后一刻的爆炸而告终。

黑洞辐射的发现具有极其基本的意义,它将引力、量子力学和统计力学统一在一起。

2、奇点

20 世纪 70 年代霍金和彭罗斯证明了一个奇点的定理,如果广义相对论是正确的,在很一般的条件下,时空一定存在奇点,最著名的奇点即是黑洞的奇点以及宇宙大爆炸处的奇点。在奇点处所有科学定律以及可预见性都失效。为了预言宇宙是如何开始的，人们需要在时间开端处有有效的科学定律。霍金认为经典理论已经不能很好的描述宇宙，必须把量子引力论引入到研究宇宙的极早期阶段。

3、量子理论中不须有任何奇点

霍金认为在量子力学中，通常的科学定律有可能在任何地方都有效，包括时间开端在内。不必针对奇点提出新的定律，因为在量子理论中不须有任何奇点。

量子论认为：从原则上说不可能精确地测量任何一个物体在时空中的运动轨迹，否则将与海森伯测不准原理相矛盾，这样，原则上就否定了进行精确时间、长度测量的可能性。

定量而言，时间、长度的测量不可能超越普朗克时间（tp＝5.3908×10^{-44}s）、普朗克长度（lp＝1.6161×10^{-33}cm）。

人们是不可能观测到从体积为零、密度为无限大的奇点所产生的宇宙创生大爆炸景象的。

霍金将量子力学和引力结合在一起的这一统一理论的特征是用费因曼的历史求和方法处理爱因斯坦的引力观，为了避免求和的技术困难，这些弯曲的时空必须采用欧几里德型。也就是，时间是虚的，并和空间的方向不可区分。因为在欧几里德时空中，时间方向和空间方向是同等的，所以时空只有有限的尺度，而没有奇点作为它的边界或边缘。时空就像是地球的表面，只不过多了两维、四维①而已，它有限、无界，没有边缘。宇宙是完全自足的，而不被任何外在于它的东西所影响，这样它也就无须宇宙外的造物主来所为的第一推动了。它既不被创生，也不被消灭。它就是存在。

4、霍金的有限无界宇宙模型

霍金认为宇宙没有边界，他提出了有限无界的思想。

可以把宇宙的封闭表面同地球的封闭的表面相比较，地球之外有其它天体，宇宙之外也有其它宇宙，我们就生活在这个膨胀的宇宙中。

---

①　四维言曰：

一维是线。如一条直线，在一维空间生活的生物只有前和后两个方向。

二维是面。如一个平面或曲面或圆面（封闭和不封闭两种），在二维空间生活的生物有四个方向：即前、后、左、右。

三维是体。不用举例，我们都非常熟悉了，因为我们就生活在三维空间里。我们有六个方向：前、后、左、右、上、下。

四维空间，超乎了我们常人的想象，但四维空间又必须通过想象才能理解。于是，我们可以通过想象二维空间的生物在我们三维空间的球面上运动，来想象一下三维空间的生物在四维空间中是什么样子。

虽然霍金的宇宙有限无界的思想仅仅是一个设想，但是宇宙无边界条件和量子力学中的不确定性原理可以解释我们在宇宙中看到的复杂的结构。

无边界假设导致一个预言，即宇宙现在在每一方向的膨胀率几乎是相同的。这与微波背景辐射的观测相一致，它指出在任何方向具有几乎完全相同的强度，这是大爆炸的余辉。

利用无边界条件，宇宙应该是从仅仅由不确定性原理所允许的最小可能的非一致性开始的，在宇宙经历快速膨胀后，初始的非均匀性被放大足以解释在我们周围观察到的结构的起源。1992年宇宙背景探险者卫星首次检测到微波背景辐射随方向的非常微小的变化。这种非一致性随方向的变化方式是不是早期稠密的宇宙中随机的量子波动留下了这些特点呢？这似乎和暴胀模型以及无边界设想的预言相符合。

宇宙无边界设想是霍金量子宇宙论的一块基石，这个理论是一个自足的理论，在这个理论中，宇宙中的一切在原则上都可以单独地由物理定律预言出来，而宇宙本身是从无中生有而来的。不仅仅是从真空中出来，而根本是从绝对的无中出来，因为在宇宙之外没有任何东西。这个理论建立在量子理论的基础之上，涉及到量子引力论等多种知识。

即在原则上，按照科学定律我们便可以将宇宙中的一切都预言出来，这个无边界条件的量子宇宙论真正解决了第一推动问题。按照霍金的理论，宇宙的诞生是从一个欧氏空间向洛氏空间的量子转变，这就实现了无中生有的思想，宇宙是由无创生出来的。这个欧氏空间是一个四维球，在四维球变成洛氏时空的最初阶段，时空是可由德西特度规来近似描述的暴胀阶段，然后由大爆炸模型来描写，这个被称作是封闭的宇宙模型。

四、开放的宇宙模型

宇宙空间究竟是有限无界的封闭型？还是无限无界的开放型？

这要取决于当今宇宙物质密度产生的引力是否足以使宇宙的现有膨胀减缓，以至于使宇宙停止膨胀，最后再收缩回去。可是现今的天文观测，包括可见的物质以及由星系动力学推断的不可见物质其密度总和仍不及使宇宙停止膨胀的 1/10，如果再加上有可能的暗能量也不足 1/3，可见无限膨胀下去的开放宇宙的可能性仍然会呈现在人们面前。

1998 年 2 月 5 日，霍金将以前封闭宇宙的量子论推广到开放的情形。非常确定地提出宇宙不会收缩，这样的演化是一个有始无终的过程。

五、启迪与思考

霍金是当代最重要的广义相对论和宇宙论家，在 20 世纪下半叶，对人类的时空观和宇宙观进行了根本的变革。

在经典物理的框架里，霍金证明了黑洞和大爆炸奇点的不可避免性，黑洞越变越大；

但在量子物理的框架里，他又指出，黑洞因辐射而越变越小，大爆炸的奇点不但被量子效应所抹平，而且整个宇宙正是起始于此。

从宇宙大爆炸的奇点到黑洞辐射机制，霍金对量子宇宙论的发展作出了杰出的贡献，他提出的黑洞辐射理论是对爱因斯坦理论的第一个重要突破。他的宇宙模型不需要上帝的推动，宇宙的演化完全取决于物理定理，他解决了困扰人类几千年之久的宇宙从何而来的难题。他的黑洞蒸发理论和量子宇宙论不仅震动了自然科学界，并且对哲学和宗教也影响深远。他被誉为继爱因斯坦之后世界上最著名的科学思想家和最杰出的理论物理学家。患卢伽雷氏症使他被禁锢在一张轮椅上达40多年，他却身残志坚，克服残废之患而成为国际物理学界的超新星。他不能写、不能说、行动困难，而竟能在物理学上作出突出成就，因此倍受尊重。他超越了相对论、量子力学、大爆炸等理论而迈入创造宇宙的"几何之舞"，解决了宇宙之迷。

从亚里士多德的宇宙观到霍金的宇宙模型，生动地反映了人类在探索宇宙奥秘中获得的相对真理与绝对真理的辩证统一性。霍金力求把相对论与量子力学联系在一起，对宇宙学的发展产生了深远的影响，但是这并没有结束人类对宇宙的探索历史，而恰恰在启迪和激励着人们去更深入地探索宇宙的奥秘。在对宇宙的探索中，人们永远也找不到终极真理，只能无限地靠近他。

宇宙学历来是孕育新观念和新思想的摇篮，他的每一个成果都会对人类的传统产生震撼。霍金的思想异常活跃，他的黑洞辐射、虚时间在自然观上给人的启迪则尤为深刻。

霍金是在一般人难以置信的艰难奋斗中，以非凡的想象力拓展了理论物理学的探索空间，成为世界公认的引力物理学巨人，他之所以能取得如此卓越的成就，其中最主要的原因之一是他具有优秀的科学品质、强烈的使命感、超人的毅力和极其坚强的意志。霍金的一生是人类意志力的记录，是科学精神创造的奇迹。

第九章　航空与航天科学的发展

宇宙空间和航天器
阿波罗登月计划与宇宙探秘
中国航空航天事业的发展

飞上蓝天、进入太空，自古以来就是人类最美好的梦想。但是，人类对于太空的探索却经历了一个十分艰难的起步过程。20 世纪以后，由于空气动力学以及航空航天科学理论的发展，使航空航天业步入了真正科学的轨道。1957 年前苏联把第一颗人造地球卫星送入太空，让人类跨进了航天的时代。1969 年美国阿波罗 11号飞船登月成功，标志着航天业又一历史性突破。

第一节　宇宙空间和航天器

一、飞机发明的启示

20 世纪最重大的发明之一是飞机的诞生。

探索外层空间是人类不懈的追求，2000 多年前中国人就发明了风筝，人类自古以来就梦想着能像鸟儿一样在太空中飞翔。

在 9 世纪，气球和飞艇依靠自身的浮力相继飞上了蓝天，可以说是初步实现了人类在太空中飞翔的梦想。气球和飞艇能飞上蓝天是因为它的密度比空气小，那密度比空气大的物体能否载人飞上蓝天呢？19 世纪的一家报纸撰文说：

"从生物进化的角度看，一种翅膀发育不全的鸟类，从开始飞翔到自由飞翔，如果需要 1000 年；另一种根本没有翅膀的动物，如果终于长出翅膀在空中飞翔需要 1万年的话；那么，由数学家和机械师设计制造的飞机，如果要飞上天，要 100 万年到1000 万年吧！"

由此可见，当时人们是不敢想像比空气重的物体能飞上蓝天，许多知名的科学家和社会名流，对此都持完全否定的态度，他们断言比空气重的物体无法飞上天空。

法国著名数学家勒让德(Adrien—Marie Legendre,1752—1833)就是最先反对制造飞机的人。他认为:造一种比空气重的装置进行飞行是异想天开;能量守恒原理发现者之一的德国物理学家赫姆霍茨对飞机飞行大泼冷水,他从物理学的角度论证了:机械系统的飞行是根本没有希望的,是纯属空想;美国著名的天文学家西蒙·纽康(Simon Newcolnb,1835—1909)从科学上充分地论证:比空气重的机械绝不可能飞起来;英国皇家学会主席、享誉全球的开尔文爵士断言:比空气重的飞行机器要飞上天是不可能的;法国军事战略家、第一次世界大战盟军总指挥,费迪南德·福煦(Ferdinand Foch,1851—1929)在第一次世界大战之前说:"飞机是有趣的玩具,但是在军事上它毫无价值。"

但是,就在这大多数专家、学者都认为飞机依靠自身动力的飞行是"完全不可能"的情况下,一批探索者却在前仆后继要把达·芬奇图纸上的飞机变为现实。

1804 年,英国的乔治·凯利爵士?(George Cayley,1773—1857)第一个开始有计划的设计和实验飞机,1809 年他设计的滑翔机可以作短途滑翔飞行;1842 年起,英国斯特林费洛(1799—1883)和亨森(Henson,1805—1855)开始研制以蒸汽机为动力的飞机模型,1848 年造出一个总质量为 4.5 千克的模型,飞行了 40 米;1871 年,法国人佩诺(Peinuo,1850—1880)设计出一种具有稳定尾翼、以蒸汽机为动力的单翼飞机模型,飞行了 60 米;1891 年,德国航空先驱利林塔尔(Otto Lilien-thal,1848—1896)完成了首次短程滑翔飞行,后来又进行了多次滑翔飞行,最远可飞 300 多米;1903 年 10 月 7 日,美国物理学家兰利(S. P. Langht,1834—1906)乘坐由自己设计的以汽油机代替蒸汽机为动力的飞机进行试飞,试飞虽然不顺利,但飞机动力的改进,是一个很大的进步。

1903 年 12 月 17 日,这是航空史上应该永远记住的日子。美国的莱特兄弟(Wilbur Wright,1867—1912 和 Orville Wright,1871—1948)在卡罗来纳州的基蒂霍克上空,驾驶自己动手设计制造的活塞式汽油发动机"飞行者 1 号"飞机试飞成功,从此开创了人类飞行的新纪元。

面对这即将到来的飞行时代,他们的成果并没有得到社会的承认。莱特兄弟把这个消息告诉报社时,报社根本不相信,拒不发布消息。美国的西蒙·纽康仍认为飞机绝对不适合作为一种载人的工具,哪怕运载一个人,也超出了技术的限度。在这些名流的影响下,美国国会通过了"禁止武装力量今后资助建造飞机工作"的法案,专利局也宣布不受理比空气重的飞行器的发明专利。

莱特兄弟坚信动力飞行器的时代一定会到来,1904 年 5 月他们造出了"飞行者 2 号",并进行了 105 次飞行试验。1904 年冬天,他们又造出了"飞行者 3 号",在这架飞机上,他们改进了操纵系统,1905 年 10 月 5 日,哥哥威尔伯驾驶这架飞机,在空中整整飞行了 38 分钟,航程 38.6 公里。即使是这样,他们的成果还是没有得到社会的认可,当莱特兄弟企图向美国陆军及英国政府出售技术时,均遭到拒绝。1907 年,威尔伯带着新造好的飞机,去欧洲商谈专利和制造事宜,也无功而返。

由此可见,航空业在发展初期是多么的艰难,创新要得到社会的承认又是多么的不容易。事情到了 1908 年,终于有了转机,莱特兄弟在法国举行的一次航空表演中,用新造的飞机,打破了当时所有的飞机航空记录,莱特兄弟的伟大创举,终于得到了世界承认。

人类发明飞机的不平凡历程,能给我们许多有益的启示:

那些断言飞机不能上天的学者们,失误的原因在于:仅认识到,流体静力学的阿基米德原理,能使轻于空气的物体飞行;其不知,能支持飞机飞行的是流体动力学的柏努利定律。可见,现有的知识体系并不能解释和判断所有的事情。

敢于探索、勇于实践的精神从本质上讲,是一种科学精神。敢于打破思想僵化的这种科学精神是"一份人们永远取之不尽的财富"。

飞机的发明有力说明了,不迷信权威、突破传统、勇于创新的认识观念,开创了飞上蓝天的新时代。

正是有了这样勇于创新的认识观念,有了敢于探索、勇于实践的科学精神,有了不断发展的科学理论作支撑,人类的航天航空事业才一步步取得了长足发展。

二、宇宙空间和宇宙航行

宇宙空间是指地球大气层之外的空间领域,也称外层空间。

1981 年,国际宇航联合会第 32 届大会上,正式把人类可以利用、活动的环境和场所,划分为四个部分:人类的第一环境,陆地;人类的第二环境,海洋;人类的第三环境,100—120km 以下大气层空间;人类的第四环境,100—120km 以上的外层空间。

人类进入第四环境要比进入第二、第三环境要困难的多。因为,地球对一切物体都有吸引力,人类要走向宇宙空间,首先要克服地球的引力;其次,还要采取复杂的措施克服真空的影响;再次,要能使飞行器适应剧烈变化的温度环境;最后,还要做到遮挡宇宙有害辐射。1903 年人类第一架飞机上天,仿照航海的提法,人们把飞机在空气中飞行定义为"航空"。

1957 年,随着人造地球卫星升入太空,人们又创造了"航天"一词。一般的"天"字,是指"地面以上的高空",而航天中的天则另有一番含义。科学家规定:飞行器在可感知的地球大气层外的太阳系内航行活动称为"航天"。航天用的各种飞行器如人造卫星、载人飞船、航天飞机、行星探测器等统称"航天器"。

"航宇"是指在太阳系以外的宇宙空间里航行。

中国第一颗人造地球卫星
"东方红1号"

"宇宙航行"是指航天和航宇的合称，是指载人或不载人的航天器在地球大气层以外的宇宙空间的航行活动，又称"空间飞行"。航宇目前还不现实，但随着航空和航天科学技术的发展终将实现。

第一宇宙速度（又称环绕速度）：是指物体紧贴地球表面作圆周运动的速度，也是人造地球卫星的最小发射速度，大小为 7.9km/s。

第二宇宙速度（又称脱离速度）：是指物体完全摆脱地球引力束缚，飞离地球的所需要的最小初始速度，大小为 11.2km/s。

第三宇宙速度（又称逃逸速度）：是指在地球上发射的物体摆脱太阳引力束缚，飞出太阳系所需的最小初始速度，其大小为 16.7km/s。

太阳系是辽阔的，地球与近邻月球的平均距离为 38.44 万公里，以第一宇宙速度飞行需要一两天的时间。与邻近的行星火星的最近距离为 7800 万公里，与冥王星的距离为 45 亿—60 多亿公里，航天器飞向它们的飞行距离则更远，以第二宇宙速度飞行需要 2—4 个月或 30—40 年。但太阳距最近恒星的距离达 43 万亿公里，约 4.3 光年（光年即光在一年时间中行走的距离），以第三宇宙速度飞行需要近 10 万年的时间。而银河系的直径达 10 万光年，在银河系外还有千亿个河外星系。很显然，要冲出太阳系到银河系乃至河外星系去活动，用现在的火箭是不能胜任的，需要创造出更先进的动力工具，去战胜这遥远的距离，这需要科学的更大进步。正像钱学森（1911—2009），指出的：

要实现航宇的理想，人类的科学技术还需要有几次大的飞跃。

三、人造地球卫星

人造地球卫星是指环绕地球飞行并在空间轨道运行一圈以上的无人航天器，简称人造卫星。人造卫星是发射数量最多、用途最广、发展最快的航天器。

1957 年 10 月 4 日前苏联发射了世界上第一颗人造卫星。之后，美国、法国、日本也相继发射了人造卫星。中国于 1970 年 4 月 24 日发射了"东方红 1 号"人造卫星。

人造卫星的运动轨道取决于卫星的任务要求,区分为低轨道、中高轨道、地球同步轨道、地球静止轨道、太阳同步轨道、大椭圆轨道和极轨道。卫星一天可绕地球飞行几圈到十几圈,不受领土、领空和地理条件限制,视野广阔,能迅速与地面进行信息交换,包括地面信息的转发,也可获取地球的大量遥感信息,一张地球资源卫星图片所遥感的面积可达几万平方千米。

1、通信卫星

在卫星轨道高度达到 3.58 万公里,并沿地球赤道上空与地球自转同一方向飞行时,卫星绕地球旋转周期与地球自转周期完全相同,相对位置保持不变。此卫星在地球上看来是静止地挂在高空,称为地球静止轨道卫星,简称静止卫星。这种卫星可实现卫星与地面站之间的不间断的信息交换,并大大简化地面站的设备。目前绝大多数通过卫星的电视转播和转发通信是由静止通信卫星实现的。若有 3 颗地球静止轨道卫星,彼此相隔 120 度,就可实现除地球两极部分地区外的全球通信。利用卫星进行通信和平常的地面通信相比较,具有通信容量大、覆盖面积广、通信距离远、可靠性高、灵活性好和成本低的优点。通信卫星已进入相当成熟的实际应用阶段,特别是随着地球静止轨道卫星通信技术的发展,它的应用日益广泛。它可用于传输电话、电报、电视、报纸、图文传真、语音广播、数据、视频会议等。

通信卫星已用于国际、国内和军事通信业务,同时开展了区域性通信和卫星对卫星的通信。卫星通信技术已赋有很浓的军事色彩,它在战略通信和战术通信中占有绝对的优势。目前,各国已有的国际、国内卫星通信系统都承担着军事通信任务。

2、气象卫星

气象卫星利用所携带的各种气象遥感器,接收和测量来自地球、海洋和大气的可见光辐射、红外线辐射和微波辐射信息,再将它们转换成电信号传送给地面接收站。气象人员根据收集的信息,经过处理,得出全球大气温度、湿度、风等气象要素资料。几小时就可得到全球气象资料,从而做出长期天气预报,确定台风中心位置和变化,预报台风和其它风暴。气象卫星对于保证航海和航空的安全,保证农业、渔业和畜牧业生产,都有很大作用。

随着航天技术的进一步发展,气象遥感器将向多样化、高精度方向发展,大大丰富气象预报的内容和提高预报精度。同时气象卫星提供的云图也将由静态云图向动态云图方向发展,这将会引起气象卫星发展的一次重大突破。

3、地球资源卫星

资源卫星是在侦察卫星和气象卫星的基础上发展而来的,利用星上装载的多光谱遥感器获取地面目标辐射和反射的多种波段的电磁波,然后把它传送到地面,再经过处理,变成关于地球资源的有用资料。

地球资源卫星可广泛用于：地下矿藏、海洋资源和地下水源调查；土地资源调查、土地利用、区域规划；调查农业、林业、畜牧业和水利资源合理规划管理；预报农作物长势和收成；研究自然植物的生成和地貌；考查和监视各种自然灾害如病虫害、森林火灾、洪水等；环境污染、海洋污染；测量水源、雪源；铁路、公路选线，港口建设，海岸利用和管理，城市规划。地球资源卫星具有重大的经济价值和潜在的军事用途。

4、导航卫星

这种卫星发出一对频率非常稳定的无线电波，海上船只、水下的潜艇和陆地上的运动体等都可以通过接收卫星发射的电波信号来确定自己的位置。利用导航卫星进行导航是航天史上的一次重大技术突破，卫星可以覆盖全球进行全天候导航，而且导航精度高。导航卫星全球定位系统（GPS），采用伪随机码测距，系统能进行全天候、全天时、实时三维导航定位，定位精度 10 米以下，用于舰船、飞机和陆上活动目标等，该系统需要 18－24 颗卫星组网。

5、侦察卫星

在各类应用卫星中侦察卫星发射得最早，发射的数量也最多。侦察卫星有照相侦察和电子侦察卫星两种。照相侦察卫星是用光学设备对地面目标进行拍照的卫星，它们在近地轨道上进行普查和详查。电子侦察卫星利用星载电子设备截获空间传播的电磁波，并转发到地面，通过分析和破译，获得敌方的情报。电子侦察的目的是确定他方的飞机、雷达等系统的位置和特征参数，窃听他方的无线电和微波通信。

四、宇宙飞船

宇宙飞船，是运送航天员、货物到达太空并安全返回的一种一次性使用的航天器。它能基本保证航天员在太空短期生活并进行一定的工作，它的运行时间一般是几天到半个月，一般乘 2 到 3 名航天员。

至今，人类已先后研究制出三种构型的宇宙飞船，即单舱型、双舱型和三舱型飞船。其中单舱式最为简单，只有宇航员的座舱，美国第 1 个宇航员格伦就是乘单舱型的"水星"号飞船上天的。双舱型飞船是由座舱和提供动力、电源、氧气和水的服务舱组成，它改善了宇航员的工作和生活环境，世界第 1 个男女宇航员乘坐的前苏联"东方"号飞船、世界第 1 个出舱宇航员乘坐的前苏联"上升"号飞船以及美国的"双子星座"号飞船均属于双舱

宇宙飞船

型。最复杂的就是三舱型飞船，它是在双舱型飞船基础上或增加 1 个轨道舱，用于增加活动空间、进行科学实验等，或增加 1 个登月舱（登月式飞船），用于在月面着陆或离开月面，前苏联/俄罗斯的联盟系列和美国"阿波罗"号飞船是典型的三舱型飞船。

虽然宇宙飞船是最简单的一种载人航天器，但它还是比无人航天器（例如卫星）复杂得多。因为要载人就增加了许多特设系统，以满足宇航员在太空工作和生活的多种需要。例如，用于空气更新、废水处理和再生、通风、温度和湿度控制等的环境控制和生命保障系统，报话通信系统、仪表和照明系统、航天服、载人机动装置和逃逸救生系统等。当然，掌握航天器再入大气层和安全返回技术也至关重要。尤其是宇宙飞船，除了要使飞船在返回过程中的制动过载限制在人的耐受范围内，还应使其落点精度比返回式卫星要高，从而及时发现和营救宇航员。前苏联载人宇宙飞船就曾因落点精度差，结果使宇航员困在了冰天雪地的森林中差点被冻死。目前，掌握航天器返回技术的国家只有美国、俄罗斯和中国。

五、航天飞机

航天飞机是可重复使用、往返于太空和地面之间的航天器。航天飞机结合了飞机与航天器的特性，像有翅膀的太空船，外形像飞机。升入太空时跟其他单次使用的载具一样，是由辅助的运载火箭发射脱离大气层进入太空，它也能像载人飞船那样在轨道上运行，还能像飞机那样在大气层中滑翔着陆。航天飞机可用于卫星释放、卫星捕获、卫星检修、大型空间构件输送和组装及太空科学实验等一系列高难度作业。航天飞机为人类自由进出太空提供了一种新型航天航空飞行器。

"哥伦比亚"号航天飞机

美国是世界上最早研制航天飞机的国家，从 1972 年开始用了十年的时间耗费 100 亿美元先后有六架航天飞机问世，他们是：

"开拓者"号，也称"企业"号；

"哥伦比亚"号，首航时间：1981 年 4 月 12 日；

"挑战者"号，首航时间：1983 年 4 月 4 日；

"发现"号，首航时间：1984 年 8 月 30 日；

"亚特兰蒂斯"号，首航时间：1985 年 10 月 3 日；

"奋进"号，首航时间：1992 年 5 月 7 日。

这六架航天飞机中，"开拓者"号只用于测试，一直未进入轨道飞行和执行太空任务。

"哥伦比亚"号是第一架正式服役的航天飞机。它在 1981 年 4 月 12 日首次执行代号 STS—1 的任务,正式开启了美国航空太空总署(NASA)的太空运输系统(STS)计划之序章。然而很不幸的,哥伦比亚号在 2003 年 2 月 1 日,在执行代号为 STS—107 的第 28 次任务重返大气层的阶段中与控制中心失去联系,并且在不久后被发现在德克萨斯州上空爆炸解体,机上 7 名太空人全部遇难。

"挑战者"号是第二架正式服役的航天飞机。于 1983 年 4 月 4 日正式进行首航。不幸的是,挑战者号在 1986 年 1 月 28 日进行代号为 STS—51—L 的第 10 次太空任务时,因为右侧固态火箭推进器上面的一个调压密封圈弹性性能失效,导致燃料泄漏继而使航天飞机在升空后 73 秒时,爆炸解体坠毁,机上的 7 名太空人全在该次意外中丧生。

美国的航天飞机在 30 年历史的航天飞行中完成了 135 次升空任务。2011 年 7 月 8 日上午美国"亚特兰蒂斯"号航天飞机从佛罗里达肯尼迪航天中心成功发射升空,这是美国所有航天飞机的最后一次飞行。7 月 21 日美国"亚特兰蒂斯"号航天飞机于美国东部时间 21 日晨 5 时 57 分(北京时间 21 日 17 时 57 分)在佛罗里达州肯尼迪航天中心安全着陆,结束其"谢幕之旅",这寓意着美国 30 年的航天飞机时代宣告终结。

除美国发射了航天飞机外,前苏联也在 1988 年 11 月 16 日首次发射了"暴风雪"号航天飞机。"暴风雪"号从拜科努尔航天中心发射升空,它绕地球飞行两圈,在太空遨游 3 小时后,按预定计划安全返航,准确降落在离发射地点 12 千米外的混凝土跑道上,完成了一次无人驾驶的试验飞行。原计划一年后进行载人飞行,但由于机上系统的安全可靠尚未得到充分保证,加之其后政治和经济等方面的原因,载人飞行便拖了下来。

虽然航天飞机是当前世界上最先进的天地往返飞行器,但其安全性和可靠性要远远低于相对简单的宇宙飞船。所以,美国现在已经着手研制新的天地往返飞行器,即航空航天飞机,简称空天飞机。空天飞机是一种即能航空又能航天的新型飞行器。它能像普通飞机一样起飞,以高超音速在大气层内飞行,在 30—100km 的高空飞行速度为 12—25 倍音速,并直接加速进入地球轨道,成为航天飞行器,返回大气层后,像飞机一样在机场着陆,它可以自由方便地返回大气层。

六、空间站

空间站又称航天站、太空站或轨道站。是一种在近地轨道长时间运行,可供多名航天员巡访、长期工作和生活的载人航天器。空间站分为单一式和组合式两种。单一式空间站可由航天运载器一次发射入轨,组合式空间站则由航天运载器分批将组件送入轨道,在太空组装而成。

按时间顺序讲,前苏联是首先发射载人空间站的国家,共发射8座空间站。

前苏联的"礼炮1号"空间站在1971年4月发射,空间站由轨道舱,服务舱和对接舱组成,呈不规则的圆柱形,总长约12.5米,最大直径4米,总重约18.5吨。它在约200多千米高的轨道上运行,站上装有各种试验设备,照相摄影设备和科学实验设备。相继与"联盟10号","联盟11号"两艘飞船对接组成轨道联合体,有3名航天员进站内生活工作近24天,完成了大量的科学实验项目,但这3名航天员乘"联盟11号"飞船返回地球过程中,由于座舱漏气减压,不幸全部遇难。

前苏联的"礼炮2号"空间站发射到太空后由于自行解体而失败。

前苏联发射的"礼炮"3、4、5号小型空间站均获成功,航天员进站内工作,完成多项科学实验。

其"礼炮"6、7号空间站相对大些,也有人称它们为第二代空间站。它们各有两个对接口,可同时与两艘飞船对接,航天员在站上先后创造过210天和237天长期生活记录,还创造了首位女航天员出舱作业的记录。

前苏联于1986年2月20日发射入轨了"和平"号空间站,"和平"号是一阶梯形圆柱体,全长13.13米,最大直径4.2米,重21吨,预计寿命10年。它由工作舱,过渡舱,非密封舱三个部分组成,共有6个对接口。"和平"号作为一个基本舱,可与载人飞船,货运飞船,4个工艺专用舱组成一个大型轨道联合体,从而扩大了它的科学实验范围。四个专业舱都有生命保障系统和动力装置,可独立完成在太空机动飞行。其中一个是工艺生产实验舱,一个是天体物理实验舱,一个是生物学科研究舱,一个是医药试制舱。这几个实验舱可根据任务需要更换设备,成为另一种新的实验舱。自"和平"号空间上天以来,至1993年底,已经接待了一艘"联盟T号"和17艘"联盟TM号"载入飞船,并先后与"进步"号,"进步M号"货运飞船和"量子"号,"晶体"号专用工艺舱对接组成轨道联合体。宇航员们进行了天体物理,生物医学,材料工艺试验和地球资源勘测等科学考察活动。2000年底俄罗斯宇航局因"和平"号部件老化且缺乏维修经费,决定将其坠毁。"和平"号最终于2001年3月23日坠入地球大气层,碎片落入南太平海域中。

美国在1973年5月14日成功发射了一座叫"天空实验室"的空间站,它在435千米高的近圆空间轨道上运行。"天空实验室"全长36米,最大直径6.7米,总重77.5吨,由轨道舱,过渡舱和对接舱组成,可提供360立方米的工作场所。1973年5月25日,7月28日和11月16日,先后由"阿波罗"号飞船把宇航员送上空间站工作。在载入飞行期间,宇航员用58种科学仪器进行了270多项生物医学,空间物理,天文观测,资源勘探和工艺技术等试验,拍摄了大量的太阳活动照片和地球表面照片,研究了人在空间活动的各种现象,直到1979年7月12日在南印度洋上空坠入大气层烧毁。

现今世界上最大的空间站是国际空间站。国际空间站的设想是 1983 年由美国前总统里根（Ronald Wilson Reagan,1911—2004）首先提出的,即在国际合作的基础上建造迄今为止最大的载人空间站。经过近十余年的探索和多次重新设计,直到苏联解体、俄罗斯加盟,国际空间站才于 1993 年完成设计,开始实施。

该空间站以美国、俄罗斯为首,包括加拿大、日本、巴西和欧空局①共 16 个国家参与研制。其设计寿命为 15—20 年,运行轨道高度为 397 千米,载人舱舱内大气压与地表面相同,可载 6 人。国际空间站结构复杂,规模大,由航天员

国际空间站站徽

居住舱、实验舱、服务舱、对接过渡舱、桁架、太阳能电池等部分组成,建成后总质量将达 438 吨,长 108 米,宽（含翼展）88 米。组装成功后的国际空间站将作为科学研究和开发太空资源的手段,为人类提供一个长期在太空轨道上进行对地观测和天文观测的机会,能提供比地球上好得多、甚至在地球无法提供的优越科研条件。同时,国际空间站的建成和应用,也是向着建造太空工厂、太空发电站,进行太空旅游,建立永久性居住区（太空城堡）等载人航天的远期目标接近了一步。

第二节 阿波罗登月计划与宇宙探秘

一、运载火箭和"阿波罗"登月计划

运载火箭是第二次世界大战后,在导弹的基础上开始发展的。第一枚成功发射卫星的运载火箭是前苏联用洲际导弹改装的卫星号运载火箭。到 20 世纪 80 年代,苏联、美国、法国、日本、中国、英国、印度和欧洲空间局已研制成功 20 多种大、中、小运载能力的火箭。最小的仅重 10.2 吨,推力约 12.7 吨力,只能将 1.48 公斤重的人造卫星送入近地轨道;最大的重 2900 多吨,推力 3400 吨力,能将 120 多吨重的载荷送入近地轨道。

---

① 欧洲太空局:欧洲国家组织和协调空间科学技术活动的机构。英文缩写 ESA。简称欧空局。1975 年 5 月 30 日由原欧洲空间研究组织和欧洲运载火箭研制组织合并而成。正式成员国有比利时、丹麦、法国、德国、英国、意大利、荷兰、西班牙、瑞典、瑞士和爱尔兰 11 个国家,非正式成员国有奥地利和挪威。加拿大为观察员。

目前常用的运载火箭按其所用的推进剂来分,可分为固体火箭、液体火箭和固液混合型火箭三种类型。如我国的"长征3号"运载火箭是一种三级液体火箭;"长征1号"运载火箭则是一种固液混合型的三级火箭,其第一级、第二级是液体火箭,第三级是固体火箭;美国的飞马座运载火箭则是一种三级固体火箭。按级数来分,运载火箭可以分为单级火箭、多级火箭。其中多级火箭按级与级之间的连接形式来分,分为串联型、并联型、串并联混合型三种。串联型火箭级与级之间的连接分离机构简单,其上面级的火箭发动机在高空点火。并联型火箭的连接分离机构较串联型复杂,其核芯级第一级火箭与助推火箭在地面同时点火。苏联发射世界上第一颗人造地

美国"阿波罗11号"
飞船发射升空

球卫星的卫星号运载火箭,就是在中间芯级火箭的周围捆绑了4支助推器。助推器与芯级火箭在地面一起点火,燃料用完后关机抛离。我国的"长征2号"E运载火箭则是一枚串并联混合型火箭,其第一级火箭周围捆绑了4枚助推器,在第一级火箭上面又串联了一枚第二级火箭。

世界上主要的运载火箭有:美国的大力神系列运载火箭,美国的宇宙神系列运载火箭(曾经发射过世界上第一颗通信卫星、美国第一艘载人飞船等),美国的德尔它系列运载火箭,美国的土星-V系列运载火箭(专为阿波罗登月计划而研制的、迄今为止最大的巨型运载火箭,曾先后将12名宇航员送上月球),俄罗斯的东方号系列运载火箭(是世界上第一种载人航天运载工具,它创造了多个世界第一,发射了第一颗人造卫星、第一颗月球探测器、第一颗金星探测器、第一颗火星探测器、第一艘载人飞船、第一艘无人载货飞船等),俄罗斯的质子号系列运载火箭(是世界上第一种用于发射空间站的运载火箭),前苏联/俄罗斯的能源号运载火箭(曾将苏联的暴风雪号航天飞机成功地送上天),欧洲11个国家组成的欧空局阿里安系列运载火箭。到目前为止我国共研制了12种不同类型的长征系列火箭,能发射近地轨道、地球静止轨道、太阳同步轨道的卫星和神舟号载人飞船。

人类对月球的探测研究开始于20世纪50年代,是美国和前苏联在冷战的背景下开展的一个激烈的太空竞赛。

1957年,前苏联发射了世界上第一颗人造地球卫星。

1961年4月12日,前苏联的"东方"号宇宙飞船进入太空,尤里·加加林身穿90公斤重的太空服,成为世界上第一个进入宇宙空间并从宇宙中看到地球全貌的航天英雄。尤里·加加林的名字,连同他那迷人的微笑,传遍了世界每个角落。

这样的情景使人们看到,美国落后了。20世纪50年代末至60年代初,在航天

竞赛中处于劣势的美国人决心不惜一切代价,重振昔日科技和军事领先的雄风。

就在前苏联宇航员尤里·加加林乘坐"东方"号宇宙飞船成功航行的当天下午,美国总统肯尼迪召开了空间事务应急会议,研究了美国面对苏联的空间技术的挑战所应采取的对策。1961 年 5 月 25 日,肯尼迪总统(John Fitzgerald Kennedy,1917－1963)代表政府向国会宣布:

"在这 10 年内,将把一个美国人送上月球,并使他重返地面。"

人类首次登上月球

这就是 20 世纪举世闻名的"阿波罗"登月计划,又称"阿波罗"登月工程。

"阿波罗"是古代希腊神话传说中的一个掌管诗歌和音乐的太阳神,传说他是月神的胞弟,曾用金箭杀死巨蟒,替母亲报仇雪恨。美国政府选用这位能报仇雪恨的太阳神来命名登月计划,其心情可想而知。

"阿波罗"登月工程是美国从 1961 年到 1972 年从事的一系列载人登月飞行任务,工程开始于 1961 年 5 月,至 1972 年 12 月第 6 次登月成功结束,历时约 11 年,耗资 255 亿美元。在工程高峰时期,参加工程的有 2 万家企业、200 多所大学和 80 多个科研机构,总人数超过 30 万人。

人类首次登月的征程开始于 1969 年 7 月 16 日,当天的美国东部时间 9 时 32 分,巨大的"土星 5 号"火箭载着"阿波罗 11 号"飞船从美国肯尼迪航天中心发射升空。"阿波罗 11 号"的机组成员由指令长尼尔·阿姆斯特朗、登月舱驾驶员爱德温·奥尔德林和指令舱驾驶员迈克尔·柯林斯组成。"阿波罗 11 号"飞船历时 3 天跨过 38 万公里的航行,承载着全人类的梦想踏上了月球表面。1969 年 7 月 20 日 22 时 56 分,宇航员阿姆斯特朗首次也是人类的第一次把脚踏在了月球表面细细的尘土上,然后他道出了那句极富哲理的名言:

"这只是一个人的一小步,但却是整个人类的一大步"。

然后,阿姆斯特朗和奥尔德林他们在月面展开太阳电池阵,安设月震仪和激光反射器,还采集了 22 公斤月球岩石和月壤样品。他们在月面上插上了一块纪念碑,并大声地朗读着碑上刻着的铭文:"我们为全人类的和平而来"。奥尔德林用阿姆斯特朗的摄像机将足印一一摄下,并把着陆地点也仔细拍了一遍。接着阿姆斯特朗又接过摄像机,拍了许多奥尔德林在着陆地点工作的著名的镜头。

这样，美国率先登陆月球完成了人类一大梦想。从 1969 年 11 月至 1972 年 12 月，美国又相继发射了"阿波罗"12、13、14、15、16、17 号飞船，其中除"阿波罗 13 号"飞船因服务舱液氧箱爆炸中止登月任务（三名宇航员驾驶飞船安全返回地面）外，其余均登月成功，登月计划中总共有 12 名宇航员登上了月球。

阿姆斯特朗留下的脚印

二、空间探测

1、空间探测

空间探测是对地球高层大气和外层空间所进行的探测。以探空火箭、人造地球卫星、人造行星、宇宙飞船和具有特定探测任务的空间探测器等飞行器为主，与地面观测台站网相配合就构成了完整的空间探测体系。

人类虽然一直向往广漠的宇宙空间，但真正有意义的行动始于 1783 年施放的第一个升空气球，限于当时的技术条件，不可能上升很高，探测的局限性很大。第二次世界大战后发射的 V-2 探空火箭，最高也只达到约 160 千米的高度。1957 年 10 月 4 日第一颗人造地球卫星发射成功，从此人类跨进了宇宙空间的大门，开始了空间探测的新时代。在随后的几十年间，对月球、行星和行星际空间进行了有成效的探测，探测领域不断扩大。

空间探测器，也称深空探测器，是用于探测地球以外天体和星际空间的无人航天器。空间探测器的基本构造多与人造地球卫星相近，但探测器通常用于执行某一特定探测或调查的任务，因而会携带相应的特殊设备。由于离地球较远通信不畅，空间探测器通常有较完备的自动化系统，甚至具有一定程度的人工智能，以便在无人控制的情况下按实际情况来进行任务。

在深空探测方面，美国走在了世界的前列，曾前后发射实施了"水手"系列、"先驱者"系列、"旅行者"系列等著名的宇宙飞船探索计划，并取得了不少的成果。

2、"先驱者"系列宇宙飞船探索计划。

"先驱者"系列宇宙飞船探索计划，是人类的第一个外太空探索计划。主要由"先驱者 10 号"和"先驱者 11 号"宇宙飞船完成，宇宙飞船由美国宇航局设计制造，各携带有十几件科学探测仪器。

1972 年 3 月 2 日美国用宇宙神-人马座运载火箭，从卡纳维拉尔发射场发射升空了"先驱者 10"号探测器，寻觅地外文明。这艘以核能为动力的小飞船，首先拜访木星，继而绕过海王星，飞出太阳系，去寻找人类的知音。

"先驱者·10号"探测器重260公斤,长2.9米,载有4台核发电装置、一台2.7米的抛物面天线、一台传输信息的8瓦发射机及11种科学探测仪器。它还给外星人携带一个特殊的礼物:一枚刻有地球上一男一女的标志牌。这枚镀金铝质标志牌上边刻有一封问候信和一张标明地球在太阳系中位置、太阳和它的九大行星的地图,旨在向宇宙传达地球上人类的信息。

美国"先驱者"10号空间探测器

"先驱者10号"探测器所携带的这个地球人给外星人的"名片"。那是一块22.5×1.5厘米的镀金铝板,上面刻有美国康奈尔大学教授卡尔·萨根(CarlSagan,1934—1996)和奥兹马计划[1]的指导者德雷克(Frank Donald Drake,1930—)共同设计的,萨根教授的夫人艺术家琳达·萨根绘制的图案。

图案左上角刻着哑铃般的图案表示宇宙间最丰富的物质氢的分子结构,里边是二进制标字1,氢原子旁边是其跃迁频率和光子的波长。氢在银河系中分布最广,外星智慧生物可能会据此理解地球人的时空度量概念。金属板右边刻有地球上的一对裸体男女形象,男的右手高举表示向太空人致意,人体背后刻有飞船轮廓,以示比较人类形体的大小。下方是一幅太阳系简图,标示出"先驱者10号"来自绕太阳运行的第三颗行星,一个细小的图形以代表探测器。从图中可以看到探测器经过木星后离开太阳系的轨道,土星更绘上了光环,希望以这个特征来突显出太阳系,便于寻找。在每个行星旁的一组二进制数字,

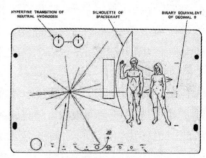

水星、金星、地球、火星、木星、土星、天王星、海王星、冥王星
"先驱者"10号探测器所携带
的标有图案的镀金铝牌

是每个行星距离太阳的相对距离,单位相等于水星公转轨道的十分之一。这封"宇宙信件"的至关重要的部分,是左方以辐射直线标出的14颗脉冲星方位以及它们到太阳系的距离,至于第15条线则表示了太阳与银河系中心的相对距离。

有关脉冲星的周期与距离都是用二进制数字表示的,当银河系的智慧生物有

---

① 奥兹马计划指的是,1960年在美国西维吉尼亚的国家射电天文台,使用26米直径的射电望远镜探索外星文明的计划,这通常被认为是最早的以无线电搜寻地外文明信息的行动。

机会接触这幅脉冲星图案时,根据他们过去的天文记录,就能判明太阳在银河系中的位置,判断地球在太阳系的位置。

到 1983 年 6 月 14 日,"先驱者 10 号"探测器,历时 11 年行程 56 亿公里率先飞出了太阳系,成为地球历史上第一艘飞出太阳系的探测器。它满载着人类寻找"知音"的希望,正在向银河系深处飞行。

"先驱者 11 号"宇宙飞船于 1973 年 4 月 6 日,在佛罗里达州的卡纳维拉尔发射场发射升空。它是第二个用来研究木星和外太阳系的空间探测器。"先驱者 11 号"不仅拜访木星,它还用了木星的强大引力去改变它的轨道飞向土星。它靠近土星后,就顺着它的逃离轨道离开太阳系。

"先驱者 11 号"同"先驱者 10 号"一样,作为首批飞出太阳系的人类飞船,都携带了一块特殊的镀金铝质标志牌,希望它能够向外星文明传去关于我们地球人类的信息。

3、"旅行者"系列宇宙飞船空间探测

1977 年 8 月 20 日和 9 月 5 日,美国先后发射了"旅行者 2 号"和"旅行者 1 号"探测器,这两个姊妹探测器沿着两条不同的轨道飞行,将从不同方向飞出太阳系,担负探测太阳系外围行星的任务。幸运的是这次任务刚巧能碰上了 176 年一遇的行星几何排列,这也是一种有意的安排,太空船只需要少量燃料以作航道修正,其余时间可以借助各个行星的引力加速,以一艘太空船就能造访太阳系里的四颗气体行星:木星、土星、天王星及海王星。两艘姊妹船"旅行者 1 号"及"旅行者 2 号"就是为了这次机会而设计,它们的发射时间是被计算过以便充分巧妙地利用巨行星的引力作用,使它们适时改变轨道,从而达到同时探测多颗行星及其卫星的目的。两艘太空船只需要用上 12 年的时间就能造访四个行星,而非一般的 30 年时间。两探测器各重 815 千克,结构大体相同,携带有 105 千克科学探测仪器。它的主体是扁平的十面棱柱体,顶端装有一直径为 3.7 米的抛物面天线,左右两侧各伸出一根悬臂,较长的一根是磁强计支柱,短的一根是科学仪器支架。探测仪器有 10 种,主要是行星及其卫星的摄像设备和各种空间环境探测设备,耗资 3.5 亿美元。

"旅行者 1 号"和"旅行者 2 号"探测器,它们都还携带有一张特殊的铜质磁盘唱片。唱片有 12 英寸厚,镀金表面,内藏金刚石留声机针。这意味着即使是十亿年之后,这张唱片的音质依然和新的一样,以备当太空船被外太空智慧生物捕获时可与他们沟通。唱片中的内容包括用 55 种人类语言录制的问候语,各类声音、音乐。另外,磁盘上还有 115 幅影像,包括太阳系各行星的图片、人类的性器官图像及说明等一些科学资料,一首串烧曲"地球之音"。

55 种人类语言向"宇宙人"的问候语中,包括了古代美索不达米亚阿卡得语等非常冷僻的语言，以及四种中国的方言：汉语、厦门话、粤语和吴语。吴语，又称吴方言、江南话、江浙话。在中国分布于浙江、江苏、上海、安徽、江西、福建，使用人口约八千万。在国际语言排名中，吴语在中国排第二位，在全球排第十位。通常认为苏州话具有吴语的代表性；也有人因上海话在国内外影响力较大而将其当作代表，和普通话相比，吴语保留了更多的古音因素。问候语为：

"行星地球的孩子(向你们)问好"。

唱片还包括了以下内容：时任联合国秘书长库尔特·瓦尔德海姆的问候，时任美国总统卡特的问候。内容是：

"这是一份来自一个遥远的小小星球的礼物。上面记载着我们的声音、我们的科学、我们的影像、我们的音乐、我们的思想和感情。这个地球之音是为了在这个辽阔而令人敬畏的宇宙中给予我们的希望，我们的决心和我们对遥远世界的良好祝愿。"

35 种自然界的声音：诸如鲸鱼、婴儿哭声、海浪拍打声等。

27 首古典名曲：其中有中国京剧和古曲《高山流水》、莫扎特的《魔笛》和日本的尺八曲等。

金唱片上面有多种图片，这些图片是体现人类文明现状和特点的图片。这些地球之声将带着人类的期望回荡在宇宙空间。人们希望它在宇宙中漂流的漫长岁月里能遇上地外生命，而这张唱片则传达了来自地球的信息。

旅行者 1 号和 2 号探测器携带的金光盘

"旅行者 1 号"探测了木星和土星，"旅行者 2 号"则探测了木星、土星、天王星和海王星，取得了巨大的成功，发回约 5 亿个数据。目前，旅行者探测器都已飞出太阳系，飞向茫茫宇宙深处。

三、外星文明的危险性

宇宙学专家霍金认为，外星生命存在于宇宙中许多别的地方。不仅只是行星上，也可能在恒星的中央，甚至是星际太空的漂浮物质上。按照霍金给出的逻辑，宇宙有 1000 亿个银河系，每个星系都包含几千万颗星体。在如此大的空间中，地球不可能是唯一进化出生命的行星。霍金说，参照我们人类自己就会发现,智慧生命有可能会发展成我们不愿意遇见的阶段。

我想象他们已经耗光了他们母星上的资源,可能栖居在一艘巨型太空飞船上。这样先进的外星文明可能已经变成宇宙游民,正在伺机征服和殖民他们到达的行星。

霍金最近表示,我们不应主动寻求与外星人联络,因为外星人可能是极度危险的,它们到地球来的目的,很有可能是侵略或掠夺,和这样的物种接触可能会给人类带来灾难性的后果。

中国公众多年来都只接触到一边倒的观点——讴歌和赞美对外星文明的探索,主张积极寻找外星文明并与之联络。在西方,关于人类要不要去"招惹"外星文明的争论,已有半个世纪以上的历史。

主张与外星文明接触的科学界人士,从 20 世纪 60 年代开始,推动了一系列 SETI① 计划和 METI② 计划。在这些科学界人士中美国科学家卡尔·萨根就是一个代表,他相信外星文明是仁慈的③。他们这样做的主要理由,是幻想地球人类可以通过与外星文明的接触和交往而获得更快的科技进步。很多年来,在科学主义的话语体系中,中国公众只接触到这种观点。而反对与外星文明交往的观点,则更为理智冷静,更为深思熟虑,也更以人为本。半个多世纪以来西方学者在这方面做过大量的分析和思考。比如以写科幻作品著称的科学家布林(D. Brin)提出猜测说,人类之所以未能发现任何地外文明的踪迹,是因为有一种目前还不为人类所知的危险,让所有其他外星文明都保持沉默——这被称为"大沉默"。因为人类目前并不清楚,外星文明是否都是仁慈而友好的。在此情形下,人类向外太空发送信息,暴露自己在太空中的位置,就很有可能招致那些侵略性文明的攻击。

地外文明能到达地球,一般来说它的科学技术和文明形态就会比地球文明更先进,因为我们人类还不能在宇宙中远行,不具备找到另一文明的能力。所以一旦

---

① 　SETI:以无线电搜寻地外文明信息,探索外星文明计划的总称。

② 　METI:主动向外星发送地球文明信息。

③ 　卡尔·萨根是美国天文学家,文化名流。他深深介入美国的太空探测计划,曾参与过"水手 9"号、"先驱者"系列、"旅行者"系列等著名的宇宙飞船探索计划。萨根本人坚信外星文明的存在,倾向于相信外星人曾经在古代来到过地球,特别是萨根认定外星人会对地球人类友好,相信外星文明是仁慈的。他因为撰写了多部优秀的科普图书及电视系列片《宇宙》而享誉全球。1997 年由他编剧的以 SETI 为主题的科幻电影《接触》,中译名有时称为《超时空接触》举行了首映式。

外星文明自己找上门来了,按照我们地球人以往的经验,很可能是凶多吉少。

还有些人认为,外星人的思维不是地球人的思维。它们的文明既然已经很高级了,就不会像地球人那样只知道弱肉强食。但是,我们目前所知的唯一高级文明就是地球人类,我们不从地球人的思维去推论外星人,还能从什么基础出发去推论呢?上面这种建立在虚无缥缈的信念上的推论,完全是一种对人类文明不负责任的态度。

而根据地球人类的经验和思维去推论,星际文明中同样要有对资源的争夺,一个文明如果资源快耗竭了,又有长距离的星际航行能力,当然就要开疆拓土。这个故事就是地球上部落争夺的星际版,道理完全一样。①

著名的天文学史专家上海交通大学科学史与科学文化研究院院长江晓原教授对此有清晰的解答:

按我(指江晓原)的观点:

如果地外文明存在,我们希望它们暂时不要来。我们目前只能推进人类对这方面的幻想和思考。这种幻想和思考对人类是有好处的,至少可以为未来做一点思想上的准备。但是从另一个角度来看,人类完全闭目塞听,拒绝对外太空的任何探索,也不可取,所以人类在这个问题上有点两难。我们的当务之急,只能是先不要主动去招惹任何地外文明,同时过好我们的每一天,尽量将地球文明建设好,以求在未来可能的星际战争中增加幸存下来的概率。

对地外文明的探索,表面上看是一个科学问题,但本质上不是科学问题,而是人类自己的选择问题。我们以前的思维习惯,是只关注探索过程中的科学技术问题,而把根本问题(要不要探索)忽略不管。

至少在现阶段,实施任何形式的 METI 计划,对于人类来说肯定都是极度危险的。

第三节　中国航空航天事业的发展

中国的航天事业开始于 1956 年。

1970 年 4 月 24 日,中国自行设计、制造的第一颗人造地球卫星"东方红 1 号"在酒泉发射成功,中国成为世界上第五个发射卫星的国家。

---

① 　江晓原:《新发现》,2010.11。

1975 年 11 月 26 日,中国首颗返回式卫星发射成功,3 天后顺利返回。

截至 2011 年 12 月,中国共研制并发射了 139 颗不同类型的人造地球卫星。仅从 2006 年至 2011 年,中国"长征"系列运载火箭共完成 67 次发射任务,把 79 个航天器成功送入预定轨道,其中包括 74 颗不同类型的人造地球卫星(含 4 颗国外研制卫星)、2 颗月球探测器、2 艘飞船和 1 个目标飞行器。"长征"系列运载火箭型谱进一步完善,新一代运载火箭工程研制取得重大进展。基本建成"风云"、"海洋"、"资源"、"遥感"、"天绘"等卫星系列和"环境与灾害监测预报小卫星星座"。

目前中国已经拥有研制载人飞船和通信、气象、资源、导航、科学试验等各类卫星的能力;具备研制、发射各类运载火箭的能力,在火箭捆绑技术、一箭多星技术、卫星回收技术、载人航天技术等方面达到了世界先进水平;搁置多年的大型飞机研制项目也提上了议程,有望在 2020 年拥有自己的大飞机。

经过五十多年的发展,中国的航天事业取得了以载人航天、月球探测等为标志的辉煌成就。

一、"神舟"号飞船载人航天工程

我国《高技术研究发展计划纲要》即"863 计划"七大领域中的第二领域是航天技术,其主题项目是:大型运载火箭及天地往返运输系统、载人空间站系统及其应用。"863 计划"出台后,航天领域成立了两个专家组,一是大型运载火箭及天地往返运输系统,代号 863－204;二是载人空间站系统及其应用,代号 863－205。1987 年,在原国防科工委的组织下,组建了"863 计划航天技术专家委员会"和主题项目专家组,对发展中国载人航天技术的总体方案和具体途径进行全面论证。

中国航天员杨利伟

关于天地往返运输系统是上航天飞机还是宇宙飞船意见不一致。当时,美国航天飞机自由进出太空取得了巨大轰动,所以中国国内主导意见是上航天飞机项目,宇宙飞船当时根本排不上号。在整整争论了三年后,1992 年中国载人航天计划工程正式制定,提出了研制和运行以空间站为核心的载人航天系统,而天地往返系统确定为"投资较小,风险也小,把握较大"的飞船方案,即利用中国现有的长征 2E 运载火箭发射一次性使用的宇宙飞船,作为突破中国载人航天的第一步,这项工程后来被定名为"神舟"号飞船载人航天工程。

"神舟"号飞船载人航天工程由"神舟"号载人飞船系统、"长征"运载火箭系统、酒泉卫星发射中心飞船发射场系统、飞船测控与通信系统、航天员系统、科学研究和技术试验系统等组成,是中国在 20 世纪末期至 21 世纪初期规模最庞大、技术最复杂的航天工程。1999 年 11 月 20 日,中国自行研制的第一艘无人航天试验飞船"神舟号"试飞成功。2003 年 10 月 15 日首次进行载人航天飞行,"神舟 5 号"载人飞船在酒泉卫星发射中心发射升空,中国航天员杨利伟在绕地球飞行 21 个小时后成功返回地面,中国成为世界上除美国、俄罗斯以外的第三个掌握载人飞船技术的国家。

2005 年 10 月 12 日,中国再次实施载人航天飞行,"神舟 6 号"载人飞船在酒泉卫星发射中心发射升空,两名航天员费俊龙和聂海胜在太空中经历 5 天飞行后凯旋而归。

2008 年 9 月,3 名航天员搭乘"神舟 7 号"载人飞船在太空飞行近 3 天。飞行期间,航天员翟志刚进行了中国人的第一次太空行走,标志着中国成为世界上第三个独立掌握航天员空间出舱关键技术的国家。

2011 年 11 月 3 日 1 时 36 分"天宫 1 号"目标飞行器和"神舟 8 号"飞船成功实施了首次空间交会对接。

空间交会对接是除了载人航天器的发射并返回技术、空间出舱活动技术之外,载人航天的三大基本技术之一。迄今为止,全世界共计进行了 300 多次空间交会对接活动,但只有美国和苏联/俄罗斯掌握了完整的空间交会对接技术。

"神舟八号"与"天宫一号"交会对接成功,为中国突破和掌握航天器空间交会对接关键技术,初步建立长期无人在轨运行、短期有人照料的载人空间试验平台,开展空间应用、空间科学实验和技术试验,以及建设载人空间站奠定基础、积累经验。

2012 年 6 月 16 日 18 点 37 分,"神舟九号"飞船发射升空。中国人民解放军航天员大队男航天员景海鹏、刘旺和女航天员刘洋组成三人飞行乘组。飞船将在轨飞行 13 天,并与"天宫一号"目标飞行器进行两次交会对接,第一次为自动交会对接,6 月 18 日 14 时许,在完成捕获、缓冲、拉近和锁紧程序后,"神舟九号"与"天宫一号"紧紧相牵,中国首次载人自动交会对接取得成功。第二次为手控交会对接,6 月 24 日"神舟九号"航天员刘旺驾驶飞船与"天宫一号"目标飞行器对接,在 12 时 48 分对接机构成功接触,12 时 55 分,一个多小时前刚刚分开的"神舟九号"与"天宫一号"实现刚性连接,再次形成组合体,中国首次手控空间交会对接取得成功。

手动控制和自动控制是交会对接的两种手段,互为备份,缺一不可。"神舟九号"与"天宫一号"两次交会对接成功,标志着中国成为世界上第三个完整掌握空间交会对接技术的国家。具备了以不同对接方式向在轨航天器进行人员输送和物资补给的能力,拥有了建设空间站的基本能力。

二、月球探测工程

中国的月球探测工程被列为《国家中长期科学和技术发展规划纲要(2006—

2020 年)》十六个重大专项之一,作为一项国家战略性科技工程。

月球探测工程分为绕、落、回三个阶段,即月球探测工程三步曲,这三个阶段构成中国的不载人月球探测的整体计划,也称为嫦娥工程。

第一步为"绕":环月探测阶段。月球探测工程一期工程也称绕月探测工程,是中国月球探测的第一阶段,将研制和发射第一个月球探测器,即发射第一颗月球探测卫星,环绕月球一年,对月球进行全球性、整体性与综合性的科学探测,开展月球地貌地形、物质成分、月壤特性和日地月空间环境的探测。

中国月球探测
工程标识

2007 年 10 月 24 日,中国首颗月球探测卫星"嫦娥 1 号"在西昌卫星发射中心由"长征 3 号甲"运载火箭发射升空。"嫦娥 1 号"探测器以中国古代神话人物"嫦娥"来命名的。"嫦娥 1 号"卫星发射后顺利完成了预定的各项探测任务,成功实现"精确变轨,成功绕月"的预定目标,获取大量科学数据和全月球影像图,并于 2009 年 3 月 1 日 16 时 13 分成功实施了"受控撞月"任务,为中国月球探测的一期工程,划上了圆满句号。

2010 年 10 月 1 日"嫦娥 2 号"卫星在西昌卫星发射中心由"长征 3 号"丙火箭发射升空。

"嫦娥 2 号"卫星在中国首颗月球探测卫星"嫦娥 1 号"备份星的基础上,进行了技术改进和适应性改造,其主要目标是为中国探月工程二期"嫦娥 3 号"任务实现月面软着陆,验证部分关键技术。"嫦娥 2 号"卫星成功获取了分辨率更高的全月球影像图和"嫦娥 3 号"预选月球虹湾着陆区域高清晰影像。

2011 年 6 月 9 日下午 4 时 50 分 5 秒"嫦娥 2 号"飞离月球轨道,向 150 万公里外的第 2 拉格朗日点①进行深空探测。此次"嫦娥 2 号"主要测试深空探测能力,当前"嫦娥 2 号"最为重要的任务是到达预定的区域,证明中国目前已经有能力到达那里,为以后进行火星等其他深空探测打下良好的基础,并储备一些宝贵的信息材料,成为第一颗直接从月球轨道飞向深空轨道的卫星。

---

①　在天体力学中,拉格朗日点又称天平点是限制性三体问题的五个特解。例如,两个天体环绕运行,在空间中有五个位置可以放入第三个物体,并使其保持在两个天体的相应位置上。理想状态下,两个同轨道物体以相同的周期旋转,两个天体的万有引力与离心力在拉格朗日点平衡,使得第三个物体与前两个物体相对静止。第 2 拉格朗日点在两个大天体的连线上,在两个天体的外侧,且在较小的天体一侧。

第二步为"落"：着陆巡视勘察阶段。月球探测二期工程，计划在 2012 年前后实现发射月球软着陆器，试验月球软着陆技术和过夜技术，研制和发射月面巡视车（月球车），精细探测着陆区和巡视区的地形地貌与地质构造、分析其物质成分及其分布规律、测量着陆区物理机械特征、获取日地月空间环境参数，为未来月球基地的选址提供月面环境、地形、月岩的化学与物理性质等数据。

第三步为"回"：采样返回阶段。主要是指 2020 年之前采集月球表面的一些样本返回地球。突破点在于采样返回探测器，小型采样返回舱、月表钻岩机、月表采样器、机器人操作臂等技术，在现场分析取样的基础上，采集关键性样品返回地球，进行试验室分析研究，深化对地月系统的起源与演化的认识。预估在 2017 年左右进行，在完成月球探测三期工程后，中国可能就会研究和实施载人登月的战略。

航空航天是典型的知识密集和技术密集的高技术学科，它的发展是以众多科学技术学科为基础的，是国家经济和国防建设整体水平的重要标志，在政治上对提高一个国家在国际活动中的地位影响深远。中国今后将继续实施载人航天、月球探测、高分辨率对地观测系统、卫星导航定位系统、新一代运载火箭等重大科技工程；建设由对地观测、通信广播、导航定位等卫星组成的空间基础设施框架；开展载人登月、重型运载火箭、深空探测等专项论证和关键技术预先研究。

第十章　从进化论到分子生物学

达尔文及其自然选择的进化论
遗传学
分子生物学的诞生和发展

从 18 世纪中叶布丰提出"物种可变"的观点和 19 世纪初拉马克提出"生物进化"的思想,到 19 世纪中叶达尔文提出"自然选择的进化论",经过 100 多年的艰苦斗争,进化论思想才得以确立。现在看来,在生物学领域中,迄今为止还没有哪一种科学理论能像进化论那样对人类文明的概念形态产生如此重大的影响。尽管当时孟德尔的杂交实验暂时被人遗忘了,但是,后来整个现代生物学的建立主要是综合了进化论和遗传学这两个方面的各种研究成果。

第一节　达尔文及其自然选择的进化论

一、达尔文之前的进化论

由于受《圣经》中上帝创造万物的思想影响,中世纪以来,欧洲人对生物界的认识一直受神创论的统治,坚持物种不变论的观点。文艺复兴之后,人们的思想不断变化。一些有自由思想的哲学家表现出不同程度的进化观点。后来,生物学家也不断提出自己的进化理论。

18 世纪,瑞典生物学家林耐(C. Linnaeus,1707—1778)建立了人为分类体系和双命名法则。1735 年,林耐出版了名著《自然系统》。系统说明了生物分类的原则和见解,建立了一套比较完整的分类体系,把当时已知的 1.8 万种植物分为纲、目、科、属、种。根据雄蕊和雌蕊的类型、大小、数量及相互排列等特征,把植物分为 24 纲、116 目、1000 多个属和 10000 多个种。

法国生物学家布丰(G. Buffon,1707—1788)曾任法国皇家植物园园长,布丰的主要功绩在于把有机界的发展历史和地球的产生与发展的历史联系起来,提出了"物种可变"的观点。

1753 年,布丰化了 50 年时间完成出版了宏篇巨著《自然史》,书中形象、生动地向人们介绍了自然知识,描绘了物种起源和发展过程。《自然史》一书的重要意义不只是它在科学普及方面的重大影响,更主要是它里面所表达的自然界的进化思想。

布丰的进化思想引起了宗教界的不满,布丰只好公开表示放弃自己的观点,但他内心并不服气,在他后来的著作中继续阐发自己的思想。

他在《自然史》和《地球理论》的书中描绘了地球的演化过程:

(1)太阳与彗星碰撞形成太阳系,炽热的熔岩冷却形成地球;

(2)地球表面发生造山运动,形成山脉和海床;

(3)海洋出现;

(4)海水冲蚀地表面形成沉积层;

(5)出现陆地和陆上植物;

(6)陆上出现动物;

(7)人类诞生。

法国生物学家拉马克(J. B. deLamarck,1744－1829)首次提出了"生物进化"的思想。

拉马克青年时当过兵,随军到过荷兰、比利时等国。复员回到巴黎,在一家银行当小职员。后结识著名学者卢梭(Jean－Jacques Rousseau,1712－1778),在其指导下开始研究植物学。拉马克一生勤奋,写出了无数本著作,但生活对他始终不公平。居维叶(Georges Cuvier,1769－1832)处处打击这位对他有恩和与之观点不同的科学家。拉马克77岁双目失明,85岁时在穷困中去世。

1801年,拉马克在《无脊椎动物的分类系统》一书中,根据自己多年的研究成果,第一次提出生物进化的思想。1809年,拉马克出版了《动物哲学》一书,提出了比较完整的生物进化学说。他认为:

(1)生物的进化遵循一条由低级到高级、由简单到复杂的阶梯发展序列。

(2)生物的进化并不是严格的直线发展,而是不断分叉,形成树状谱系。

在进化机制方面,拉马克认为生物进化的动力有两种:

(1)生物体内部固有的向上发展的倾向。

(2)外部环境对生物体的影响。

拉马克还提出了"用进废退"和"获得性遗传"两条重要法则。

拉马克认为,如果习惯的改变变成经常的、持续的,这就可能改变旧的器官,并且长出所需要的器官。拉马克相信动物的需要决定了它身体中器官的发展,但这并不意味着动物单凭意志力就可以发展出它所需要的器官。是环境产生了动物的需要,而动物的需要反过来又决定了动物如何使用身体。那些经常使用的部分可以吸收更多的神经流;这种流会在组织中产生出更复杂的通道,使得器官增大。不用的器官接收的神经流少,将会退化。

拉马克提出的一个著名的例子是长颈鹿。拉马克设想:

古代羚羊为了更多地采集到树叶,便不断伸长脖子、舌头和四肢……这一变化被传给了后代,日久天长,日积月累,古代羚羊就变成了长颈鹿。

1778 年,拉马克完成《法国植物志》一书。1781年,拉马克被聘为国王的植物学顾问,有机会到欧洲各地进行植物考察,回国后为《法国百科全书》写过关于植物学的长篇论文。1793 年建立巴黎博物院,从此一直在博物院工作,拉马克后期转向研究动物学,首先把动物区分为脊椎动物和无脊椎动物,创立动物分类学。1809 年出版名著《动物哲学》一书,后来又出版了《无脊椎动物自然史》一书,虽晚年双目失明,仍坚持科学著述。

拉马克的"用进废退"
和"获得性遗传"

拉马克是提倡生物进化学说的先驱,与当时占统治地位的物种不变论者进行过激烈的斗争,可惜其思想在当时很少为人们所接受。

二、达尔文及其自然选择的进化论

英国生物学家达尔文(C. R. Darwin,1809－1882)生于希罗普郡施鲁斯伯里,从小喜欢采集动植物标本,1825 年进入爱丁堡大学学医,期间组织普林尼学会探讨各种科学问题,包括拉马克的进化论等。1828 年进入剑桥大学神学院学习,但仍用大量时间研读了自然科学的书籍,对昆虫研究发生了浓厚兴趣。

1831 年,达尔文以博物学家的身份,随英国海军"贝格尔"号舰环球考察了五年。这次航行是达尔文走向成功的桥梁,也正是因为达尔文的缘故,这次航行才成为生物学史上一次最重要的航行。环球航行回来之后,达尔文在伦敦度过了 5 年,后因健康状况及科研工作需要宁静的环境,在父亲的资助下,在伦敦的肯特郡买下了一个旧庄园。从 1842 年入住,直到 1882 年去世。

1838 年,达尔文偶然读到英国经济学家马尔萨斯(Thomas Robert Malthus,1766－1834)的著作《人口论》。其关于人类为争夺食物所导致的灾难性竞争的观点,给达尔文留下了深刻印象。

马尔萨斯在《人口论》中宣布:人类人口的增长常比食物的增长的快,只有饥谨、瘟疫与战争除去过多的人口,才能使食物够用。达尔文是在 1838 年 10 月读到这本书的,马尔萨斯的《人口论》使达尔文自然联想到自然界生物一定也会有类似的生存竞争。

1858年夏天,英国青年生物学家华莱士(A. R. Wallace,1823—1913)给达尔文寄来请教的准备发表的一篇进化论论文:《论变种无限地离开其原始模式的倾向》,华莱士用自己的材料,独立地达到了同达尔文完全相同的观点和结论。

达尔文看了华莱士的论文,深感惊讶,准备把进化论的发明权让给这位青年人。达尔文的朋友们深知达尔文的研究情况,为了免得重踏牛顿与莱布尼茨争微积分发明权而造成科学界分裂的教训,赖尔等人建议华莱士的论文和达尔文在1842年和1844年早已写就的230页的详细提纲同时发表,事情就这样妥善解决了。

达尔文1839年被选为英国皇家学会会员,1878年被选为法国科学院院士。1859年出版《论通过自然选择或生存斗争保存良种的物种起源》(简称《物种起源》)一书,接着又在1868和1871分别出版了《动物和植物在家养下的变异》和《人类的由来及性选择》。

达尔文

达尔文进化论的主要思想:

在达尔文的进化理论中,共同起源和自然选择是两大基石。而进化的结果是生物性状出现分歧,最终导致新物种的形成。①

(1)生物普遍具有变异现象。在环境条件发生改变的情况下,生物可以在结构、功能上、习性上发生变异。

(2)一切生物都具有巨大的繁殖力,繁殖过剩为自然选择提供了必要性和可能性。

(3)生物必然为争取生存和传留后代而彼此进行竞争——即生存斗争。

共同起源:

达尔文曾指出,尽管物种具有相对的稳定性,但它们毕竟是由变种(或亚种)演化而来,现存的不同物种由共同的血缘联系在一起。无论两个物种相隔多远,都如同一个物种的两个成员一样,因为它们具有共同的祖先。

按照达尔文的学说,所有生物物种都有共同的祖先,它们通过变异、选择和遗传的作用,最终形成多种多样的物种。

自然选择:

---

① 刘兵.科学技术史二十一讲.北京:清华大学出版社,2006,223。

在达尔文的进化理论中,自然选择是一个核心概念,自然选择是物种形成最根本的动力。

自然选择是物种进化的途径和机制,是变异、选择和遗传三种因素相互作用的过程。当生物体的高度的繁殖率与有限的食物和空间发生矛盾时,生物之间的生存斗争就会表现出来,生物本身的某些变异,就会在适应环境的斗争中被保存或淘汰,这个过程就是自然选择。[①]

生物进化的规律:

自然界的生物普遍地具有变异的可能。当生活条件发生改变时,生物会发生变异;变异几乎都有遗传的倾向,因而能代代累加,产生显著的性状分歧;经过相当长的时间,不适应外界环境条件的个体就会被淘汰;而适应外界环境条件的个体就得以生存,其有利于生存的变异通过逐代遗传的积累,终于形成新的类型或物种。

自然界的生物由简单到复杂、由低级到高级的进化,便是通过自然选择、适者生存、劣者淘汰而进行的。

长颈鹿有这么一个长的脖子不是因为像拉马克说所说的那样它要争取长出一个长脖子来。而是有一些长颈鹿不知什么原因生来脖子就长一些,它们因此可以吃到更多的树叶,生活的更好,繁衍更多的子孙,来通过遗传继承这个自然生成的长脖子。

自然变异和自然选择使得脖子继续慢慢地长起来。

对长颈鹿身上的斑纹拉马克无法解释,而达尔文可以解释。

一头由于不知什么原因变异而产生斑纹的长颈鹿,因为这些斑纹与树林背景交织在一起,能够更容易躲过捕食者,因而它就会留下更多的后代来继承它有斑纹的特征。

达尔文的:"自然变异"
和"自然选择"

三、达尔文之后

达尔文的进化论第一次对整个生物界的发生、发展作出了规律性的解释,并用历史的观点和方法武装了生物学,使生物学各个分支学科相互联系起来,有了共同的理论基础。

---

① 刘兵:科学技术史二十一讲.北京:清华大学出版社,2006,226。

对于达尔文的《物种起源》,当时的学术界已经等候多时了,它在 1859 年 11 月 24 日出版,首版 1250 册在第一天就被抢购一空,以后一次一次地再版,可见《物种起源》的出版产生了巨大的社会影响。

但是,当时只有少数博物学家和昆虫学家接受达尔文的观点,大多数人对达尔文的自然选择学说仍持有很大异议,《物种起源》的问世曾招致各种漫骂和诋毁,进化论遭到人们激烈反对并引起了人们持久的争论。

达尔文的进化论对生命的存在与演化作出了合理的说明,它有力地批评了物种不变论,揭示了生物发生的辩证法。沉重的打击了神创论,用自然选择理论代替了上帝创造物种的说法,并使人类不再用高贵的神态俯视其他物种,这是生物学乃至整个自然科学领域里的划时代变革。

达尔文的进化论不仅在生物学界产生了广泛的影响和争论,促进了生物科学的发展。而且,进化论的贡献已不限于生物学、博物学,它的影响已经远远超越了生物学和博物学领域而扩展到了社会的诸多层面上。进化论深入到了从小说的演变到社会进化研究的人类思想和行为的各个方面。20 世纪以来的人类文明已经在很大程度上与进化的观念紧密的联系在一起了,今天,进化的思想已经完全深入人心。

第二节　遗传学

性状是指生物体所有特征的总和。任何生物都有许许多多性状,有的是形态结构特征(如豌豆种子的颜色,形状),有的是生理特征(如人的 ABO 血型,植物的抗病性,耐寒性),有的是行为方式(如狗的攻击性,服从性),等等。

在孟德尔(G. J. Mendel,1822－1884)以后的遗传学中把作为表型的显示的各种遗传性质称为性状。在诸多性状中只着眼于一个性状,即单位性状进行遗传学分析已成一种遗传学研究中的常规手段。

达尔文的进化学说促进了遗传和变异知识的发展,但达尔文在进化机制方面更多地注意到变异,对遗传则谈及较少。

对遗传学进行深入研究并作出重大贡献的是奥地利生物学家孟德尔。

孟德尔生于一个农民家庭,从小爱好园艺。因家贫没有读完大学,入布台恩一所修道院。1847 年获牧师职位,1850 年到维也纳大学理学院深造,其间参加了维也纳动植物学会,1853 年夏回布台恩,在时代学校任动植物学教师,结合教学从事植物杂交试验工作。1865 年在布台恩自然科学协会上发表《植物杂交实验》论文,首先提出遗传因子(现叫基因)概念,阐明遗传规律,被称为"孟德尔规律"。

孟德尔进行了豌豆杂交实验的研究,孟德尔选择 22 个有明显差异的纯种豌豆品系进行杂交实验研究。把长的高的同长的矮的杂交;豆粒园的同皱的杂交;白豌豆的植株同灰褐色豌豆的植株杂交,等等。他希望通过杂交实验来观察每一对性状的变化情况,找出其规律。

结果发现,杂种第一代只有一种性状得到表现,然后使子一代自花授粉,发现子二代中有两种性状分离出来,两种性状的比例大约为 3∶1。孟德尔对所选取的其他 6 对相对性状,一一也进行了实验,结果子二代都得到了性状分离 3∶1 的比例。孟德尔指出,这种 3∶1 的规律性是一种统计规律。

孟德尔从事豌豆遗传学实验研究的花园

孟德尔认为,植物种子内存在稳定的遗传因子,它控制着物种的性状,每一性状由来自父本和母本的一对遗传因子所控制,它们只有一方表现出来,另一方不表现出来,不表现的一方并不消失,它在下一代会以四分之一比例重新表现出来。

孟德尔根据豌豆杂交实验得出结论:

不同遗传因子虽然在细胞里是相互结合的,但并不相互掺混、融合,而是各自独立、可以分离的。后人把这一发现称为分离定律。

不同遗传因子可以自由组合或分离,遵从排列组合定律。后人把这一规律称为自由组合定律。

孟德尔的这两条遗传基本定律就是新遗传学的起点,孟德尔也因此被后人称为现代遗传学的奠基人。

孟德尔虽然是近代遗传学奠基者,但孟德尔遗传规律的发现当时并未受学术界重视。当时生物学界的优秀人士都在高谈阔论进化论,对什么杂交实验没有人感兴趣。这样,孟德尔为遗传学奠定基础的具有划时代意义的发现竟被当代的人们所忽视和遗忘,被埋没达 35 年之久。直到孟德尔逝世 16 年后,孟德尔关于遗传的定律才重新被荷兰植物学家德弗里斯(H. de Vries,1848—1935)、德国植物学家科伦斯(C. E. Correns,1864—1933)和奥地利植物学家西森内格－切马克(E. von Seysenegg—Tschermak,1871—1962)分别发现,从而才吸引了整个生物学界的注意。

德弗里斯于 1900 年 3 月 26 日发表了同孟德尔的发现相同的论文;科伦斯的论文被杂志社收到的时间是 1900 年 4 月 24 日;西森内格－切马克的论文被收到的时间是 1900 年 6 月 20 日。在这 1900 年里他们也都各自发现了孟德尔的论文,才明白自己的工作早在 35 年前就由孟德尔做过了。

贝特生(W. Bateson,1861—1926)在三位孟德尔遗传规律重新发现者提出他们的研究成果之前,就独立提出了孟德尔当年工作所运用的同样方法。后来,他又创造了今天在遗传学中仍为大家所遵循的一些术语,1906 年提出"遗传学"这一学科。遗憾的是贝特生却反对染色体理论,并阻止自己的学生关注有关染色体的研究,坚持认为染色体不可能与孟德尔遗传规律有什么关系。

1879 年,德国解剖学家 W. 弗莱明(W. Flemming,1843—1905)运用染色的方法观察细胞,发现细胞中的有些部分能吸收某些染料,他称这些物质为染色质。1882 年,弗莱明发现在细胞分裂过程中,开始时染色质先是缩成短短的线状体(即染色体),接着染色体的数目增加一倍,分裂完毕,两个子细胞各分得与母细胞数目相同的染色质。由于当时弗莱明不知道孟德尔的遗传学说,因而也没有深究染色体在遗传学上的意义。

1883 年德国的鲁克斯指出染色体是遗传物质。

1904 年,萨顿(W. S. Sutton,1877 1916)证明了染色体同遗传因子一样总是成对的,分别来自父本与母本。但染色体的对数很少,豌豆只有 7 对,人也只有 23对。而遗传特征的数目远远超过这个数字,针对染色体数目少而遗传特征多样的情况,萨顿提出:每一条染色体上带有多个遗传因子。

1909 年丹麦的约汉逊提出用基因来代替遗传因子的概念。

1909 年,美国生物学家摩尔根(Thomas Hunt Morgan,1866—1945)开始选用果蝇做遗传学实验。1910 年,他发表了关于果蝇性连锁遗传的论文,将基因和染色体行为联系起来,发现了基因连锁现象,并绘制了基因染色体的连锁图。从而发展了染色体遗传学说,并证明了作为"遗传单位"的基因在染色体上做直线排列。

1915 年,摩尔根和他的合作者出版了《孟德尔遗传学原理》,1919 年和 1926 年又相继出版了《遗传的物质基础》和《基因论》等著作,建立了完整的基因遗传理论体系,将孟德尔的遗传学推进到细胞遗传学的新阶段。摩尔根基因理论的主要思想是:染色体是基因的载体,在正常情况下各种生物的染色体数目是恒定的。遗传性状是由一定数量的基因来控制的,许多基因在同一染色体上组成连锁群,成直线排列。生物之间遗传性状的差异主要取决于基因的组合。

摩尔根也因此获得了 1933 年诺贝尔生理和医学奖。

负责遗传的物质是什么?

基因在染色体上,染色体在细胞核内,细胞核又在细胞内,细胞主要由蛋白质、核酸等生物大分子组成,蛋白质由 20 种氨基酸组成。

核酸有两种:一种是核糖核酸(RNA);

　　　　　　一种是脱氧核糖核酸(DNA)——遗传物质。

DNA 具有双螺旋结构,两条螺旋链之间有四种碱基配对结构,所有生物遗传信息都由这四种碱基的排列顺序决定,任何一个碱基变动都可能会引起生物体的病变或改变。

第三节　分子生物学的诞生和发展

分子生物学是 20 世纪 50 年代兴起的一门新学科,它主要研究在各种生命过程中生物大分子的结构及其功能之间的关系。所谓生物大分子是指细胞成分中的高分子聚合物,即蛋白质、核酸、糖类、脂肪和它们相结合的产物。

1953 年,DNA 双螺旋结构模型的阐明,标志着分子生物学的诞生。

蛋白质由 20 种氨基酸按不同的组合方式构成,蛋白质是一切生命的基础。

1868 年,瑞士年轻的生物化学家米歇尔(J. F. Miescher,1844－1895)用胃蛋白酶水解从病人绷带上取下来的脓细胞,发现了一种不同于蛋白质的含磷物质,称之为"核质"。后来有人发现"核质"呈酸性,故改称"核酸"。

1911 年,俄裔美国化学家列文(P. A. T. Levene,1869－1940)系统研究核酸的结构,发现核酸有两种:一种是所谓核糖核酸——RNA,另一种是所谓脱氧核糖核酸——DNA。

1944 年,艾弗里(O. T. Avery,1877－1955)领导的小组,在研究肺炎球菌时,发现不同种的肺炎双球菌之间的转化因子是脱氧核糖核酸——DNA。第一次用实验证明了遗传信息的载体是 DNA 而不是蛋白质。但是,艾弗里的工作没有马上得到公认,人们怀疑艾弗里所提取的转化因子不是纯粹的 DNA,可能还有蛋白质。

后来,美国科学家又进行了噬菌体感染实验,用同位素硫和磷分别标记噬菌体的外壳蛋白质和 DNA,进行遗传信息传递的研究,获得了 DNA 是遗传物质的直接证据。

在 20 世纪 40 年代一批物理学家投入到遗传学领域的研究中来,他们带来了物理学的新理论、新思想和新方法。1944 年物理学家薛定谔在《生命是什么》一书中提出了遗传密码的思想;哥本哈根学派的创始人物理学家玻尔也曾用物理学的观点来谈论生物学问题;德尔布吕克作为物理学家,将现代物理学与现代生物学相结合,通过对噬菌体的研究发现了基因的作用,1969 年和卢利亚同获诺贝尔奖。分子生物学正是物理学与生物学相结合的产物。[①]

---

①　林德宏:科学思想史.南京:江苏科学技术出版社,2004.321.

最后完成 DNA 结构建立的是英国物理学家克里克（Francis Crick,1916—2004）和美国生物学家沃森（James Dewey Watson,1928—），他们在他人研究的基础上发现了 DNA 双螺旋结构,二人也因此与维尔金斯共同获得了 1962 年的诺贝尔生理及医学奖。两条螺旋链之间四种碱基配对结构:

腺嘌呤（A）和胸腺嘧啶（T）,鸟嘌呤（G）和胞嘧啶（C）对接形成扭转的阶梯螺旋状。

所有生物遗传信息都由这四种碱基的排列顺序决定。

1953 年 4 月 25 日,英国《自然》杂志发表了克里克和沃森克的研究成果——"核酸的分子结构:DNA 的结构"

DNA 双螺旋结构发现后,科学家对碱基顺序和蛋白质的氨基酸顺序之间的相互关系展开了研究:四种不同的核苷酸（碱基）怎样排列组合进行编码才能表达 20种不同的氨基酸？ 这正是科学家破译遗传密码所要解决的问题。

1954 年,曾提出大爆炸宇宙模型的著名物理学家伽莫夫经过研究分析,提出 DNA 的 4 种碱基可能就是基本的密码符号,如果只用 2 个碱基进行组合,4 种碱基只能得到 16 种组合,比氨基酸的数目还少。如果用 3 个碱基进行组合,则能得到 64 种可能性,又比氨基酸的数目多,于是他假定有些氨基酸可能对应不只一个碱基密码,这就是著名的"三联密码"假说。[1]

第一个用实验破译遗传密码的是德国出生的美国生物化学家尼伦贝格（M. W. Nirenberg,1927—1961）。1961 年他在实验中发现苯丙氨酸的遗传密码是 RNA 上的尿嘧啶（UUU）。此后,科学家分别测定其他氨基酸的遗传密码,到 1963年,有 20 种氨基酸的遗传密码被译出。1967 年,64 种全部遗传密码被译出,制成了遗传密码表。遗传密码的发现,对生物工程和生物化学的发展取得了划时代的突破,特别是在医学上开创了广阔的应用前景。

---

[1]　江晓原:科学史十五讲.北京:北京大学出版社,2006.295。

第十一章　科学史案例研究
——伽利略研究

伽利略的生平简介
伽利略的科学精神
伽利略的科学方法
伽利略的实验研究
伽利略的实验思想
伽利略的宗教信仰

　　在科学史研究中，人物研究是一个重要的领域。这里我们向读者介绍一位科学史上的典型代表性人物——伽利略。

　　伽利略出生在文艺复兴之后的 1564 年，这正是近代科学革命开始的时候。出生在这个科学发展的"英雄年代"，伽利略是生逢其时、如鱼得水。他特殊的性格、善变的言辞、超群的智慧、实验的思想、批判的精神、宗教的信仰、卓越的成就和巨大的影响，这些树立了他在科学史上无可替代的划时代地位。就现代科学历史建构的进程而言，相比其它在近代科学初创时期的人们来说，伽利略最具开创性、最具代表性，对于我们现代的人们来说，学习和研究伽利略仍极具现实意义。

第一节　伽利略的生平简介

　　伽利略出生于意大利比萨一个没落的贵族家庭，比萨是意大利中部的一座城市，在那时是托斯卡纳公爵封地的一座重要城市。这块封地的首府佛罗伦萨是意大利文艺复兴的中心，并由于梅迪奇家族①而闻名于世。伽利略的父亲是一位多才多艺的绅士，他酷爱音乐和数学，反对惯常的诉诸权威，绕有趣味的是，父亲的爱好和脾性都在儿子身上重现。

伽利略是七个孩子中的老大，他们一家最初住在比萨，在伽利略十岁的时候，移居到佛罗伦萨。孩提时代的伽利略，活泼矫健，聪明好学，在他父亲的影响下，从小就对诗歌、音乐和古典文学发生了浓厚的兴趣。他好奇心强，喜欢与人争辩，从不满足别人告诉他的道理，而要自己去探索、研究与证明。灵活的大脑与精巧的手指总是使他忙个不停，不是弹琴、绘画，就是为弟妹们制造玩具和"机器"。在这些活动中，他都表现出非凡的才能。

伽利略的父亲希望伽利略能成为一名医生，因为当时一名医生的工资是一名数学家工资的三十倍。

1581年，快满十八岁的伽利略考入比萨大学学习医学，后来被欧几里德及阿基米德著作所吸引，对数理科学产生了更大的兴趣，从而激励了他致力于研究数学和力学，并于1585年放弃了医学的学习和研究，离开大学，回到他双亲的居住地佛罗伦萨，从事更感兴趣的科学研究和学习。这段时间他写过几篇关于流体静力学的论文，发表过一些关于固体质量中心的定理。这些论文使他在专家们中间获得一定的声誉。

伽利略在1589年就被任命为比萨大学的数学教授，任期三年（1589－1592）。这样，他回到了过去没有毕业的学校，对于一位年仅25岁，在4年前从大学辍学的年轻人来说可是一个太好的机会了，这些年中，他开始了哥白尼体系和关于落体实验的研究。

从1592年至1610年期间他担任帕多瓦大学的教授，他讲课引人入胜，每次讲演听众都很多，他作为一个教师的名声很快传遍了欧州。照他晚年写给一位友人的信中的说法，这是他一生中最美好的时期，正是在那里他制造了望远镜、显微镜和空气温度计，他用望远镜做了重要的天文观测，热情地宣传与捍卫哥白尼学说，完成了自由落体、斜面的研究，可以说伽利略在力学上的大多数发现都是在帕多瓦成熟的。

由于他勇敢地宣讲哥白尼学说，因此，在1616年他被传唤到罗马的宗教裁判所，地动学说受到宗教裁判所的谴责，伽利略受令要保持沉默，他保持了沉默，几年

---

①　"梅迪奇家族"（Medici Family），是佛罗伦萨13世纪至17世纪时期在欧洲拥有强大势力的名门望族。最主要代表为科西莫·梅迪奇和洛伦佐·梅迪奇。我们不能说，没有梅迪奇家族就没有意大利文艺复兴，但没有梅迪奇家族，意大利文艺复兴肯定不是今天我们所看到的面貌。由此可见，梅迪奇家族影响之大。

内总是在写作。

在乌尔班被推举为教皇之前,作为巴贝里尼红衣主教的他与伽利略是好朋友,也是伽利略感到可以与之讨论科学问题的思想者之一,乌尔班出任教皇初期,曾多次接见到"圣城"访问的伽利略。因此,伽利略也许觉得,乌尔班担任教皇后,他便可以放心大胆地写作和出版他的《对话》了。1632 年伽利略已是功成名就、受人尊敬的科学家了,但他还是违反了 1616 年的禁令,出版了轰动整个学术和思想界的《对话》。在这本书里,他非常成功地论证了哥白尼学说的论点,这部充满新思想的著作引起了教会的震惊,这就招致了他第二次受审。这位 70 岁的老人被迫当众跪着表示"公开放弃、诅咒和痛恨地动说的错误和异端"。

"对话"封面

1638 年伽利略另一篇科学杰作:《两门新科学》在荷兰莱顿出版。起先他一直和他的亲人以及朋友相隔离,但在他双目完全失明并病得十分瘦弱以后,他才被准许有稍多一点的自由。1642 年 1 月 8 日,伽利略这位杰出的科学家在阿塞特里逝世。

第二节　伽利略的科学精神

伽利略是近代科学的奠基人,要了解伽利略的科学成就,首先要了解他的科学精神。

科学精神是人类与科学工作相联系的一种精神,它是体现在人们身上,形成于科学活动之中并适应科学发展内在要求的一种精神状态。从本质上讲,科学精神是一种勇于探索和唯实、求真、创新的精神,它具体体现在不迷信权威、不盲从传统,对已有的理论、观念及其代表人物的言论敢于进行怀疑和批判、敢于打破思想上的僵化,用求实、求真、创新的意识和观念指导自身的行为。

从伽利略科学研究的一生中我们能够洞悉和领悟他的科学精神,伽利略他不迷信亚里士多德著作的词句,继承和发扬了意大利思想解放运动的传统,而这种精神正是近代自然科学的灵魂。

古希腊是科学思想的摇篮,亚里士多德等人创造了辉煌的成就,但他们也因之曾被"神化",作为古希腊的智者,人们对他奉若神明,不敢跨越雷池一步,力学在这一千年间几乎处于停滞状态。在近代力学开始诞生的时候,亚里士多德实际上已成为束缚人们思想的最大障碍。历史要求人们必须解决一个问题:应当怎样对待亚里士多德？

　　早在比萨大学读书时，伽利略就对盲目迷信亚里士多德的现象进行了尖锐抨击，后来在他的《对话》中又系统地回答了这个问题。他说：

　　"我赞成看亚里士多德的著作，并精心进行研究；我只是责备那些使自己完全沦为亚里士多德奴隶的人，变的不管他讲什么都盲目地赞成，并且把他的话一律当作丝毫不能违抗的神旨一样，而不探究其他任何依据。"

　　伽利略还指出：

　　"他们变的非常胆怯，不敢超出亚里士多德一步。他们宁愿随便地否定他们亲眼看见的天上的那些变化，而不肯动亚里士多德的天界一根毫毛。"[1]

　　伽利略不崇尚书本，不迷信权威，通过对力学现象的独立研究，使他相信，那作为亚里士多德力学讲授的、被奉为权威的东西包含许多严重错误。他毫不隐瞒自己的观点，相反，他坚持不懈地公开抨击亚里士多德的力学观点。在他最早写的关于运动的论文中明白指出，只要他的观点同经验和理性相调和，他一点不在乎它是否和旁人的观点一致。对于伽利略敢于向权威挑战的科学精神，爱因斯坦曾说道：

　　"我在伽利略的工作中认识到的主题是向任何以权威为基础的教条展开热烈的战斗。他只把经验和仔细思考当作真理的标准来接受。今天我们难于理解在伽利略的时代这样一种态度显得如何不祥和革命，那时只要对除了权威没有别的基础的意见的真理性表示怀疑就被当作大罪，因而要受到惩罚。"[2]

　　伽利略的这种科学精神和努力促进了当时的思想解放运动。他不仅向亚里士多德提出了挑战，而且敢于反对教会的思想统治，他认为理解世界不要从研究《圣经》开始，而要从研究上帝所创造的事物开始，如果《圣经》与事实不一致，则事实第一位，《圣经》第二位。为何我们一谈起太阳或地球时，就坚持认为《圣经》是绝对不会有错误呢？带着这些疑问和思考，带着对客观事物求实、求真、的创新精神，伽利

----

　　①　伽利略：关于托勒密和哥白尼两大世界体系的对话．周煦良译．北京：北京大学出版社，2006．78—80。

　　②　埃米里奥·赛格雷：从落体到无线电波—经典物理学家和他们的发现．陈以鸿等译．上海：上海科学技术文献出版社，1990．32。

略走上了一条与众不同的路,而正是这条道路开创了近代科学。

第三节　伽利略的科学方法

在伽利略对科学的贡献中,有一件更为宝贵的东西,那就是他创立的实验和数学相结合的科学研究方法,这对近代科学的发展影响深远。这套方法由以下环节构成:

对现象的一般观察——提出假设——运用数学和逻辑的手段得出推论——通过实验或思想实验对推论进行检验——对假设进行修正和推广等。

他本人也认识到这方法的价值,他在《两门新科学》中写道:

"我们可以说,科学之门已第一次向一种已得到大量奇妙结果的新方法敞开,未来的若干年里,该方法会博得许多人的关注。"①

伽利略所开创的实验——数学(理性思维)方法是近代自然科学研究问题的一般程序和经典方法,这个方法有力的推进了人类科学活动的进展。

在伽利略之前,实验的方法和数学的方法已经分别在不同程度上被作为研究自然现象的两种方法加以使用。

关于两者的结合,阿基米德有了实验方法和数学方法结合的开端,但在他那里实验也仅是作为对公理化演绎方法的一种验证而已。

中世纪后期的罗吉尔·培根虽然同时重视实验和数学,但在实际研究工作中也并没有把它们结合起来。

真正把二者结合起来,形成一种统一的近代的科学研究方法则是在伽利略手中发展完善并成熟起来的。②

在伽利略的著作中,既援引了丰富的实验材料,又充满了数学证明。他说过:

大自然这本书是用数学的语言写成的,它的符号就是三角形、圆和其它几何图形,没有这些符号的帮助,我们简直无法理解它的片言只语;没有这些符号,我们只能在黑夜的迷宫中徒劳地摸索。

---

①　伽利略:关于两门新科学的对话.武际可,译.北京:北京大学出版社,2006.226。

②　刘晓君:走进实验的殿堂.上海:上海交通大学出版社,2006.31。

就是说,不懂得数学的语言,就不能揭示自然界的奥秘,只有数学证明的东西才是科学的、可靠的结论。

他对自然事件遵循几何原理的奇妙方式,无不感到惊奇。有人反对说,数学证明是抽象的,不是必然地可应用于物理世界。面对这一异议,伽利略偏爱的回答是:"继续进行进一步的几何论证,最终我们能够看到,对于一切不受偏见影响的心灵来说,这些论证将自己证明它们自己。"①

伽利略特别重视对定量实验的研究,他注重采用抽象的方法来弥补实验条件的限制,创造一些可以测量的条件,从实验结果中概括出数量关系式,所以在伽利略的实验研究中必然会引进数学。罗吉尔·培根为什么没有把数学引进实验? 弗兰西斯·培根又为什么不重视数学的作用? 尽管原因众多,但根本原因在于他们的实验理念和出发点与伽利略不同。他们没有意识到要通过实验去发现自然规律,而只是要通过实验来提供科学的确定性,从而判断他们的观察、分析和认识的正确性。所以他们要么不能使数学与实验结合,要么就不重视数学的作用,如果有了去发现自然规律的思想认识,就必然要设法得到准确的定量规律而非定性的结论,这样自然就会把数学引进实验,最后用数学语言与公式表达自然定律,当然这是非常艰难的一步,可是,伽利略迈出了这最为艰难的第一步。17 世纪以后在力学发展的基础上,整个自然科学逐渐得以细化和全面发展,而每一门类自然学科健康深入的发展都是建立在数学和实验的基础之上,更离不开实验和数学的结合,现代自然科学的发展更凸显了这一点。

第四节　伽利略的实验研究

伽利略的一系列科学研究成果都是在观察和实验的基础上所取得的。伽利略认为,观察在认识中非常重要。他的"口号"是:知识来自观测,不是来自书本,也不是来自亚里士多德。他的学生维维安尼(Viviani,1622—1703)说过:

———————————

① 爱德文·阿瑟·伯特:近代物理科学的形而上学基础. 徐向东,译. 北京:北京大学出版社,2003.56—57。

"他宁愿观察自然,而不愿阅读书本。"①

在天文学上伽利略首次用望远镜对天空进行观测,发现了月球上的环形山、太阳黑子、金星的相位变化和木星的四颗卫星等一系列天文现象,并用新的观测事实进一步捍卫和丰富了哥白尼学说。在物理学研究中他选择与使用的是一些可以测量的概念,如距离、时间、速度、质量、重量等,这些概念的使用和测量为他的科学理论奠定了基础。正如科学史家柯瓦雷(Alexandre Koyre,1892—1964)所说:

太阳黑子

"伽利略通常被看做是一位谨慎而精明的观察者,实验方法的创立者,一个总在称重、测量和计算的人。……正是通过将他的望远镜对准天穹并观察天穹,伽利略才给了中世纪的宇宙以致命的一击;同样可以肯定的是,伽利略的著作充斥着许多对实验和观察的呼吁和诉求,……充斥着针对某些人的激烈抨击,这些人由于所见到的事实违反原理就拒绝承认这些事实,他们甚至不敢去看他们的原理声称不可能出现的事物。"②

对于认识自然现象,伽利略认为单用观察是不够的,他非常重视实验的作用,要努力通过实验去探求自然界的运动规律,他曾说过:只要一次实验就可以推翻所有可能的理由。他认为真正的科学就在经常展示在我们眼前的这部最伟大的书中,即宇宙、自然界中。人们必须通过实验去阅读这部"自然之书",为了阅读这部"自然之书",伽利略进行了大量的开创性实验工作。

教堂中来回摆动的大吊灯,使伽利略在无意之中突然有个想法,想测量一下吊灯摆动的时间,伽利略数着自己的脉搏作了测量,结果让他大为吃惊。吊灯在大圆弧上和小圆弧上来回摆动一次的时间竟然相同,即吊灯的摆动具有等时性。后来伽利略对摆动这个自然现象,进行了反复的实验研究,他不断改变实验条件来做实验,发现摆动周期只决定于摆长。伽利略对摆的等时性规律的发现并不是仅在观察中来进行归纳,而是对一个观察到的自然现象去进行主动的实验研究和规律探索,在实验过程中寻找影响单摆周期的可能有关因素,如摆长、摆锤重量、摆动幅度

①　埃米里奥·赛格雷:从落体到无线电波—经典物理学家和他们的发现. 陈以鸿,周奇,译. 上海:上海科学技术文献出版社,1990.33。

②　亚历山大·柯瓦雷:伽利略研究. 刘胜利,译. 北京:北京大学出版社,2008:258—259。

等来进行研究,从而确定单摆的等时性,这种探求自然规律的实验研究在实验科学创建初期,是非常珍贵非常重要的。

单摆的等时性实验启发着伽利略对自由落体运动的观察和研究,物体在自由下落时速度是越来越快的,伽利略想知道这种越来越快的下落运动究竟符合怎样的规律。大约在1609年伽利略进行了科学史上那个著名的"斜面实验",因为物体在自由落体时速度太快,在当时是没有办法对其运动情况进行精确的测量和研究,为此,伽利略提出了"等末速度假设"并用单摆实验验证了它,这样,伽利略就用物体沿斜面下滑运动来代替其自由落体运动。从而有可能来研究自由落体的运动规律。他让一小球在铺有羊皮纸、带有小槽的光滑斜面上运动,斜面越陡,小球运动的就越快,在斜面竖直的极限情况下,小球沿这个面自由下落。为记录小球通过不同距离所需时间,他精心设计了"水钟",用滴水称量法将实验过程中流出的水在精确的天平上称量,以水重之比推出时间之比。实验中他发现小球在各相等的时间间隔上所走的距离顺序是 1：3：5：7……的比例,当斜面变陡时,相应的距离变长,但它们的

比萨斜塔

比值保持不变。伽利略推测这一规律在自由下落的极限情况下也一定成立。这一运动规律最终用数学表达式表示为:$S=1/2gt^2$,从而得出了自由落体是匀加速运动的结论。

对自由落体的研究是伽利略最富有创造性的成就。为了反驳亚里士多德的观点,相传伽利略曾经在比萨斜塔上做过落体实验,这就是人们经常讲述的比萨斜塔的故事。这个故事最早出自伽利略的学生维维安尼在1654年出版的《伽利略传》一书,尽管现在很多科普书籍中都写着这个比萨斜塔上的实验,但在科学史上它基本上没有什么太大的意义,科学史家大多否认这一传说。早在伽利略之前荷兰工程师斯蒂文(S. Stevin, 1548—1620)就已经从落体实验中否定了亚里士多德的理论,在自由落体的研究中,伽利略更是通过思想实验的方法,彻底战胜了亚里士多德。情况是这样的,有两个材质相同的物体,一个重,一个轻,假定亚里士多德的学说是正确的,即物体的下落速度与重量成正比,重的物体的下落速度比轻的快,就可以设想出一个简单的实验:把两个物体捆在一起下落,是快还是慢呢? 用亚里士多德的观点分析,必然会得出两种自相矛盾的答案:一种是比原来慢了,因为轻的东西下落慢,会拉着重的东西慢慢下落;另一种是比原来快了,因为捆在一起的物体更重了,因此会下落的更快,这就是著名的"落体佯谬"。伽利略正是以这个问题为突破口,揭示出亚里士多德落体理论的破绽和逻辑混乱,从根本上动摇了亚里士

多德的运动学。不用爬上高高的比萨斜塔,仅用思想实验就打败了亚里士多德。

"斜面实验"把伽利略引向另一个"思想实验"。他在一光滑斜面上将一小球从高 h 处自由滚下,小球将滚到对面光滑斜面几乎等高的位置。当对面斜面倾角越小,小球滚得越远,它的速率减小得越慢。如果对面的光滑斜面逐渐倾斜,变为无限延伸的光滑水平面,则小球将永远运动下去。这就得出了:物体在不受外力作用时,总保持匀速直线运动状态或静止状态的惯性定律的思想。这个结论打破了自亚里士多德以来一千多年间受力运动的物体当外力停止作用时便归于静止的陈旧观念。充分体现了真实实验、逻辑推理、思想实验的相结合。它是在实

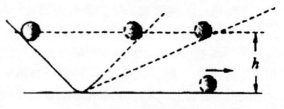

伽利略的斜面思想实验

际实验的基础上,抓住客观事物的本质进行理论的逻辑推理,使我们所获得的知识超越了实验本身,使人类认识自然的能力大大提高。在《对话》中伽利略描述了一个在匀速直线运动的船舱里发生的力学现象,即所谓的"船舱实验"。伽利略是否真正进行过这项实验,历史上有过许多争论。笔者认为这个"船舱实验"可能也是一个思想实验,通过这个实验伽利略发现了著名的相对性原理。不过,在伽利略之后的确有人进行了有关的实验,法国科学家默森,(Marin Mersenne,1588－1648)写信给一位经常跨越英吉利海峡的朋友,建议他做实验。这位朋友于 1634 年的一次航行中,安排了一个水手爬上桅杆扔重物,结果重物掉在桅杆的下方,从而证实了伽利略的结论。[①] 这个原理的发现非常重要,它是人类在科学认识史上的一次重大飞跃,也是二十世纪爱因斯坦创立相对论的理论基础。

第五节　伽利略的实验思想

一、伽利略之前的实验思想

亚里士多德是古希腊科学家,是古代知识的集大成者,在科学史上占有很高的地位。他的著作是古代世界学术的百科全书,在自然科学研究方面他进行了大量观察活动,可称之是一位严密的观察家,但不是实验家,他没有做过真正的科学实验。希腊人很少或从未试图以实验证据来验证他们的思辨,亚里士多德是以自己

①　武际可:科学实验与力学—力学史杂谈之十六. 力学与实践,2004,(2):79。

的直观加上推理来建立他的知识体系,在研究方法上则以思辨为其基本特征,倡导的是逻辑证明方法,他的追随者也都偏重于演绎逻辑方法,并形成了一套公理化的研究传统。

阿基米德把数学和力学研究结合起来,就用公理化方法证明了杠杆原理和浮力原理。不过,阿基米德在研究方法上是有所发展的,他在自己的工作中成功地应用了逻辑推理和观察实验这两种方法并使他们结合,从而使力学和流体静力学这两门学科有了坚实的基础。正如科学史家丹皮尔所认为的:

> "他的工作比任何别的希腊人的工作都更具有把数学和实验研究结合起来的真正现代精神。但是,在结合的时候,只解决一定的有限的问题,提出假说只是为了求得它们逻辑推论,这种推论最初是用演绎方法求得的,然后又用观察或实验方法加以检验。"①

中世纪在欧洲历史上是一个漫长而沉闷的时期,从公元 500—1000 年,西欧处于科学发展的最低潮。在 11、12 世纪,通过拉丁文的翻译运动,使得伊斯兰世界保存的古希腊科学文化和阿拉伯人发展的科学成就一同传入西欧。此后西欧的科学活动逐渐活跃起来,伴随着古希腊科学文化在西欧的传播,12 至 14 世纪,欧洲陆续建立了一批大学和学院。② 大学的建立为科学的发展培养了大批人才,虽然,这个时期亚里士多德的学说仍居于主流地位,但是人们对自然的探索已不再满足于亚里士多德的"论证科学"。

后来,罗吉尔·培根等人提出了"实验科学"思想。他们重视科学研究的经验基础,主张对知识的实验研究和实验检验。罗吉尔·培根这样说:没有经验,任何东西都不可能充分被认识。只有推理是不够的,还要有经验才充分。③ 实证科学的考察验证功能可以弥补不足。他还说,有一种科学,比其他科学都完善,要证明其他科学,就需要他,那便是实验科学。实验科学胜过各种依靠论证的科学,因为无论推理如何有力,这些科学都不可能提供确定性,除非有实验证明它们的结论。罗吉尔·培根之所以能高出同时代的哲学家,其原因就在于他清楚地了解只有实验方法提供科学的确定性。虽然他在著作中竭力主张观察和实验,但是,罗吉尔·培根本人除了在光学方面外,好像没有做过很多实验。

---

①　丹皮尔:科学史.李珩,译.桂林:广西师范大学大学出版社,2009.101—135。

②　胡化凯:物理学史二十讲.合肥:中国科学技术出版社,2009,203。

③　北京大学哲学系外国哲学史教研室:西方哲学原著选读(上卷).北京:商务印书馆,1981.287。

在文艺复兴时期最能代表其精神的人物是达·芬奇,他是一位多才多艺的天才巨人,对各种知识无不研究,对各种艺术无不擅长,①而且在每一学科里的成就都登峰造极。他在研究和工作中做了大量的实验,在笔记中记录了许多关于碰撞的实验、自由落体实验、波动实验、解剖学实验等等。他突破了当时学者传统与工匠传统相分离的研究现状,充分利用经验观察并且通过实验来研究科学问题。他强调,"科学如果不是从实验中产生并以一种清晰的实验结束,便是毫无用处的,充满谬误的,因为实验乃是确实性之母。"达·芬奇留下了丰富的笔记,可这些笔记是用暗码写的,他根本就没想把他们公诸于世。也正因为是这样,达·芬奇在科学研究上所取得的成果并没有发挥它应该发挥的作用,他没有对科技发展做出实际贡献。② 弗兰西斯·培根被誉为近代归纳逻辑的创始人。他归纳法的基础是实验,他相信感性经验是认识的起源,认识的依据,提出了:知识就是力量。他主张通过观察方法、实验方法收集大量事实材料,从许多个别具体事物中找出它们的共同规律。但它是一种以定性为主的实验,获得的只是感觉经验。

弗兰西斯·培根虽然是一位科学主义者,却与同时期的科学家没有交往。他是一位哲学家,而不是科学家,他做过一些实验,但对于认识自然并没有什么显著的或成功的贡献。他忽视了数学方法和演绎法在自然科学的重要作用,没有认识到假说的创造性价值。因此,丹皮尔说:"弗兰西斯·培根对于实际从事实验科学的人似乎没有影响,或很少有什么影响"。

从认识观念和实验思想来看,上述的这些人物对实验科学的发展在不同程度上都做出了贡献,但他们各有偏颇和不足。在科学史上真正对实验科学发展产生重大影响的是伽利略,是伽利略实验思想的确立和发展拉开了近代科学的序幕。

二、伽利略的实验思想

伽利略的实验思想表现在诸多方面,它们对科学发展的影响是广泛和深刻的。在伽利略的众多实验研究中,让我们先来看看伽利略的斜面实验蕴涵着什么样的实验思想。

在斜面实验研究中,伽利略努力(1)创造实验条件,在斜面上铺上羊皮纸来减小小球与斜面间的摩擦,提高实验精度;(2)突出主要矛盾,处理问题时有意识忽略小球与羊皮纸间的摩擦以及空气阻力的影响,凸现了对待科学实验的一种理性认识;(3)控制实验过程,如改变斜面的倾角,来观察实验情况的变化,研究变化规律;(4)展示实验的理智作用,把实验与逻辑推理相结合,实现了斜面运动向自由落体

---

① 丹皮尔:科学史.李珩,译.桂林:广西师范大学大学出版社,2009.101-135。

② 陈方正:继承与批判.北京:生活·读书·新知三联书店,2009,506。

运动的转变；(5)降低测量难度,用"稀释重力"的方法在斜面上做实验,构思极为巧妙,延长物体下滑时间,使原来无法准确测量的实验得以顺利进行；(6)数学与实验结合,他把数学方法引入到实验过程,从而得到定量的实验结果。所有这些正是科学实验高于自然观察之处、正是科学发现高于验证科学之处。这个实验充分展示了他以实验探求客观规律为目的科学研究理念,特别是实验和数学相结合的科学研究方法对近代科学发展产生了重大影响。

纵观伽利略的一系列实验研究,我们发现伽利略的实验理念或思想主要体现在以下几个方面：

首先,他的实验认识观念非常深刻：伽利略提倡对自然界进行观察,倡导人们应当从自然界中去寻找真理。对于认识自然他更加强调实验的作用,他认为,任何人都不能不理会自然界的实况,人们必须通过实验去阅读这部科学的"自然之书"。对于如何解决科学上的争论问题,他的见解是,回到特定的论证、观察和实验上来。这些系统的的实验研究和思想认识给人们树立了一种科学的观念：自然科学本质上是实验科学,人们应当从自然界中,而不是从书本中去寻找真理。这种思想认识有力的促进了当时的思想解放运动,非常有利于实验科学的发展。即是在科技高度发展的今天,离开了实验做支撑,自然科学也难以有力向前推进。

其次,他的实验研究方法十分科学：他创立了一套完整的实验和数学有机结合的科学研究方法,不仅靠对自然理性的把握实现了数学与实验的有机结合,实现了思想上的突破。而且运用了思想实验的方法来研究自然之规律,升华了他通过实验探求自然界运动规律的理念,这种实验思想中的理性思维突破了现实实验的束缚,把形象思维、逻辑推理与科学实验进行了有机结合,思想实验的方法极大地拓展了人类认识自然的能力,与弗兰西斯·培根的不重视假说、演绎和数学在实验的地位相比是一个质的飞跃。也大大超越了罗吉尔·培根所主张的观察实验即只对自然界自发出现的现象纯粹观察的思想认识水平,很好地体现了发现的逻辑内涵,把实验思想和方法发展到一个全新的高度。对于伽利略的发现和在科学研究方法所做出的重要贡献,爱因斯坦和英费尔德在《物理学的进化》中评价说：

"伽利略的发现以及他所应用的科学的推理方法是人类思想史上最伟大的成就之一,而且标志着物理学的真正开端。"

再次,他的实验研究目的定位准确：他对实验的功能和价值定位准确,他从科学研究的高度确立了实验的地位,实验的本质就是要通过对大自然的研究从而发现自然之规律。相比其他从事实验科学研究的人们来说,伽利略无论是在实验的科学研究理念上,还是在通过实验研究探求自然规律的实践过程之中都走在了时代的前列,实现了由验证自然规律到发现自然规律的突破。提高了人们对实验功能和价值的理性认识,提升了人们对自然科学的理解。

最后,他的实验精神更为超群:他勇于抛弃传统的观念和理论,继承和发展了阿基米德、吉尔伯特等人的实验精神,用人们可以复现的观测事实打破了古代对天体性质的成见,使哥白尼的理论方才为学者们所广泛接受。摒弃了通过权威来解决科学问题的观念,摒弃在没有可靠实验的基础上对其进行复杂推理方法的信赖,倡导对自然界进行观察和实验研究,倡导实验的理智作用,在科学史上产生了深远的影响。

另外,他的实验成果尤为突出:他对自然的研究成果,如自由落体定律、惯性定律的思想、对抛射体的研究等等和实验思想及方法被牛顿进行了有效的吸纳,正如牛顿自己所言,"如果我比别人看的更远,那是因为我站在巨人的肩上。"当然这些巨人是包括伽利略的,而相对性原理则为爱因斯坦相对论的建立打下了坚实的基础。总之,他的实验研究成果奠定了近代最惊人的知识成就的基础,为近、现代科学的发展做出了划时代的贡献。

三、伽利略对科学发展的影响

近代科学在很大程度上就是在科学实验的基础上形成和发展起来的。如果说中世纪的思维传统是注重理性,那么近代科学则是以实验和数学为特征的实证科学,伽利略的科学研究正是体现了近代科学的这种特征。

伽利略是一位实验物理学家,是真正的实验科学的开拓者。他进行了单摆实验、斜面实验、自由落体实验、船舱实验等卓有成效的实验研究工作。他以观测天空的事实来宣传哥白尼学说而影响巨大,但是他真正的伟大在于他通过实验来探求自然界物质运动的规律,在于他所取得的卓越实验研究成果和通过实验研究所体现出来的实验思想和方法。他的实验研究成果:自由落体定律、惯性定律的思想、对抛射体的研究、相对性原理等奠定了近代最惊人的知识成就基础。他一系列科学实验背后所蕴含的实验思想及方法:实验与数学相结合、思想实验的睿智、实验之理性思维等是近、现代科学发展的必要条件。科学的发展是一个艰难而曲折的过程,伽利略抓住了自然科学的本质特征,把发现自然规律的基本方法告诉了人们,此后众多科学家都是在他的基础上而继续前进的,这些都是其他人所难以比拟的。总之,无论从实验观念、实验思想、实验方法、实验成就,还是从对科学发展的影响来看,伽利略都是当之无愧的、真正意义上的近、现代实验科学的奠基人或创始人。

第六节　伽利略的宗教信仰

　　伽利略 1632 年因出版《对话》,宣传和捍卫哥白尼学说而被罗马宗教法庭审判,并判处终身监禁,这是众所周知的事件。

　　此"伽利略事件"一方面作为宗教压制科学的证据,凸显了宗教与科学的对立冲突;另一方面,伽利略也由此成为与宗教作"斗争"的勇士而备受赞扬。

　　有学者认为:伽利略是"将科学与宗教脱离和分裂的思想界中去成为领袖人物。"这个观点正确吗? 历史上的伽利略究竟是怎样理解科学与宗教的关系呢?

　　下面我们从多个层面来看看伽利略的宗教信仰。

　　1、从社会环境来看伽利略的宗教信仰

　　伽利略出生于一个曾经显赫一时的古老佛罗伦萨贵族家庭,1574 年进入著名的圣本尼迪克修道院学校——圣马利亚学院就读,在那里他受到文艺复兴时期的教育与宗教训练。当他考虑成为修士时,他父亲极力反对,但他却依然和修士们一起学习,直到 1581 年进入比萨大学。

　　他的成长环境和过程深受宗教影响,也奠定了他作为虔诚宗教信徒的基础。那时,人们把每一件事情都看作是上帝以及各路神灵发怒或快乐的表现,就连医学也在很大程度上成了宗教和信念的混合物。17 世纪初产生了一股定罪意识形态的浪潮。"不论个人还是政府,都被视为一个在永恒和正义制度下的臣民,全都以上帝的永恒律法为最终的依据;天主教会则是该律法独一无二的守护者和解释者。"①

　　教会不仅控制了整个社会的政治、经济和文化,而且也严格控制着人们的思想。受此浸润,伽利略不但很早就成为一个宗教徒,自己加入了天主教派,一生笃信上帝;而且,后来还把他只有 13 岁和 12 岁的两个女儿也都送进了修道院做了修女。

　　2、从与教会的关系来看伽利略的宗教信仰

　　纵观伽利略的一生,他与宗教界有着千丝万缕的联系,甚至与当时宗教界高层也有着经常性的接触和交流。他有许多身居高位的朋友,也曾得到不少宗教名流、学者、甚至教皇的帮助。

　　伽利略的《对话》一书就是在一些多米尼克会修士的批准下出版的,耶稣会也

---

　　①　查尔斯·赫梅尔:自伽利略之后.闻人杰,等译.银川:宁夏人民出版社,2008:76。

有不少的修士支持他。作为一个辩论家,他曾树敌不少,但是,有多位教会上层人士和一些教会法官,包括三位拒绝签发判决书的法官都对他十分信任。伽利略曾前后多次访问罗马,多次有机会觐见教皇。当乌尔班被推举为教皇之前,还是巴贝里尼红衣主教的他就与伽利略是好朋友,而且在伽利略早年遇到麻烦时他也曾替伽利略向宗教裁判所说过情。

乌尔班出任教皇初期曾六次接见到"圣城"访问的伽利略,而且每次会见都在一个小时以上。这种做法对当时事务缠身的教皇而言,实属罕见。① 所有这些都在很大程度上加重了伽利略的宗教情感和信仰。

3、从对科学和圣经的观点来看伽利略的宗教信仰

对于《圣经》,伽利略一贯是尊敬有加,他虽然在神学研究上不十分精通,但依然极力维护圣经的权威。只不过,他属于从理性角度来理解和解释圣经的一派,而解释的依据,就来自于所谓《自然之书》。

《自然之书》,是伽利略的一个很有名的隐喻,这不但是一部上帝创造万物结果的记录,也是一本规律之书,它象征着理性信仰及其成果,在伽利略的神学和科学思想中占有重要地位。

《圣经》的确反复提到地球是宇宙的中心并且是静止的,而太阳围绕着它在运动,哥白尼学说则否认了地球为中心且非静止,拥护这个说法的伽利略被认为是背弃了《圣经》的真理。对此,伽利略写道,"非常虔诚地说,非常谨慎地断定,《圣经》绝不可能说假话。"但是,作为上帝创造物的《自然之书》之结果,伽利略认为它和《圣经》不可能相互冲突,他主张不要把《圣经》提及的地球静止而太阳运动当作可按字面理解的真理,而要当作隐喻性的说法。②

既然人们公认两种真理等价,则如果作为理性认识的物理学的理论是正确的,所得的结果必定由正确的认识圣经而得到印证。

信仰不应是盲目的,而应借助理性,借助理性达到对上帝智慧的理解和判断。因此,作为理性结果的科学应该在其自身领域内不受非理性神学权威的干扰,特别是就此做出裁决。伽利略在此处隐含了对《自然之书》信仰效力的推崇,这不应看作是对宗教信仰的背叛,而是某种更加深沉、理性信仰的证据。

4、从科学的观察活动来看伽利略的宗教信仰

当伽利略用望远镜观测天空时,他接二连三地发现木卫星,银河的星体性质,金星的各相,土星和土"卫"的奇怪形状,太阳黑点,月亮山,和天上的其他奇观。

---

① 哈尔·赫尔曼:真实地带—十大科学争论. 赵乐静,译. 上海:上海科学技术出版社,2005:5。

② 史蒂文·夏平:科学革命. 徐国强,译. 上海:上海科技教育出版社,2004:134。

他说：

"我用我的'镜片'观察了天体；这些天体大得不得了，因此我非常感谢上帝，由于他的垂爱，使我成为观察如此值得赞叹而为过去一向不知的事物的第一人。"

伽利略把他的天文发现总结在一本小书《天文消息》中，它显示了发现者的强烈感情，他写道：

"所有这些事实都是我不久前用了最先受到神恩的启示后设计的一个小望远镜发现和观察的"

由此可见，伽利略是怀着对神学敬仰的角度去进行科学研究和去解释科学真实的发现。

5、从出版《对话》来看伽利略的宗教信仰

伽利略出版《对话》，应该说有还有一个更深层次的原因。资料表明，伽利略自始终未说过一句违反教理的话，相反他在书信中一再称颂造物者天主。特别是在天文学的研究中，伽利略要用他那颗赤诚之心来挽救上帝的尊严，因为"如果教会把明显违反观测事实的天文系统当作信条来支持，它将由于失去人类的尊敬而完结。"[①]所以说，不惜代价宣传和捍卫哥白尼学说也是他宗教情感的一个反映。

6、从被宗教法庭审判来看伽利略的宗教信仰

1633年6月22日伽利略被宗教法庭审判，《对话》被判决为禁书，他则被判"由宗教法庭监禁"。伽利略恳请枢机主教省去以下两点：第一，免去要他承认他不是一个好天主教徒。虽然有很多敌人指控他，但他却愿意作个好天主教徒。第二，他不承认他有欺诈行为，特别在出版《对话》一书上，因为事先他已获得宗教当局的批准，而且是在得到许可后才印刷的。在这两个请求获准之后，伽利略跪下，朗声诵读已作修改的忏悔书。[②]

法庭宣判他为"异端的重大疑犯"，这是最令他伤心的一件事。可是他并没有愤怒的表示，并未因此而指责、疏远、脱离教会。他时常祷告，并请朋友为他代祷。他甚至计划往罗列托(Lorelo)圣地去朝圣。

伽利略作为天主教徒及科学家，他的是非观非常清晰。即使教会对他置之不

---

① 埃米里奥·赛格雷：从落体到无线电波—经典物理学家和他们的发现. 陈以鸿，译. 上海：上海科学技术文献出版社，1990. 21—22。

② 查尔斯·赫梅尔：自伽利略之后. 闻人杰，等译. 银川：宁夏人民出版社，2008：88。

理,但他只责怪几个"头脑糊涂"的人而已。① 这些情况向我们展示了伽利略对宗教信仰的真实情感和态度,他对宗教的虔诚是不容置疑。

7、从被宗教法庭软禁来看伽利略的宗教信仰

伽利略对宗教的信仰和忠诚还可以从他 1640 年所写的信中看出,这已经是宗教法庭判他有罪七年后的事情了。当时,他双目失明,而且仍被软禁在一座别墅里,其《对话》也继续遭受诽谤。尽管如此,他在谈到宇宙是否无限时写道:"只有《圣经》和神的启示能够对我们虔诚的疑问给出答案"。由此可以看出,伽利略虽遭到教廷的迫害,他本人仍相信上帝和《圣经》,他始终是一个虔诚的信徒,而非极端的革命者。②

以上 7 个方面是我们对伽利略宗教信仰的分析,从中可以看出,伽利略处在一个宗教信仰十分浓厚的社会环境之中,早期的宗教教育,对上帝的敬虔已深深地植根于他的脑海,与宗教人士及教会高层的频繁接触交流又在很大程度上加重了他的宗教信仰,使他成为一个虔诚的宗教徒。因此,相信超自然的上帝,相信上帝的仁慈、智慧和力量,对于伽利略而言,是十分自然和必然的事情。

另一方面,身处文艺复兴和宗教改革的大变革时代,思想解放运动不可能不深刻地影响伽利略的思想、观念和认识,他相信科学的真理。

伽利略的宗教信仰和科学理性是密切相关的。他笃信宗教,更相信《自然之书》,伽利略认为《圣经》永远不会错,另外,伽利略坚持认为,上帝的《自然之书》作为真理的源泉至少具有同等的地位。他认为《圣经》和《自然之书》是神圣的创造者写下的两本书,正因为都是神圣的创造者所写下的书,因此都是正确的。既然二者都正确,则它们之间就不可能产生冲突。对伽利略而言,神学的信仰和科学的理性是一致的、是和谐的,他不认为神学与科学之间要分割开来,正是因为伽利略把《自然之书》看作是神圣的创造者写下的书,所以他才会醉心于对自然进行探索。由此可以看出,伽利略的神学信仰对他科学探索是有积极的推进作用。他在这个信念的支持下研究自然,并取得卓越的成就。他曾说道:

"有人指控我的发现是暗示圣经有错误,我却认为我在物理上的精确研究,更印证圣经的准确性。……只有相信圣经是绝对真理的人,才有勇气对世界上任何伟大的理论提出挑战。"

---

① 查尔斯·赫梅尔:自伽利略之后. 闻人杰,等译. 银川:宁夏人民出版社,2008:94。

② 哈尔·赫尔曼:真实地带—十大科学争论. 赵乐静,译. 上海:上海科学技术出版社,2005:6。

另外，伽利略的《对话》直到 1882 年，才从教会官方禁书目录中被删去，虽然，这并不意味着在此之前它被完全禁止了，但是否可以这样认为，至少从这一刻起伽利略所宣传和捍卫的日心学说调整和更新了宗教发展的知识体系，从这个意义上讲，伽利略对宗教的发展也做出了贡献。

自然界是多层面的，人们可以从不同的视野来进行观察。科学的即理性的视野和神学的即感性的视野是信仰眼光的两个不同重要方面，这两种视野有时重叠，并且相互影响，这种情景在伽利略身上得到了体现。科学研究与宗教信仰之间的关系是微妙而复杂的，作为具有科学家与宗教徒双重身份的人，伽利略游离又交融于科学和神学之间。一方面他捍卫科学的真理，另一方面敬虔神圣的宗教。他一生笃信宗教又坚持科学探索，从神学信仰中得到了信念的充实，又从科学探索中发现了理性的真理。信仰与理性这个通常被认为是不可融合的矛盾体在他看来是协调和谐的。

我们只有把伽利略放在历史的长河里，放在特定的历史文化背景中，拨开层层迷雾，对他的科学思想和宗教信仰有一个清晰而完整的认识，才能准确全面的看待和认识伽利略。

科学和宗教之间，其实远不像我们以前所想象的那样水火不相容，有时它们的关系还相当融洽。比如在"黑暗的中世纪"（现代的研究表明实际上也没有那么黑暗），教会保存和传播了西方文明中古代希腊科学的火种。在现代西方社会中，一个科学家一周五天在实验室从事科学研究，到星期天去教堂做礼拜，也是很正常的。①

我们学习研究伽利略，知道了伽利略的科学思想和成就，了解了他的宗教信仰，也使我们看到了一个真实的伽利略。从伽利略身上我们是否可以看到，在科学和宗教之间也能形成一种张力？是不是可以说，正是这种张力的存在，我们看到了 17 世纪一个真实的科学工作者的形象。关于科学与宗教的关系，爱因斯坦是这样说的：

"科学只能是由那些全心全意追求真理和向往理解事物的人来创造的。然而这种感情的源泉却是来自宗教领域。同样属于这个源泉的是这样一种信仰：相信那些现存世界有效的规律是合乎理性的，也就是说可以由理性来理解的。我不能设想真正的科学家会没有这样深挚的信仰。"

---

　　①　江晓原、穆蕴秋：霍金的意义：上帝、外星人和世界的真实性. 上海交通大学学报，2011，

　　在不同的时代、不同的地区、不同的环境,甚至不同的研究领域以及不同的人,他们对待科学与宗教关系的认识和表现是不一样的,我们既要看到科学与宗教的区别、分歧和冲突,同时也要看到科学与宗教的联系、协调以及和谐关系。

第十二章　科学史与科学教育

科学史引入科学教育的历程
科学史的人文素质教育功能
科学史的科学素质教育功能
科学史的创新素质教育功能

科学史是一个年轻的学科,应该说在上世纪中叶科学史这个学科才得以创立。在萨顿之后,科学史成为一个得到大家公认的学科,而且此后将科学教育与科学的史学纬度相结合来提高科学素养的理念,也逐渐的被科学家、教育家和哲学家所共同接受。科学史是研究科学发生和发展的历史,研究科学发展和演化的规律。科学史的学科性质和特殊的研究内容,决定了它具有强大的素质教育功能,这应该包括人文素质教育功能、科学素质教育功能和创新素质教育功能。

第一节　科学史引入科学教育的历程

最早提出将科学史引入科学教育的是法国哲学家、社会学家孔德(Auguste Comte,1798－1857),是他开创了将科学史引入通识教育的先河,对科学教育的发展产生了深远影响。孔德认为,随着学科的不断分化,由学科教育主导的学校教育所培养的专科人才已不太适合社会发展的需要。所以,孔德"提出了一个以实证的科学知识为主体的通识教育的构想,以培育能够把握科学知识的实证取向的通识人才……而科学史在通识教育中具有重要的作用,它可以帮助人们了解实证性科学知识的发展趋势。"在孔德看来,科学史则是通识教育的文化基础,所有的学生,无论是否为自然科学专业,都应该了解有关科学发展的通识知识以及它所引起的文化变革。例如,哥白尼日心说对宇宙图景重新定位的意义,伽利略与牛顿在方法论上的贡献,牛顿将空中星体与地上物体统一起来的引力定律对人类价值观的影响,达尔文自然选择学说对理解生命本身的作用。在孔德实证科学观影响下,科学史以执行通识教育功能的身份进入大学的科学教育体系。一些综合性大学相继开设科学史及其相关教学工作,例如,1892 年,法兰西科学院开始设置科学史课程,并由国家委派第一位科学史教授；1895 年，马赫(Ernst March，1838－1916)在维也纳大学首次开设自然哲学和科学史课程；1896 年，斯密斯(E. F. Smith)在宾夕法尼亚大学开设化学史课程。

马赫早在 1895 年就曾指出：

没有任何科学教育可以不重视科学的历史与哲学，它们都有赖于科学文化这个坚实的后盾。

科学史教育在二战之前已被各大学广泛引入，成为科学教育的一部分，这一时期的科学史教育主要以科学专科史与通史教育为主。但此时，科学史还没有成为专门的学科，没有专职的科学史学家，相关的科学史教学任务主要由精通某一学科的科学家来承担。例如，哈佛大学 1911 年科学通史课程的授课教师是美国著名生物化学家、科学院院士亨德森(L. Henderson)教授，而长期从事科学史教育的哲学家马赫本身就是物理学家，曾获得过物理学博士学位。①

萨顿(George Sarton，1884－1956)被公认为是科学史学科的奠基人，1912 年他在比利时创办了迄今为止科学史领域最有影响、最具权威的杂志《Isis》②。1915 年萨顿携带他所创办的《Isis》来到美国，开始了他科学史学科建制化的伟大事业。他继承了孔德的理念，不仅开始在著名的哈佛大学从事科学史教育，面向哈佛大学各专业学生讲授科学史课程，并开始撰写第一部学术意义上的科学通史巨著：《科学史导论》。1924 年，当时最有影响的科学团体，美国促进科学协会(AAAS)成立了国际科学史学会(History of Science Society)，以支持萨顿在科学史方面的工作。1936 年，《Isis》的姊妹杂志、专门刊登长篇科学史研究论文的不定期杂志《Orisis》③创刊。

在萨顿之后，科学史学科有了独立的学术刊物与专门的研究团体，每 4 年召开一次国际性科学史学术会议。科学史已经成为一门得到公认的学科，科学史是科

---

① 张晶：科学史教育的历史考察：将科学史引入科学教育的历程. 自然辩证法通讯，2009(1)，63。

② Isis(爱西斯)是古埃及最著名的女神，并且古希腊人、古罗马人都对她非常崇拜，甚至在今天的英国泰晤士河的许多桥上都刻绘有她的画像。人们相信是爱西斯女神和俄赛里斯这对夫妻给古埃及带来了文明，她专司婚姻、生育、治病与健康。

③ Orisis(俄赛里斯)是古埃及主神之一，也是公认的葡萄树和葡萄酒之神。他是爱西斯的丈夫，他统治已故之人，并使万物自阴间复生。对俄赛里斯的崇拜遍及埃及，而且往往与各地对丰产神和阴间诸神的崇拜相结合。

学传播、公众理解科学与科学普及的媒介。科学经过科学史的解释与记载变得完整与人性化,成为同时改变物质世界与精神世界的最大力量,人类的文明史从此以科学史为焦点,而不再是宗教史或哲学史。萨顿之后,科学共同体一致的信念是要将科学教育与科学史紧密结合,科学史的科学教育功能得到了极大彰显。由于人们看到了科学史具有教育功能和教育价值,所以科学史很快成为科学教育的重要组成部分。

20 世纪 60 年代以库恩(Thomas Samuel Kuhn,1922—1996),为代表的"历史学派"提出了一种新的科学史观,把科学现象看作是一个发生、发展以至衰落的历史过程,将科学视为一种社会文化的产物。受斯诺(P. C. Snow,1905—1980)"两种文化"观点的影响,库恩提出:科学史是联结科学教育与人文文化的重要桥梁。库恩认为:许多从事科学研究的科学家缺乏与本学科相关的历史知识,其结果是科学家对其所学学科过去的观念有时有严重的歪曲。所以,在科学教育过程中,应该加强人文尤其是科学历史的教育力度。科学教育的内容在库恩新科学史观影响下发生变革,科学史教育从此走入公众视野、被公众普遍接受。库恩科学教育的人文理念教育思想首先在哈佛大学物理教学改革计划中得以体现和实施. 1952 年,哈佛大学的科学史教授霍尔顿(G. Holton,1922—)出版了一部名为《物理科学的概念和理论导论》的著作,成功地把科学史引入到了物理科学的教程之中。霍尔顿的著作是世界上第一部关于物理学的新型教材,它充分而有效地利用科学史和科学哲学,向一般大学生和理工科大学生阐释物理科学的本质。该书出版以后,很快引起人们的重视,被多次重印,在世界各地拥有大量的忠实读者。在霍尔顿著作的影响和霍尔顿本人的促成之下,1962 年,美国开始了一项名为"哈佛物理教学改革计划"(Harvard ProjectPhysics)的工作,该项工作的成果是 1970 年出版的全国性中学物理教材《改革物理教程》(The Project PhysicsCourse)[1]。这套教材大量利用科学史内容,具有明显的人文取向,成为美国最具影响的物理教材之一,被广泛使用。1989 年美国促进科学协会发表题为《普及科学——美国 2061 计划》[2]的总报告。报告建议,在教育中加入科学史内容,原因是:其一,"离开了具体事例谈科学发展

---

① 中译名《中学物理教程》,共 12 册,由文化教育出版社出版。

② 《普及科学——美国的 2061》计划是一个在全美范围内改革从幼儿园到 12 年级的科学教育、提高科学素养的长远性、综合性学习计划,其目的是让所有美国学生在高中毕业时能够达到科学普及的要求与标准,掌握科学史的基本史料,了解科学与技术的社会功能,拥有基本的批判性思维与能力。此计划于 1985 年制定,该年正值哈雷慧星扫过地球,为了让能够再次看见哈雷慧星临近地球(2061 年)的人们更好的适应科学、技术与社会的剧烈变化与挑战,美国科学促进会制定并颁布旨在促进科学普及、提高公民科学素养的科学教育计划——《2061 计划》。

就会很空泛";其二,"一些科学进展为人类文化遗产作出过卓越贡献,……这些历史篇章为西方文明中各种思潮的发展树立了里程碑",入选的进展包括:伽利略的理论、牛顿定律、达尔文的进化论等。在"2061 计划"之后,1994 年美国"国家研究委员会"又通过了《国家科学教育标准》,这是一份内容详尽的报告。其中有"科学的历史与本质"这一部分,将科学史的教育贯穿在从小学到高中的教育过程中。其要点有:逐步理解科学是一种人类的努力;逐步理解科学的本质和科学史的一些内容。这些科学史的内容中有 3 点值得注意:

(1)许多个人对科学传统作出了贡献。对这些个人中某些人的研究——大致相当于国内科学史研究中的"人物研究",要达到的目的当然与国内传统的目的不尽相同,《国家科学教育标准》要求通过对科学家个人的研究,增进 4 方面的认识:科学的探索、作为一种人类努力的科学、科学的本质、科学与社会的相互作用;

(2)历史上,科学是由不同文化中不同的个人来从事的;

(3)通过追溯科学史可以表明,科学的革新者们要打破当时已被人们广泛接受的观点,并得出我们今天看来是理所当然的结论,曾经是多么困难的事情。①

20 世纪 80 年代后期除美国之外在世界上许多国家的基础科学教育改革文献中,也都有科学史融入科学课程的计划与报告。如在西欧国家中,英国通过"国家科学课程"、丹麦通过"国家学校课程"、荷兰通过"PLON(普隆)课程材料",来促进科学史与科学哲学在科学教育中的作用。总之,从霍尔顿《物理科学的概念和理论导论》的出版到《美国国家科学教育标准》的制定,可以清晰地发现,重视科学史教育,发挥科学史教育功能的作用,已经成为美国等发达国家科学教育改革的大趋势,这也是现在世界教育界在加强素质教育中的一个潮流。

今天中国教育界越来越认识到,英才教育、专才教育不符合教育的真正目标,也不能适应当今社会发展的需要,素质教育才是发展的方向。对一个民族而言,缺失人文的科学是麻木的,缺失科学的人文是苍白的,只有科学与人文携起手来,科学才能健康发展,社会才能稳步前进。人文教育与科学教育应该融合起来,这是一个教育思想、教育理念问题,是 21 世纪高等教育的一个重大理论问题。正如杨叔子院士所指出的:

"我们既应重视科技,又应重视人文,不应该把不应分割的科学教育与人文教育、科学文化与人文文化、科学与人文截然分割。融合则两利两旺,分割则两弊两衰。"②

---

① 　江晓原:为什么需要科学史,上海交通大学学报(社科版),2000(4).12。
② 　杨叔子:现代高等教育:绿色·科学·人文,政策,2004(2).40。

科学史是科学文化与人文文化两者之间沟通的一座桥梁，它的最重要功能是教育功能。

第二节　科学史的人文素质教育功能

1、科学史有助于树立科学的哲学理念

库恩曾说到：我认为，特别是在公认的危机时期，科学家常常转向哲学分析，以作为解开他们领域中的谜的工具。……17世纪牛顿力学的突现，20世纪相对论和量子力学的突现，并不是偶然事件，而是两者都以相同时代研究传统的基本哲学分析为先导和相伴随的。从亚里士多德到牛顿再到爱因斯坦，他们在力学上的巨大成就在某种意义上就直接和他们的哲学思想密切相关，世界观和方法论对他们的成功和失败都曾起过决定性的作用，同时在哲学研究中他们也都形成并创造性地提出了丰富的哲学思想，使他们在成为伟大的科学家的同时也成为伟大的哲学家。在科学发展史中可以看出，无论是科学概念还是科学规律的形成都是辩证唯物主义思想的具体反映，微观客体的波动性和粒子性的对立统一规律，就充分说明了人类的认识既是唯物的又是辩证的。辩证唯物主义的"实践是检验真理的唯一标准"的原则、自然界相互联系的普遍性、量变和质变的辩证关系等在科学史中都得到了充分的印证。深入挖掘科学史中丰富多彩的辩证唯物主义教育素材，潜移默化的去影响人们的思想，是科学史重要的人文素质教育功能之一。

2、科学史展示了追求真、善、美的理想

真、善、美是人类心灵追求的最高境界，理解真善美，追求真善美是人文精神的典型表现之一。"真"即真理。任何一个科学概念和科学规律的建立都标志着一个真的诞生，求世界客观本质之真是科学的根本任务，众多的科学家们为求客观本质之真都彰显了崇高的精神修养和优秀品质。"善"是科学研究追求的价值。凡是对社会、对人类、对环境造成负面影响的应用，最终都将被否定；而满足人类的基本需要、满足人类的生存发展、满足人类的生活质量提高的应用就是最大的善，都将被弘扬。科学理论和技术的发展极大地改变了人类的生活和生活方式，推动了人类文明的进程，充分显示了科学发展成果善的价值。"美"是一种和谐，漫长的科学史中各种路标式的成果到处蕴涵着美，科学模型体现出简洁美、科学概念蕴含有对称美、科学规律隐藏着有序美等美不胜举。科学史充分向我们展示了真、善、美内在统一于科学的发展实践之中，真、善、美的统一永远是人类的社会理想和思想理想，追求真、善、美是人文素质教育的核心内容之一。

3、科学史有助于弘扬实事求是的态度

实事求是的科学态度是指人们正确对待客观事物和从事实践活动的稳定的行为倾向。事物的本质属性和相互关系并不是裸露直呈的,需要科学家们对事物主动积极地观察、实验、分析、穷根究底,才能从现象之间或现象背后找到事物发展的规律,因此必须尊重事实、实事求是。为了证实"以太"的存在,迈克尔逊多次进行实验验证,后来又同莫雷合作做了著名的迈克尔逊—莫雷实验,他们满怀信心,认为一定能测出"以太"的漂移速度,但实验仍是个"零结果",这个"零结果"彻底否定了"以太"的存在,为后来创立的狭义相对论创造了条件。虽然迈克尔逊坚信"以太"的存在,不喜欢相对论,但还是如实地把他们的实验结果公布于众,为实事求是的科学态度增添了光辉。科学发展过程中凡事皆求证明,在科学研究中严谨求实非常重要,科学史上"第三位小数的发现"是个最好的说明。1892年瑞利多次测定发现,从空气中得到的氮气每升重1.2572克,从氮气的氧化物中得到的氮气每升重1.2506克,两者在第三位小数上存在差异,相差0.0066克。瑞利没有忽略这一差异,更不认为是实验本身的"误差"加以"修正",而是把他的实验结果和研究论文一起公开发表,这引起了英国化学家拉姆塞(W. Ramsay,1852－1916)的注意并开始研究这个问题,这就是惰性气体最初被发现的过程。我们要强调科学实验的真实性,科学记录的真实性,实验结果公布的真实性,而不能为追求理想结果随意去修改数据。在科学史中到处都能看到这种求实严谨的科学态度,诚实和严谨是从事科学研究的基础。这种求实求真的精神正是人文精神的要义之一,早已被迁移到社会活动的各个领域。能否用实事求是的科学态度来分析和处理问题,是社会发展进步对人才素质的基本要求。

4、科学史展示了道德伦理、人格魅力和社会责任感的要求

在科学发展史上许许多多科学家为了人类的科学事业和社会发展,表现出崇高的道德品质和科学道德伦理,展示了高尚的人格魅力和社会责任感。在生物学领域,克隆技术现在已经比较成熟,它在畜牧业、生物医药、器官移植等方面有很大的实用价值。但是,能否、敢否将克隆技术用于"人"呢?在科学史上关于人的克隆问题有着十分激烈的争论,因为这涉及到许多社会伦理、道德伦理问题。如果真是把克隆技术用于人类,将彻底搞乱世代的概念,使人伦关系发生模糊、混乱乃至颠倒,实质上这是对人性的否定。克隆人一旦出现,将彻底打破人类生育的概念和传统生育模式,有可能再度激发优生思潮复活,同时也会使性别比例失调,导致一系列严重社会和道德伦理问题,给人类留下无穷的后患。正是因为克隆人存在着严重的道德伦理问题,所以没有人敢于跨越雷池一步。科学史上克隆人的问题再次说明,科学道德伦理的红线不能过。科学发展的历史也将再次证明人类有这个能力控制这条红线,只有这样人类社会才能健康发展。

居里夫人因发现放射性元素而闻名于世,她是历史上第一个荣获诺贝尔奖的女科学家,也是历史上第一个荣获两项诺贝尔奖的科学家。居里夫人不仅一生科学功绩盖世,而且她伟大无私、谦虚质朴、热爱祖国、忘我献身、顽强作风,这些人格魅力的美德,这些高贵的品格为世代的人们所传颂。科学史中这样的例子还很多,再如,英国物理学家法拉第,在英俄交战期间拒绝了政府研制毒气的要求,表现出一个科学家的高尚良知和社会责任感。在第二次世界大战期间,爱因斯坦从人类的正义感出发,劝说美国总统罗斯福,抢在纳粹德国以前研制原子弹以和纳粹抗衡,避免世界性的悲剧发生。而当研制成功的原子弹真正用于战争,给人们带来灾难时,他又从人类的良知出发反对使用原子弹,为世界和平而奔走呼号,表现出一种高尚的人生价值观和崇高的人生价值追求。科学家们正确对待自我、对待他人、对待社会和自然,使人类社会肌体健康发展,使科学向更符合人性的方向发展,充分彰显了科学的人文内涵。

第三节 科学史的科学素质教育功能

1、科学史是动态理解科学知识的桥梁

科学的任务是探索未知,科学素质终将在获取知识的能力上反映出来。人们掌握了相关内容的理论、事实、结论、公式和计算方法等,不见得真正理解了知识的深刻本质和丰富的内涵。科学史的优势不在于介绍科学知识,但是它能提供科学知识的由来,提供科学概念产生和演变的过程,从而使科学概念更容易理解和掌握。科学史有利于人们对科学知识整体的把握,加深对知识结构的理解,还可以帮助澄清疑难问题。爱因斯坦曾指出:

"科学结论几乎以完成的形式出现在读者面前,读者体验不到探索和发现的喜悦,感觉不到思想形成的生动过程,也很难达到清楚地理解全部情况"

科学体系是历史形成的,从历史的观点出发,从科学演化的过程中来看,科学史对于了解和掌握科学知识体系,更具有直观和具体的特点。科学史能使人们更清楚的了解科学理论体系中的概念和规律是怎样被提出来的,怎样被解决的;科学史能使人们对科学的认识不再仅仅是停留在对现成结论的认识,而是进一步能认识到科学的发展性;科学史能使人们对科学理论的逻辑结构及其历史发展有一个辩证的认识。发挥科学史关于科学知识形成的这一历史动态的独特优势有助于对科学知识去进行全面、准确的理解。

2、科学史提供了掌握科学方法的平台

科学的发展过程,正是许多科学家在一系列科学方法的指导下,去成功研究科学现象、过程和构建科学理论体系的。在科学史上每个科学上的新发现,特别是那些具有划时代意义的伟大发现总是带来了方法论的重大发展。古希腊人通过总结思维规律创立了形式逻辑,为人类建立科学理论体系提供了基本方法;德布罗意运用类比方法,类比光子的波粒二象性提出实物粒子也具有波粒二象性,为量子力学的建立奠定了基础;伽利略用实验和数学相结合的方法为近代科学的发展拉开了序幕;达尔文运用系统的观察实验与归纳分析相结合的方法建立了生物进化论。就科学的发展与方法论的关系而言,科学学史可以说就是一部科学方法产生的历史,科学的发展过程积累了多种多样的科学研究方法,如:演绎归纳、分析综合、类比联想,以及理想化方法、模型方法、系统方法等,显然对这些科学方法的掌握要比知识重要的多。正如物理学家劳厄(Max von Laue,1879－1960)所说:

"重要的不是获得知识,而是发展思维能力,教育无非是一切已学过的东西都遗忘掉的时候,所剩下来的东西。"

我们是否可以把这个剩下来的东西理解为科学的思想方法呢?科学史教育为人们学习和理解科学方法提供了一个较为深刻的平台,它使人们既了解科学家是怎样做的,也学会自己应该如何去做,使科学方法的教育更具有操作性。科学发展的历史也清晰地告诉我们科学家所采用的方法没有一定的程序,科学方法是多元化的,从事科学研究没有固定单一的方法存在,只要是可以解决研究的问题就是好的科学方法。方法是人创造的,创造方法本身也是一种方法,并没有所谓一成不变的科学方法。创造与掌握科学的方法,去解决需要解决的问题,这不正是包含科学精神和人文精神在内的人类发展进步的精神吗?

3、科学史是了解科学思想的最佳选择

科学史充分展现了科学发现的历程,科学理论的发展突出表现在科学基本观念的演变上,科学基本观念的变更集中地反映着科学思想的根本变革,科学发展的历史就是科学思想演变的历史,这是人类珍贵的精神遗产。J.J汤姆孙曾在卢瑟福获得诺贝尔奖的庆祝会上说:

"能够对科学做出的一切贡献中,思想的突破是最伟大的。"

科学思想或观念是科学的灵魂,是科学发展的内在动力。历史发展表明,科学上每一个重大的发展,总是以科学观念、科学思想的突破为先导的。因此,通过科学史的学习,将会使人们深刻理解科学理论范式的变革与科学观念转变的一致性,认识到科学的各个理论体系都有其相应的基本观念和思想方法。科学史学是一种难得的教育资源,因为发展思维能力要比掌握知识重要的多。波恩也曾说过:

"我荣获 1954 年的诺贝尔奖,与其说是因为我的工作里包括了一个新自然现象的发现,倒不如说是因为那里面包括了一个关于自然现象的新思想方法的发现。"

虽然许多教育活动都能培育科学思想,但科学史教育在培育科学思想方面有其独特优势。科学史告诉了人们科学思想的逻辑行程和历史行程,一些对科学发展作出重要贡献的科学家都有自己独特的科学思想和见解,这些思想体现在他们的科学研究过程中,表现在他们对不同观念的争论中,还展示在他们的科学论述和成果之中。这些创新的思想启发着后来者,又产生了新的思想和新的超越,正是这些思想的突破才产生了新的科学理论和成就,这些科学思想是无价之宝,是人类珍贵的精神遗产。所有说,科学史是了解科学活动的最好方法,是了解科学思想的最佳选择。可见,了解科学思想活动的一个最好方法就是选择科学史。

4、科学史彰显了培养科学精神的价值

科学所追求的目标或所要解决的问题是研究和认识客观世界及其规律,科学是一个知识体系、认识体系。科学精神是反映科学发展内在要求的、形成于科学活动之中的、体现在人们身上的一种勇于探索、求实、求真和创新的精神状态。它是科学和社会向前发展的一种巨大动力,是在科学历史的发展过程中凝聚和升华了的一种人类精神,其内涵十分丰富。他包括:理性精神、求真精神、求实精神、怀疑精神、创新精神。正如萨顿所说:

"科学史并不只是对发现的描述,它的目标就是解释科学精神的发展,解释人类对真理反映的历史、真理被发现的历史以及人们的思想从黑暗和偏见中逐渐获得解放的历史。……科学史的目的是,考虑到精神的全部变化和文明进步所产生的全部影响,说明科学事实和科学思想的发生和发展。从最高的意义上来说,它实际上是人类文明的历史。"[①]

科学精神是在科学发展的过程中形成的,它展示在科学发展的各个侧面和各个环节上,科学史中所展现出来的科学家的的丰功伟绩和他们的成长奋斗史是科学精神的活教材,科学史教育就是在要让大家知道真理被发现的历史以及人们的

---

① 萨顿:科学的生命.刘珺珺译,上海交通大学出版社,2007.32。

思想从黑暗和偏见中逐渐获得解放的历史,了解科学精神是如何产生和发展的,从而去领会科学精神在推动科技进步和社会发展的巨大力量。科学史能提供最具启发、最具生动的科学精神教育素材,用它来阐释科学精神,最具说服力,在科学精神的培养中科学史极具价值。

第四节 科学史的创新素质教育功能

1、科学史有利于培育好奇心

科学探索的动力是什么?首先是好奇心,即探求未知事物奥秘和了解未知世界的那种渴望。好奇心是一种心态,是一种情感,是一种高层次的精神满足。许多科学家都对客观世界保持着一种孩童般的好奇心,他们把满足于了解自然奥秘的渴望作为科学进步的最根本驱动力,把好奇心看作是科学创新的一种源泉。有学生问丁肇中:您为什么花大力气去探索宇宙中的暗物质?丁肇中回答:

我有兴趣,为了满足人们的好奇心,丰富人类知识宝库。

道尔顿(John Dalton,1766—1844)在买袜子时由于对颜色的判断感到新奇,从而开创了色盲症的研究。爱因斯坦曾说过,他的科学成就来自"研究问题的神圣的好奇心。"他说:

"推动我进行科学工作的是一种想了解自然奥秘的抑制不住的渴望,而不是别的感觉。"

爱因斯坦把发现相对论的特殊原因归结为好奇心的童心未泯。他说:

"正常成年人是不会为时间伤脑筋的,相反我的智力发展比较晚,成年后还想弄清时间和空间问题,当然,这就比儿童想的深一些。"[1]

科学史上这些例子不胜枚举,正是由于好奇心的驱使,科学家会对陌生的事实、现象情不自禁地要去探其究竟,思考也会层层递进,尝试着对未知事物做出解

---

① 徐炎章:创新——科学的灵魂.科技出版社,2000.9—10。

释,这是科学创新中的一个非常重要环节。人们对未知世界的这种好奇心,反映的就是对未知的追求和探索的天性,这种对事物的好奇心能使研究者注意集中、兴趣持久,如果没有了好奇心,人们也不会有那么大的激情去从事科学的探索活动了,从这个意义上讲我们说好奇心是科学之母一点都不为过。好奇心是创造性人才的一个明显特征,在科学发展的历史中,我们能充分体验到好奇心这种科学进步的驱动力是如何活跃在科学家的思想之中,能感受到好奇心是怎样激发人类的创造力和创造激情以及怎样去发现问题并最终解决问题的,科学发展的历史可以满足人们对好奇心了解的渴望,可以唤起后来者奋发向上的意识,可以培养对事物的好奇和对客观世界执着探索的精神。

2、科学史有利于发展个性化特征

科学的发展是由众多科学工作者共同努力奋斗的结果,科学的创新实际上都是在特殊的时期由特殊的人在特定的环境下来完成的,任何创新成果的取得都与一定的人格因素有关,其个性化特征非常突出。在完成科学创新的过程中科学家们展示了丰富多彩的个性化创新魅力,他们特定的社会生活时代、与众不同的身心特性、富有特色的智能结构、独特的思维方式、看待问题的不同视角以及别具一格的性格特征使他们形成了不同于他人的研究思路、思维风格和解决问题的办法。他们有人善于观察、有人善于计算、有人善长实验、有人善长理论、有人善用逻辑推理、有人善用猜测想象、有人依靠理性思维、有人依靠直觉灵感。虽然他们的生活成长环境不同、年龄不同、性格差异、风格有别,但是,他们都在感兴趣的研究领域发挥自己独特的个性优势和区别于他人的创新方式为科学的发展做出了贡献。如,第谷用前无古人最优秀的裸眼天文观测数据奠定了开普勒行星运动三定律的基础;法拉第虽然数学能力有限,但高超的实验技巧和丰富的想象力让他提出了"力线"和"场"的概念,为麦克斯韦电磁场理论的建立打下来坚实的基础;居里夫人在极端困难的条件下靠着坚强的毅力发现了放射性元素;爱因斯坦的理想实验为相对论理论的建立打开了思维的空间;富兰克林为了研究雷电冒着生命危险做了震动世界的"费城实验"。科学史描述了科学发展的历史,它记述的是一幅理论与实验交叉、逻辑思维与形象思维并用、探索风格缤纷多彩、研究方法层出不穷的美丽画卷,在这幅画卷中可以让我们充分感受到个性特色鲜明、思维方式独特的创造发明魅力,感受到个性化特征奇特的创造力。张扬的个性、特殊的个性特征使他们能够发现常人难以发现的科学现象,解决别人难于解决的科学难题。科学史为我们理解个性化特征在科学创新中的积极作用提供了一个很好的思考认识平台,这对于尊重个性、培养个性、发展个性、强化个性特征和培养自主性、独立性和创新意义的人才会产生积极的影响。

3、科学史有利于树立批判性思维

批判性思维是理性探索的基础,是科学创新的基本前提。科学正是在不断修正错误的基础上发展和进步的,如果只是墨守成规、循规蹈矩,而对现有科学理论盲目崇拜,欠缺怀疑的胆略,缺乏批判的意识,科学是没有办法创新和发展的。恩格斯曾指出:"怀疑—批判"的头脑是科学家的一个"主要仪器",批判性思维是对传统理论成果的否定、扬弃过程。通常来讲,科学的创新是非常困难的事情,其主要原因就在于缺乏批判思维。在人们的脑海中是不易树立批判性思维的,人们习惯于服从传统、服从权威,因为传统和权威的势力影响比较大,人们的思维定势往往认为传统的、权威的理论都是正确的,是不可动摇的真理,怀疑这些真理就是异想天开,从而不敢越雷池一步。但是,科学的进步就是在不断的颠覆传统和权威的基础上才取得了发展。科学发展的历史不断地向今天的人们重现着传统和权威一次次被批判思维这个利器所击倒的情景。J.J汤姆生在对前人原子不可分割思想批判的基础上,通过对阴极射线的实验研究发现了电子,从而打开了微观世界的大门;伽利略也正是在怀疑和批判亚里士多德运动理论的基础上,通过实验确立了科学的自由落体定律。从某种意义上讲科学史就是一部批判的历史,它十分有利于树立批判性思维,具有非常强大的创新教育功能。科学要发展就要敢于接受新事物,敢于标新立异,敢于向传统挑战,批判是科学的生命,对前人的研究成果要敢于用批判的思维来分析,这样才有利于创新能力的培养。科学范畴内的任何一门学科,从萌芽直至发展到现在,都经过了曲折的历程和数次的范式变迁和观念的革命。如萨顿所言,

向学生详细追溯这一项项发现的全部历史,向学生指明在发明者道路上经常出现的各种各样的困难,以及他怎样战胜它们、避开它们,最后,有怎样趋近于那从未达到的目标,再没有比这种做法更适于启发学生的批判精神、检验学生的才能了。①

4、科学史有利于锻造创新品质

创新是科学的灵魂,科学的本质就在于不断地发明、发现,在于不断地创新。创新意味着要去说明未被前人说明的问题,去认识未被前人认识的规律,或者成功地实践前人不曾做过的事情。创新不仅是科学发展之根本,它还包含着更为宽泛的内容,它是对人类自身世界观、人生观、价值观的改变或更新的能力,是整个人类

---

① 萨顿:科学的生命.刘珺珺译.上海:上海交通大学出版社,2007.50。

社会不断向前发展的不竭动力和源泉。创新是与人类社会的未来紧密相连的，就创新而言科学史是一部取之不尽、用之不竭的生动教科书，它非常有利于培育创新品质。科学史中大量的事例表明，不崇尚书本、不囿于传统、不迷信权威，敢于公开自己的见解，敢于开拓进取，敢于提出与他人不同的意见，甚至否定自己陈旧的观念和认识是创新的思想前提。没有创新就不能超越，科学家把创新作为科学追求的最高价值，科学史上任何一项重大发现和突破都是创新的产物。为了对黑体辐射等实验现象进行解释，普朗克打破常规，大胆地提出能量子概念，为量子理论的建立做出了开创性贡献；爱因斯坦也正是以创新的观念打破了牛顿时空观的束缚，才开始了相对论理论的建立。可是，安培因过于钟爱自己提出的分子电流假说，导致错误解释了自己实际上已经观察到的电磁感应现象，结果使他痛失发现电磁感应的良机。对于创新而言，科学史能时刻提醒并帮助我们树立这样一种正确的思想认识：缺乏怀疑的意识，只能是相信传统；缺乏批判的理性，只会是因循守旧；缺乏坚强的意志，只有是半途而废；缺乏创新的精神，只好是步人后尘。坚忍不拔的毅力，自信自强的信心、敢为人先的勇气、开拓进取的意识、敢于怀疑和献身理想的精神，这些优良的创新品质是创新社会对人才培养的基本要求，也是科学史的教育价值所在。

5、科学史有利于沟通科学与人文

通常来讲科学和人文是两大领域，科学所追求的目标或所要解决的问题是研究和认识客观世界及其规律，是求真；人文所追求的目标或所要解决的问题是满足个人和社会需要的终极关怀，是求善。两大领域分别体现着不同的人类价值追求和精神气质，从而形成了科学精神和人文精神。就创新而言，科学精神展示了人们一种勇于探索、求实、求真和创新的精神状态；人文精神展示了独立的、批判的、求索的、创造的健康人格。科学的发展不仅提高了人们利用自然、改造自然的能力，给人类的生产、生活方式带来革命性的变化，而且它也在不断的丰富、深化或改变着人们的思想、观念、文化和传统。[①] 在科学发展的过程中，科学家对科学精神的形成都有着个人的贡献，科学家的每一项创新成果之中也无不体现着科学精神。科学史不仅展示了科学精神形成的原因、背景和过程，科学史同样蕴涵着深刻的人文精神，科学家探索自然的情感、理智、意志，他们对所追求的理想、信念、价值的努力和奋斗，对追求真、善、美的渴望和理解，这些人文激情不仅仅体现在他们的创新成果之中，而是在科学发展的诸多层面上都得到了彰显。在科学发展的历程中人文精神往往和科学精神融为一体，实际上已成为一种人类社会发展的文明精神，成

---

① 　吕增建：论力学史的人文素质教育功能. 力学与实践，2009，31(6)：94。

为科学发展的基础和保证。在科学发展史中，爱因斯坦以其独步古今的科学成就和超迈深邃的人文思想，高擎理性和人道的大纛，自觉地将两种知识交汇、两种文化融通、两种精神统一，并以自己科学的创见、思想的真谛垂范后世就是一个典型范例。① 但是长期以来科学与人文相分离的状况依然严重，这种情况严重影响创新社会的健康发展。科学史集中地体现了科学文化与人文文化的融通和科学精神与人文精神的统一，它的基本功能是打破文理隔阂，特殊的学科性质使科学史可以实现科学与人文的融合，可以成为沟通科学与人文的桥梁。社会肌体的健康发展既离不开科学也离不开人文，我们只有把科学与人文融为一体，才能达到我们人类社会创新的智慧顶点。

总之，科学史探索了科学发生、发展和演化的规律，探索了科学研究过程中的思想与方法、经验与教训、纷争与融合以及影响科学发展的各种内外因素等。科学史它沟通了科学与人文，连接了科学与文化，展示了桥梁的作用。正因为如此，科学史它具有科学素质、人文素质和创新素质教育功能。

---

　　① 　夏劲，杨志军：论爱因斯坦科学实践中科学精神与人文精神的统一，自然辩证法研究，2006(11).9。

参考文献

[1]邹海林,徐建培:科学技术史概论.北京:科学出版社.

[2](美)埃米里奥·赛格雷:从落体到无线电波—经典物理学家和他们的发现.陈以鸿等译.上海:上海科学技术文献出版社,1990.

[3](英)托马斯·克拉普:科学简史——从科学仪器的发展看科学的历史.朱润胜译.北京:中国青年出版社,2005.

[4](美)哈尔·赫尔曼:真实地带——十大科学争论.赵乐静译.上海:上海科学技术出版社,2005.

[5](美)弗·卡约里:物理学史.戴念祖译.南宁:广西师范大学出版社,2002.

[6](意大利)伽利略:关于托勒密和哥白尼两大世界体系的对话.周煦良译.北京:北京大学出版社,2006.

[7](英)亚·沃尔夫:十六、十七世纪科学技术和哲学史.周昌忠等译.北京:商务印书馆,1985.

[8]林德宏:科学思想史.南京:江苏科学技术出版社,2004.

[9](意大利)伽利略:关于两门新科学的对话.武际可译.北京:北京大学出版社,2006.

[10](美)爱德文·阿瑟·伯特:近代物理科学的形而上学基础.徐向东译.北京:北京大学出版社,2003.

[11]向义和:大学物理导论—物理学的理论与方法、历史与前沿.北京:清华大学出版社,1999.

[12]吴宗汉,周雨青:物理学史与物理学思想方法论.北京:清华大学出版社,2007.

[13](英)丹皮尔:科学史.李珩译.桂林:广西师范大学大学出版社,2009.

[14]胡化凯:物理学史二十讲.合肥:中国科学技术出版社,2009.

[15]北京大学哲学系外国哲学史教研室:西方哲学原著选读(上卷).北京:商务印书馆,1981.

[16]陈方正:继承与批判.北京:生活·读书·新知三联书店,2009.

[17]钟宇人,余丽嫦:西方著名哲学家评传第三卷.济南:山东人民出版社,1984.

[18](法)亚历山大·柯瓦雷:伽利略研究.刘胜利译.北京:北京大学出版社,2008.

[19]申先甲,张锡鑫:物理学史简编.济南:山东教育出版社,1985.

[20](英)斯蒂芬·F·梅森:自然科学史.上海外国自然科学哲学著作编译组译.上海:上海人民出版社,1977.

[21]吴国盛:科学的历程.北京:北京大学出版社,2002.

[22](英)布赖恩·里德雷:科学是魔法吗.李斌等译.桂林:广西师范大学出版社,2007.

[23]刘兵:科学史与教育.上海:上海交通大学出版社,2008.

[24]吕增建:大学物理实验导论——历史发展启迪.科学普及出版社,2009.序(关增建).

[25]徐炎章:创新——科学的灵魂.北京:科学出版社,2000.

[26](美)萨顿:科学的生命.刘珺珺译,上海交通大学出版社,2007.

[27](美)萨顿:科学史和新人文主义.陈恒六等译.上海:上海交通大学出版社,2007.

[28]江晓原:科学史十五讲.北京:北京大学出版社,2006..

[29]刘晓君:走进实验的殿堂.上海:上海交通大学出版社,2006.

[30]刘兵:科学技术史二十一讲.北京:清华大学出版社,2006.

[31](美)查尔斯·赫梅尔:自伽利略之后.闻人杰译.银川:宁夏人民教育出版社,2008.

[32]吴自勤:物理学与社会.北京:北京大学出版社,1992.

[33]李增智:物理学中的人文文化.北京:科学出版社,2005.

[34]郭奕玲,沈慧君:诺贝尔物理学奖一百年.上海:上海科学普及出版社,2002.

[35]郭奕玲,沈慧君:物理学史.北京:清华大学出版社,2000.

[36]米广江:伊斯兰艺术问答.兰州:甘肃民族出版社,2011.